“十二五”国家重点图书出版规划项目
高等学校“十二五”规划教材·计算机软件工程系列

自然语言处理基本理论和方法

（第 2 版）

陈　鄞　主编
李　生　主审

哈爾濱工業大學出版社

内容提要

本书对自然语言处理的基本理论和方法进行介绍。主要内容包括字符集的编码体系、语言计算模型、语言学资源建设、自然语言的词法分析、句法分析和语义分析等。本书内容源于作者多年的教学及科研心得，适合作为高等院校计算机相关专业本科生及研究生课程的教材。

图书在版编目(CIP)数据

自然语言处理基本理论和方法/陈鄞主编. -2版—哈尔滨:哈尔滨工业大学出版社,2017.1(2023.7重印)

ISBN 978-7-5603-4126-2

Ⅰ.①自… Ⅱ.①陈… Ⅲ.①自然语言处理-高等学校-教材 Ⅳ.①TP391

中国版本图书馆CIP数据核字(2013)第134250号

策划编辑　王桂芝
责任编辑　李广鑫
出版发行　哈尔滨工业大学出版社
社　　址　哈尔滨市南岗区复华四道街10号　邮编150006
传　　真　0451-86414749
网　　址　http://hitpress.hit.edu.cn
印　　刷　黑龙江艺德印刷有限责任公司
开　　本　787 mm×1 092 mm　1/16　印张　12　字数　300千字
版　　次　2013年8月第1版　2017年1月第2版　2023年7月第3次印刷
书　　号　ISBN 978-7-5603-4126-2
定　　价　34.00元

高等学校“十二五”规划教材

计算机软件工程系列

◎序

Foreword

随着计算机软件工程的发展和社会对计算机软件工程人才需求的增长，软件工程专业的培养目标更加明确，特色更加突出。目前，国内多数高校软件工程专业的培养目标是以需求为导向，注重培养学生掌握软件工程基本理论、专业知识和基本技能，具备运用先进的工程化方法、技术和工具从事软件系统分析、设计、开发、维护和管理等工作能力，以及具备参与工程项目的实践能力、团队协作能力、技术创新能力和市场开拓能力，具有发展成软件行业高层次工程技术和企业管理人才的潜力，使学生成为适应社会市场经济和信息产业发展需要的“工程实用型”人才。

本系列教材针对软件工程专业“突出学生的软件开发能力和软件工程素质，培养从事软件项目开发和管理的高级工程技术人才”的培养目标，集9家软件学院（软件工程专业）的优秀作者和强势课程，本着“立足基础，注重实践应用；科学统筹，突出创新特色”的原则，精心策划编写。具体特色如下：

1. 紧密结合企业需求，多校优秀作者联合编写

本系列教材在充分进行企业需求、学生需要、教师授课方便等多方市场调研的基础上，采取校企适度联合编写的做法，根据目前企业的普遍需要，结合在校学生的实际学习情况，校企作者共同研讨、确定课程的安排和相关教材内容，力求使学生在校学习过程中就能熟悉和掌握科学研究及工程实践中需要的理论知识和实践技能，以便适应就业及创业的需要，满足国家对软件工程人才的需要。

2. 多门课程系统规划，注重培养学生工程素质

本系列教材精心策划，从计算机基础课程→软件工程基础与主干课程→设计与实践课程，系统规划，统一编写。既考虑到每门课程的相对独立性、基础知识的完整性，又兼顾到相关课程之间的横向联系，避免知识点的简单重复，力求形成科学、完整的知识体系。

本系列教材中的《离散数学》、《数据库系统原理》、《算法设计与分析》等基础教材在引入概念和理论时，尽量使其贴近社会现实及软件工程等学科的技术和应用，力图将基本知识与软件工程学科的实际问题结合起来，在具备直观性的同时强调启发性，让学生理解所学的知识。《软件工程导论》、《软件体系结构》、《软件质量保证与测试技术》、《软件项目管理》等软件工程主

干课程以《软件工程导论》为线索，各课程间相辅相成，互相照应，系统地介绍了软件工程的整个学习过程。《数据结构应用设计》、《编译原理设计与实践》、《操作系统设计与实践》、《数据库系统设计与实践》等实践类教材以实验为主题，坚持理论内容以必需和够用为度，实验内容以新颖、实用为原则编写。通过一系列实验，培养学生的探究问题、分析问题的能力，激发学生的学习兴趣，充分调动学生的非智力因素，提高学生的实践能力。

相信本系列教材的出版，对于培养软件工程人才、推动我国计算机软件工程事业的发展将起到积极作用。

王义和

2011 年 7 月

◎再版前言

Preface

自然语言处理(Natural Language Processing,NLP)技术的产生可以追溯到20世纪50年代,它是一门集语言学、数学、计算机科学和认知科学等于一体的综合性交叉学科。经过半个多世纪的发展,自然语言处理的应用硕果累累,产生了很好社会效益和经济效益,在文字识别、语音合成等领域的技术已经达到了实用化的水平。目前,自然语言处理技术还进一步应用到网络内容管理、网络信息检控、不良信息的过滤和预警等方面,在现代信息科学的发展中,起着越来越重要的作用。

近年来,笔者在哈尔滨工业大学为软件工程专业的研究生讲授“自然语言处理”这门课程。软件工程专业学生的特点是实践能力较强,但在理论基础方面与计算机专业的学生相比稍显薄弱。而现有的专著和教材大多是面向专业技术人员或计算机专业的学生,因此在某些理论和方法的叙述上对于软件工程专业的学生来说过于抽象,理解起来比较困难。解决这一问题的最好办法就是多举例子,通过形象、直观、通俗易懂的实例来帮助学生进行理解。这种方法适合于讲解那些想象起来非常困难的理论或算法,因为想象起来很困难,这是难以理解的症结。因此在教材的编写上,既要吸取国内外教材的优点,广泛搜集恰当的例子,同时也要力图在较难的知识点或算法上精心设计大量简洁、直观的例子,把学生从抽象的理论讲解中解放出来。

笔者在授课过程中,参阅了大量的文献,通过比较,提取出最合适的定义和解释等,并大量采用形象举例法和模拟比喻法,形成自己的讲义。本书正是在笔者以往教案的基础上经过反复修改补充完成的。

由于学时所限(28学时),本书侧重于讲述NLP的基本理论与方法。本书的读者定位在对自然语言处理有一定兴趣的计算机相关专业的本科生或研究生。通过对本书的阅读,可以使读者对自然语言处理的相关知识有一个基本的了解,并可以起到将有志于从事此项研究的同学引入这一研究领域的作用,为将来开展研究工作打下坚实的基础。

本书一共9章,可以分成两个部分。第一部分是第1~6章,介绍自然语言处理的基础知识,包括字符集的编码体系、语言计算模型、语言学资源建设等;第二部分是第7~9章,介绍自然语言的基本技术,包括自然语言的词法分析、句法分析和语义分析等。

本书在编写过程中得到了哈尔滨工业大学赵铁军、李东、杨沐昀、徐冰、姚琳等几位老师的大力支持,他们给出了很多宝贵的建议。笔者的老师李生教授在百忙中担任了本书的主审,使我深感荣幸。另外,研究生王志轩、李环宇、樊梦娇、王金鹏等在资料整理、图表绘制、内容校对等方面做了大量工作。在此,谨向他们表示最诚挚的感谢!

由于作者水平有限,书中疏漏在所难免,敬请读者批评指正。

编　者

2017年1月

于哈尔滨工业大学

◎目 录

Contents

目录 Contents

第1章

绪　论

1.1　什么是自然语言处理

1968年，著名导演Stanley Kubrick（斯坦利·库布里克）执导了一部很具影响力的科幻电影《2001：*A Space Odyssey*》（2001太空漫游）。影片中，有一台称为HAL的机器人，它具有20世纪最受人们认可的一些特征。HAL是一个具有高级语言处理能力，并且能够理解英语和说英语的智能计算机（Jurafsky et al，2000）。下面就是电影中的角色Dave先生和智能机器人HAL之间的一段对话：

Dave Bowman：Open the pod bay doors，HAL.

HAL：I'm sorry Dave，I'm afraid I can't do that.

HAL的作者Arthur曾经乐观地预言，到了一定时期，我们就可以制造出像HAL这样的智能计算机。现在我们离这样的预言还有多远呢？

我们认为，像HAL这样的机器人，至少应该能够通过自然语言与人类进行交流（所谓自然语言，通常是指自然地随文化演化的语言，也就是我们人类社会日常使用的语言。它是相对于如编程语言等为计算机而设的"人造"语言的）。首先，为了确定Dave先生讲什么，机器人HAL必须能够分析它从Dave那里接收到的声音信号，并把这些信号复原成文字的序列；接下来，HAL需要分析这些文字序列所表达的含义，也就是说理解自然语言文本的意义；为了生成回答，HAL必须把它要表达的意思组织成文字的序列，也就是说以自然语言文本来表达给定的意图、思想等；最后，HAL需要把这些文字序列转化成Dave能够识别的声音信号。除了人机之间的自然语言通信之外，HAL也应该具备一些与语言相关的智能处理行为，如查询资料、解答问题、摘录文献、翻译材料等。

事实上，像HAL这样的智能机器人是一种高级的计算机，与早期的计算机只可以处理计算机语言不同，它可以处理（理解、使用）人类的语言。让机器可以处理人类的语言，这样，人们就可以使用自然语言与计算机进行通信（交流），这是人们长期以来所追求的。人们可以用自己最习惯的语言来使用计算机，而无需再花大量的时间和精力去学习不很自然和习惯的各种计算机语言。实现人-机之间直接通过自然语言（声音、文字）或图形图像交换信息是下一代计算机（第五代计算机）的主要研制目标。

尽管*A Space Odyssey*只是一部科幻片，但是HAL所需要的一些与语言相关的技术现在已经研制出来了，并且有一部分技术已经商品化了。我们把这些统称为自然语言处理（Natural Language Processing，NLP）。自然语言处理是人工智能领域的重要内容，研究用电子计算机模拟人的语言交际过程，使计算机能理解和运用人类社会的自然语言，实现人机之间的自然语言通信,以代替人的部分脑力劳动,包括查询资料、解答问题、摘录文献、汇编资料及一切有关自然语言信息的加工处理。

与自然语言处理密切相关的另一个概念就是“计算语言学(Computational Linguistics)”,它是语言学的一个分支,专指利用电子计算机进行语言研究。

1.2 自然语言处理的主要过程

实现人机间自然语言通信意味着要使计算机既能理解它所接收到的自然语言信息的意义,也能以自然语言表达给定的意图、思想等。前者称为自然语言理解(Natural Language Understanding),后者称为自然语言生成(Natural Language Generation)。因此,NLP 大体包括了自然语言理解和自然语言生成两个部分。自然语言理解把自然语言转化为计算机程序更易于处理的形式,自然语言生成把计算机数据转化为自然语言。历史上对自然语言理解研究得较多,而对自然语言生成研究得较少,但这种状况近年来已有所改变。

自然语言理解主要包括两个方面:

(1)语言信息的录入。

语言信息的录入具体包含两个部分:语音信息的录入和文字信息的录入。语音信息的录入是指将输入计算机的语音信号识别转换成书面语表示,这一过程称为语音识别(Speech Recognition);文字信息的录入包括键盘输入、手写输入和印刷体输入。

(2)文本理解。

从某种意义上来说,NLP 的最终目的应该是在语义理解的基础上实现相应的操作。我们知道,一个句子的语义主要是由其核心谓语动词决定的。谓语动词知道了,句子的一半意思就知道了。例如,对于英语句子“In the room, he broke a window with a hammer.”,我们很容易找到它的核心谓语动词是“break”,表示“打”的意思。提到“打”这个动作,我们就想知道谁实施了“打”这个动作,谁是被打的,用什么打的？为什么打？打的结果怎么样？等等。这些都可以通过分析“break”的上下文来获得。由于“broke”在这里是主动语态,所以主语“he”是“打”这个动作的施事者,宾语“window”是“打”这个动作的受事者(反过来,如果“break”是被动语态“be broken”,那么主语就是受事者,宾语就是施事者);“with a hammer”是补语,表示工具;“in the room”是状语,表示地点。由此,可以分析出“break”前后出现的这些名词性成分跟“break”之间的语义关系。

一般来说,一个句子中除了核心谓语动词以外,还包含一些名词性成分,我们称之为实体(Entity)。语义分析的本质就是确定这些名词性成分与核心谓语动词之间的关系。这些关系在语言学中称之为“格(Case)”(Fillmore,1966),包括施事格、受事格、时间格、处所格、工具格、来源格、结果格、目标格等。

由此可见,对于一个复杂的句子,要想分析其句子的含义,首先要划分句子成分,即识别出句子中的主、谓、宾、定、状、补等成分。那么如何识别这些成分？我们知道,谓语通常是由动词短语构成的,主语和宾语通常是由名词短语构成的,补语和状语通常是由介词短语构成的。因此,要想识别句子成分,关键是识别出句子中的各类短语,这一过程称为语法分析(Syntax Analysis)。

那么,我们又是如何识别各类短语的呢？显然可以通过词性。例如,冠词加上名词构成一个名词短语(如"the room"),介词加上名词构成一个介词短语(如"in time")。因此,要想识别各类短语,关键是确定各个单词的词性(或者说是词类),这一过程称为词法分析(Lexical Analysis)。

由此可见,文本分析(理解)的过程可以划分为"词法分析"、"句法分析"和"语义分析"三个步骤。例如,对于英语句子"In the room, he broke a window with a hammer.",通过词法分析,我们可以得到与这个句子对应的词性序列,如图1.1所示。

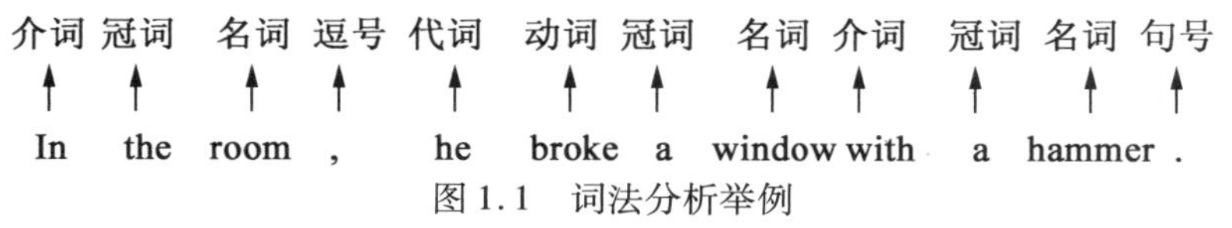

图1.1　词法分析举例

接下来,根据英语的句法知识,我们可以分析这个句子的结构,如图1.2所示。根据这个句法分析结果,我们可以识别出句子中的核心谓语动词break以及各名词性成分。

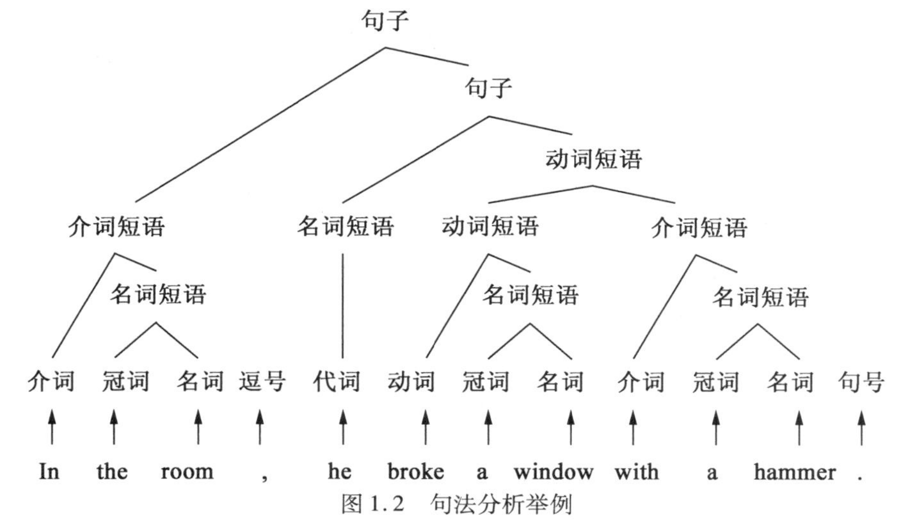

图1.2　句法分析举例

接下来,我们需要根据语义规则来分析这个句子的语义。在语言学中,一般用"格语法(Case Grammar)"(Fillmore,1971,1975)来表示语法体系深层结构中的语义概念。所谓格语法,简单地说,就是带有格的语法规则。例如,如果英语的格语法中存在如图1.3所示的这样一条语义规则,那么,我们就可以分析出前面这个英语句子的含义。即,这个句子叙述的核心事件是"break(打)"这件事,其中实施这件事情的施事者是"he",被"打"的受事者是"a window",实施这件事所用的工具是"a hammer",这件事发生的处所是"in the room"。

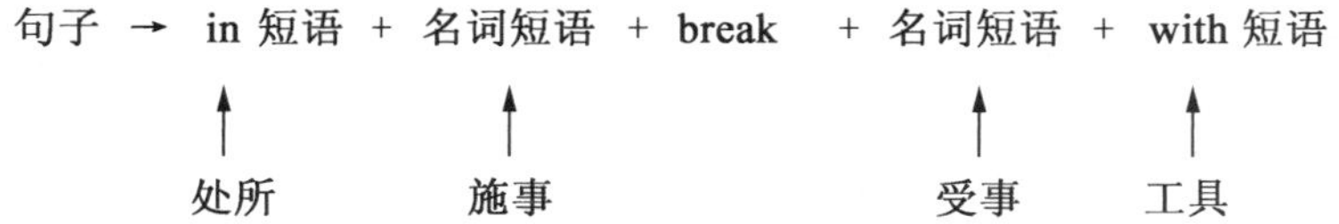

句子 → in 短语 + 名词短语 + break + 名词短语 + with 短语

处所　施事　受事　工具

图1.3　语义规则举例

应用格语法进行句子的语义分析,分析结果可以用"格框架(Case Frame)"来表示。例如,上面的分析结果可以表示为:

[break

[case – frame

agent:he
object:a window
locative:in the room
instrument:a hammer
]
[modals
time: past
voice: active
]
]

自然语言生成的工作过程与自然语言理解相反,是从抽象的概念层次开始,通过选择并执行一定的语义和语法规则生成文本。如果是一个语音系统,那么还需要将书面文本自动转换成对应的语音表征,这一过程称为语音合成(Speech Synthesis)。

一般来说,NLP 研究的内容可以归纳为如图 1.4 所示的几个层次:

应用研究 机器翻译、信息检索、自动问答、文本校对、 自动摘要、辅助写作、语音识别、语音合成……
应用基础研究 英语形态分析、汉语自动分词、词性标注、短语切分、 名实体识别、句法分析、语义分析、篇章理解……
基础研究 字符集的编码体系、语言计算模型、 资源建设(语科库、知识库)……

图 1.4 NLP 研究内容的层次划分

(1)基础研究。基础研究包括字符集的编码体系、语言计算模型、资源建设(语料库、知识库)等。其中,字符集的编码体系解决了文字信息的存储和交换问题;语言计算模型把 NLP 作为语言学的分支来研究,它只研究语言及语言处理与计算相关的方面,而不管其在计算机上的具体实现,其最重要的基础是语法形式化理论和数学理论;NLP 系统离不开语料库和知识库等资源的支持,因此,资源建设也是 NLP 的主要研究内容之一。

(2)应用研究。应用研究包括键盘输入、文字识别、语音识别、语音合成、机器翻译、信息检索、信息抽取、信息挖掘、信息过滤、信息推送、信息标引、自动问答、自动摘要、文本分类、文本校对、辅助写作等。

(3)应用基础研究。尽管不同的 NLP 系统可能是千差万别的,但是它们在文本理解阶段所完成的任务是大致相同的,即词法分析(包括英语形态分析、汉语自动分词、词性标注、名实体识别等)、句法分析和语义分析等,以上内容称为应用基础研究。

1.3 自然语言处理的应用领域

NLP 的应用面非常广泛,涉及文化、教育、军事、医疗、商业、政务、社交等各个领域。尤其是21世纪以来,由于国际互联网的普及,网络已成为人们获取知识和信息的重要手段。生活在信息网络时代的现代人,几乎都要与网络打交道,都要或多或少地使用NLP的研究成果从广阔无边的互联网上获取或挖掘各种知识和信息。

以下举一些我们身边典型的例子。

1. 文化教育

数字图书馆:数字图书馆是一项全新的社会事业,它借鉴图书馆的资源组织模式,借助计算机和网络通信等高新技术,以普遍存取人类知识为目标,创造性地运用知识分类和精准检索手段,有效地进行信息整序,使人们获取信息时不受空间限制,很大程度上也不受时间限制。数字图书馆的建设过程中,会用到NLP中的文本分类、信息标引、自动文摘等技术。其中,文本分类技术根据图书分类法,对文献进行自动分类;信息标引自动给出文本的主题词,包括抽词标引和赋词标引两种;自动文摘根据不同比例及用户的不同需求自动编写文摘。

远程教育:远程教育的自动答疑系统会用到NLP中的自动问答技术,系统根据用户的问题收集教材中的相关内容,汇总后提供给用户。NLP技术还可以帮助进行学生情况调查分析,根据学生的提问情况,自动分析学生的主要问题所在,以便对症下药地改进教学内容(刘挺,2007)。

自动判卷系统:让计算机阅读数百篇典型的大学生论文并给这些论文打分,计算机的打分结果与人的打分结果几乎毫无区别,难以分辨(Landauer et al.,1997)。

自动阅读家庭教师:让计算机充当自动阅读家庭教师,帮助改善阅读能力。它能教小孩阅读故事,当阅读人出现阅读错误时,计算机能使用语音识别器来进行干预(Mostow and Aist,1999)。

智能解说与体育新闻实时解说:给计算机装上图像识别系统,它就可以观看一段足球比赛的录像,并用自然语言报告比赛的情况(Washlster,1989)。

新闻定制:根据用户的兴趣偏好,为用户定制新闻。

2. 医疗

聊天机器人:由系统工程师约瑟夫·魏泽堡和精神病学家肯尼斯·科尔比在20世纪60年代共同开发的Elisa系统是世界上第一个真正意义上的聊天机器人。许多心理学家和医生都想请它为人进行心理治疗,一些病人在与它谈话后,对它的信任甚至超过了人类医生(Weizenbaum,1966)。

残疾人智能帮助系统:对于有言语或交际障碍的残疾人,计算机能预见下面将要出现的词语,给他们作出提示,或者当他们说话时帮助在词语方面进行扩充,使残疾人能完整地说出简洁的话语(Newell et al.,1998;McCoy et al.,1998).

3. 商务

自助呼叫中心:以自动问答的方式,从企业提供的大量技术支持资料中自动获取答案,满足用户的需求,减少呼叫中心的人力服务费用。

用户投诉信的自动分类和汇总系统:将用户的投诉信自动分发给企业的不同部门去处理,自动发现投诉信中的焦点问题,协助企业决策。

4. 政务

政务自动咨询系统:市民通过互联网,以问答的方式咨询政府的政策和办事流程等。

投诉自动汇总分析系统:将市民的投诉自动分类汇总,以供政府决策。

首长办公系统:自动汇总来自各下属部门的文件,并提取重要内容提供给领导阅读。

行政简报自动编写系统:定期自动编写简报,在政府部门内交流。

5. 公共设施

天气预报播报系统:早在1976年,加拿大就研制出了天气预报播报系统。计算机程序能够接受每天的天气预报数据,然后自动生成天气预报报告,不用经过进一步编辑就可以用英语和法语公布(Chandioux,1976)。

餐饮查询系统:到美国马萨诸塞州坎布里奇市的访问者可以用口语问计算机在什么地方可以吃饭,系统查询一个关于当地饭店的数据库之后,会给出相关信息作为回答(Zue et al. 1991)。

6. 内容安全

垃圾邮件(短信)过滤:包括广告、色情和反动邮件(短信)的过滤和分析。

企业商业秘密防泄露:监测从企业内部发出的邮件,封杀包含企业机密的邮件。

聊天室和BBS监控:过滤黄色话题或反动言论。

7. 移动计算

海量短信的自动化处理:电视台或广播电台常常提供在线的短信参与活动,大量短信发送到电视台需要及时地分类汇总,以便主持人作出反应,比如概括出大多数用户最关心的问题等。

8. 社交网络

微博数据挖掘;社交网络数据分析(影响力分析,偏好、兴趣建模,社区发现等);舆情分析,观点挖掘,新事件发现等。

1.4 自然语言处理中用到的知识

自然语言处理是一门融语言学、计算机科学、数学、心理学、逻辑学、声学于一体的科学,而以语言学为基础。理解自然语言,需要关于外在世界的广泛知识以及运用操作这些知识的能力。自然语言理解的研究,综合应用了现代语音学、音系学、词法学、句法学、语义学、语用学的知识。

1. 语音学知识

为了确定Dave讲什么,HAL必须能够分析它所接收的声音信号,并把Dave的这些信号复原成词的序列。与此相似,为了生成回答,HAL必须把它的回答组织成词的序列,并且生成Dave能够识别的声音信号。要完成这两方面的任务,需要语音学(Phonetics)和音系学(Phonology)的知识,这样的知识可以帮助我们建立词如何在话语中发音的模型。

2. 词法学知识

值得注意的是,HAL还能说出类似"I'm"和"can't"这样的缩略形式,并且还能识别并产生单词这样或那样的变体(例如,识别doors是复数)。这些与形态特征相关的知识都属于词法学知识。这些知识能够反映关于上下文中词的形态和行为的有关信息。

以英语为例,英语词汇由两部分构成:词干(stem)和词缀(affix),词干是单词中不可缺少的部分,有些词干可以独立成词。词缀分为前缀(prefix)和后缀(suffix)。从语素构成单词的方法可以分为两大类(可能部分地交叉):屈折(inflection)和派生(derivation)。

屈折把词干和一个词缀结合起来,所形成的单词一般与原来的词干属于同一个词类。英语的屈折系统相对简单,只有名词、动词和部分形容词有屈折变化。

英语的名词只有两个屈折变化:一个词缀表示复数(plural),一个词缀表示领属(possessive)。大多数名词使用规则复数,拼写时在名词后面加 s;在以-s、-z、-sh、-ch、-x 结尾的名词词干后面加 es(例如,ibis/ibises、waltz/waltzes、thrush/thrushes、finch/finches、box/boxes);以-y 结尾的名词,当-y 前面是一个辅音时,把-y 改为 i(例如,butterfly/butterflies)。对于领属后缀,规则单数名词和不以 - s 结尾的复数名词是通过加's 实现的(例如,llama's、children's);在规则复数名词后面以及某些以-s 或-z 结尾的人名后面通常只加'(例如,llamas'、Euripides' comedies)。

对于英语中的规则动词,只要知道了词干,就能预见到它的其他形式,在词干后面分别加上三个可预见的词尾 s,ing,ed,然后再进行某些有规律的拼写变化。在加后缀 ing 和 ed 时,前面的单独辅音字母要重叠(例如,beg/begged/begging)。如果最后一个字母是-c,则其重叠形式拼写为 ck(例如,picnic/picnicking)。正如在名词中那样,在以-s、-z、-sh、-ch、-x 结尾的动词词干后面加 es(例如,toss/tosses、waltz/waltzes、wash/washes、catch/catches、tax/taxes);以-y 结尾的动词,当-y 前面是一个辅音时,把-y 改为 i(例如,try/tries)。

派生也把词干和一个词缀结合起来,所形成的单词一般属于不同的词类。表 1.1、表 1.2 分别给出了一些派生词的例子。表 1.1 为派生出名词的例子,表 1.2 为派生出形容词的例子。其中,"N"表示名词(noun),"V"表示动词(verb),"A"表示形容词(adjective)。

表 1.1　派生出名词的例子

后缀	原词	派生出的名词
-ation	computerize (V)	computerization
-ee	appoint (V)	appointee
-er	kill (V)	killer
-ness	fuzzy (A)	fuzziness

表 1.2　派生出形容词的例子

后缀	原词	派生出的名词
-al	computation (N)	computational
-less	clue (N)	clueless
-able	eat (V)	eatable

3. 句法学知识

除了处理一个个单词之外,HAL 还应该知道怎样分析 Dave 所提出的请求结构。这样的分析能够使 HAL 确定,Dave 说的话是请求 HAL 采取某种行动,而不是下面关于陈述客观世界的简单命题,或是下面关于 door 的问话,它们是 Dave 请求的不同变体:

HAL, the pod bay door is open.

HAL, is the pod bay door open?

此外,HAL 还必须用类似的结构知识把一个个的单词组织成符号串,构成它的回答。例如,它必须知道,下面的单词序列对于 Dave 是没有意义的,尽管这个单词序列所包含的单词与它原来的回答中所包含的单词完全一样：

I'm I do, sorry that afraid Dave I'm can't.

这里所说的关于组词成句的知识,称为句法(Syntax)。所谓句法学,就是研究句子结构成分之间的相互关系和组成句子序列的规则。

4. 语义学知识

显而易见,如果只知道 Dave 所说的话语的各个单词及句法结构,并不能使 HAL 了解 Dave 提出的请求的实质。为了理解 Dave 的请求事实上是关于要求分离舱门的一个命令,而不是讲关于当天中午的菜单的事情,就要有复合词的语义的知识,有词汇语义学(Lexical Semantics)的知识以及如何把这样的复合词组成更大的语言意义实体的知识,即关于组合语义学(Compositional Semantics)的知识。

5. 语用学知识

另外,HAL 也应该充分地懂得如何对 Dave 表示礼貌。例如,它没有简单地回答"No."或者"No, I won't open the door."HAL 首先用表示客气的话回答"I'm sorry",然后委婉地说"I'm afraid I can't",而不是直截了当地说"I won't"。这种礼貌用语和委婉用法属于语用学(pragmatics)知识。

6. 话语学知识

HAL 在给 Dave 的回答中,正确地使用单词 that 来简单地表示会话中话段之间的共同部分,正确地把这样的会话组织成结构,需要话语规约(Discourse Convention)的知识。

总之,NLP 中用到的知识非常复杂,涉及语音、词法、句法、语义、语用等各个层面(冯志伟等,2005)。

1.5 自然语言处理面临的困难

无论实现自然语言理解,还是自然语言生成,都远不如人们原来想象的那么简单。人类语言中的许多特点使得文本自动处理相当困难。总体来说,自然语言处理存在两大难题:一是歧义现象的处理,二是未知语言现象的处理。

1.5.1 歧义现象的处理

歧义是自然语言中普遍存在的现象,广泛地存在于词法、句法、语义、语用和语音等各个层面。自然语言处理的绝大多数或者全部研究都可以看成是在其中某个层面上的歧义消解。歧义始终都是困扰人们实现应用目标的根本问题。

1. 词法层面的歧义

词法层面的歧义主要表现在词类歧义。比如说英文句子"I made her duck."中的"her"在这里是宾格代词还是所有格代词。再如,汉语中的词"打"在不同的语境下有不同的词性:在句子"打电话"中,"打"的词性是动词;在句子"打今天起"中,"打"的词性是介词;在句子"一打铅笔"中,"打"的词性是量词。

2. 句法层面的歧义

例如,对于英语句子"Put the block in the box on the table."中的"on the table"既可以修饰"box",也可以限定"block"。于是,我们可以得到两种不同的句法结构,如图 1.5 所示.

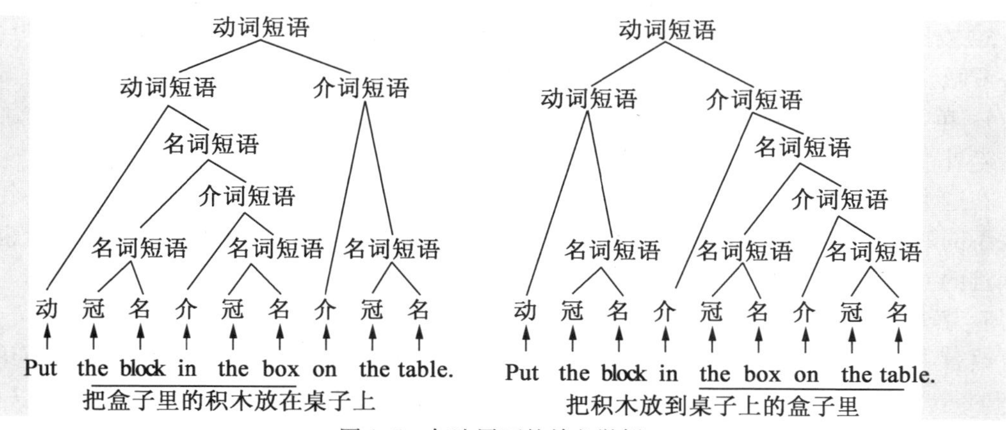

图 1.5 句法层面的歧义举例

类似的例子还有很多,如:英语句子"I saw a man in the park with a telescope."可以得到5种不同的分析结构(冯志伟,1996);W. A. Martin 曾报道他们的系统对于以下句子可以给出455个不同的句法分析结果(Martin et al.,1987):

List the sales of the products produced in 1973 with the products produced in 1972.

实际上,这种歧义结构分析结果的数量是随着介词短语数目 n 的增长呈指数上升的,这个歧义结构的组合个数称为开塔兰数(Catalan Number),记作 C_n。C_n 可以由式(1.1)获得(Samuelsson et al.,2000):

$$C_n = \binom{2n}{n}\frac{1}{n+1} \tag{1.1}$$

句法分析算法不得不消耗大量的时间在这样一个组合爆炸的候选结构中搜索可能的路径。

3. 语义层面的歧义

以汉语为例,在《现代汉语词典》(商务印书馆,1999)里,"打"字做实词使用时就有25种含义,在"打鼓、打架、打球、打酒、打电话、打毛衣"等用法中,"打"字的含义各不相同。如何根据特定的上下文让计算机自动断定"打"字的确切含义,恐怕不是一件容易的事情(宗成庆,2008)。

再来看一个曾经刊登在《生活报》上的中文幽默小片段(吴尉天,1999):

他说:"她这个人真有意思(funny)。"她说:"他这个人怪有意思的(funny)。"于是人们认为他们有了意思(wish),并让他向她意思意思(express)。他火了:"我根本没有那个意思(thought)!"她也生气了:"你们这么说是什么意思(intention)?"事后有人说:"真有意思(funny)。"也有人说:"真没意思(nonsense)"。(原文见《生活报》1994.11.13,第六版)

在整个片段中,"意思"一词在不同的语境里共有6个不同的含义。实现这个词义的自动理解,恐怕不是目前的NLP系统所能够胜任的。

4. 语用层面的歧义

来看一个互联网上的中文幽默小片段。

一老外来华留学4年,主攻汉语。临毕业,参加中文晋级考试,题量超少,暗喜。再仔细一看,懵了!题目如下:请写出下面两句话的区别在哪里?

1. 冬天:能穿多少穿多少;夏天:能穿多少穿多少。
2. 剩女产生的原因有两个,一是谁都看不上,二是谁都看不上。

3. 女孩给男朋友打电话：如果你到了，我还没到，你就等着吧；如果我到了，你还没到，你就等着吧。

4. 单身的原因：原来是喜欢一个人，现在是喜欢一个人。

老外泪流满面，交白卷，回国了 。

在这个小幽默中，“能穿多少穿多少”“谁都看不上”“你就等着吧”“喜欢一个人”几个词串在不同的语境里有不同的含义。实现这些词串的自动理解对于 NLP 系统来说目前也是极为困难的。

5. 语音层面的歧义

语言中的一些同音词和多音词也给语音识别和语音合成带来了一定的困难。如英语中的“I”和“eye”、“made”和“maid（女佣）”。汉语中的同音字和多音字现象更加严重。以 6 763 个汉字为例，据统计，没有同音字的只有 16 个，其他汉字都有同音字，其中最多的有 116 个。

在本书中，我们会经常介绍消解这些歧义的模型和算法。例如，使用词性标注（Part-of-Speech Tagging）方法确定“打”是动词、量词还是介词；利用词义消歧（Word Sense Disambiguation）方法确定“打”的意思是“玩”“买”还是其他什么意思；当我们判断 block 和 box 是属于不同的实体（如例 1.1），还是属于同一个实体（如例 1.2），这样的句法排歧问题可以通过概率剖析（Probabilistic Parser）方法来解决。

1.5.2 未知语言现象的处理

对于一个特定系统来说，总是有可能遇到未知词汇、未知结构等各种意想不到的情况，而且每种语言又都随着社会的发展而动态变化着。新的词汇（如“超女”、“恶搞”、“博客”、“禽流感”等）、新的词汇用法（新词类，如“他非常牛”中的“牛”在这里已经作为形容词了）、新的词义（如“打电话”中的“打”，究竟从哪一天开始“打”被赋予了“通信”的意义呢），甚至新的句子结构都在不断出现。尤其在口语对话或计算机网络对话（通过 MSN、QQ 等形式）中，稀奇古怪的词语和话语结构更是司空见惯。因此，对于一个实用的 NLP 系统，必须具有较好的未知语言现象的处理能力（宗成庆，2008）。

计算机在面对程序设计语言时已经可以成功地完成编译，但是遗憾的是面对自然语言的解析任务时却始终难以摆脱困境，其主要原因有以下几点：

（1）程序设计语言使用的是严格限制的上下文无关文法，而在 NLP 系统中先验知识的覆盖程度是有限的，系统需要处理大量的未知语言现象。

（2）程序设计语言中不存在歧义，而自然语言中存在复杂的歧义。

（3）在使用程序设计语言的时候，一切表达方式都必须服从机器的要求，是一个人服从机器的过程，这个过程是从语言的无限集到有限集的映射过程。而在 NLP 中则恰恰相反，NLP 实现的是机器追踪和服从人的语言、从语言的有限集到无限集的推演过程。

1.6 自然语言处理的基本方法及其发展

一般认为，NLP 中存在着两种不同的研究方法：一种是理性主义（Rationalist）方法，另一种是经验主义（Empiricist）方法（Church et al.，1993）。

理性主义方法又称基于规则的方法，主张建立符号处理系统，由人工整理和编写语言知识表示体系(通常为规则),构造相应的推理程序。系统根据规则和程序,将自然语言理解为符号结构。按照这种思路,在 NLP 系统中,一般首先由词法分析器按照语言学家编写的词法规则对输入句子的单词进行词法分析(分析出各种词性信息及识别未登录词等);然后,句法分析器根据语言学家设计的句法规则对输入句子进行句法结构分析,识别出句子中的各个成分;最后再根据一套变换规则将句法结构映射到语义符号(宗成庆,2008)。理性主义方法希望通过手工编码大量的先验知识和推理机制,得以复制人类大脑中的语言能力。理性主义方法的理论基础为乔姆斯基的语言理论(Chomsky, 1956)。

经验主义方法又称基于统计的方法,主张通过建立特定的数学模型学习复杂的、广泛的语言结构。然后,利用统计学、模式识别和机器学习等方法训练模型参数,以扩大语言使用的规模。在统计 NLP 方法中,一般需要收集一些文本(语料库)作为统计模型建立的基础。经验主义方法的理论基础为香农(Shannon)的信息论(Shannon,1948)。

理性主义和经验主义在基本出发点上的差异导致了在很多领域中都存在着两种不同的研究方法和系统实现策略,这些领域在不同的时期被不同的方法主宰着。

在 20 世纪 20 年代至 60 年代这 40 年时间里,经验主义方法在语言学、心理学、人工智能等领域中处于主宰地位。人们在研究语言运用的规律和认知过程等问题时,从客观记录的文字、语音数据出发,进行统计、分析和归纳,并以此为依据建立相应的分析或处理系统。

大约从 20 世纪 60 年代中期至 80 年代中后期,语言学、心理学、人工智能等领域的研究几乎完全被理性主义控制着。人们似乎更关心关于人类思维的研究,建立小的系统模拟智能行为。在这一时期,计算语言学理论得到长足的发展并逐渐成熟。形式语言学理论(Chomsky, 1956)是影响最大的早期句法理论。歧义现象的广泛存在使得消除它们需要大量的知识和推理,这就给基于语言学的方法、基于知识的方法带来了巨大的挑战,因而以这些方法为主流的自然语言处理研究几十年来虽然在理论和方法上取得了很多成就,但在处理大规模真实文本的系统研制方面,成绩并不显著。研制的一些系统大多数是小规模的、研究性的演示系统。

大约在 1989 年以后,人们越来越多地关注工程化、实用化的解决问题方法。要求研制的自然语言处理系统能处理大规模的真实文本,而不是如以前的研究性系统那样,只能处理很少的词条和典型句子。只有这样,研制的系统才有真正的实用价值。这一时期,经验主义方法被人们重新认识并得到迅速发展。基于语料库的统计方法被引入 NLP 中,很多人开始研究统计机器学习方法及其在 NLP 中的应用。在这一时期,基于语料库的机器翻译方法得到了充分发展,尤其是 IBM 的研究人员提出的基于信源信道模型的统计机器翻译(Statistical Machine Translation)(Brown et al. ,1990,1993)及其实现的 Candide 翻译系统(Berger et al. ,1994),为经验主义方法的复苏和兴起吹响了号角,并成为机器翻译领域的里程碑。与此同时,日本学者长尾真教授(Makoto Nagao)提出的基于实例的机器翻译方法(Example-based Machine Translation)(Nagao,1984)也得到长足发展,并建立了实验系统(Sato etal. ,1990)。另外,值得一提的是,隐马尔科夫模型(Hidden Markov Model, HMM)(Baum,1972)等统计方法在语音识别中的成功运用对 NLP 的发展起到了推波助澜的作用,甚至是关键的作用。实践证明,很多 NLP 的研究任务,包括语音识别、机器翻译、汉语自动分词、词性标注、文字识别、拼音法汉字输入都可以用噪声信道模型描述和实现。

经验主义方法的复苏与快速发展一方面得益于计算机硬件技术的快速发展,计算机存储容量的迅速扩大化和运算速度的迅速提高,使得很多复杂的原来无法实现的统计方法能够容易地实现;另一方面,统计机器学习等新理论方法的不断涌现,也进一步推动了自然语言处理技术的快速发展(宗成庆,2008)。前面提到,自然语言处理的绝大多数或者全部研究都可以看成是在其中某个层面上的歧义消解。事实上,歧义消解可以看作是分类问题。最初人们使用基于规则的方法来解决分类问题,但是,此方法需要专家构筑大规模的知识库,这不但需要有专业技能的专家,也需要付出大量劳动。同时,随着知识库的增加,矛盾和冲突的规则也随之产生。为了克服知识库方法的缺点,人们后来使用机器学习的方法来解决此问题。该方法的优点是不需要有专业技能的专家书写知识库,只需要有一定专业知识的人对任意一种语言现象作出适当的分类即可,然后以此为训练数据,再使用各种学习方法构造性能卓越的分类器。该方法通常称为有指导学习(Supervised Learning)方法。虽然它能够较好地解决一些已有大量正确标注语料库的自然语言处理问题,但是通常,我们获得这种语料库的代价也是昂贵的。为此,人们试图使用未标注的语料库直接进行学习,这种方法被称作无指导学习(Unsupervised Learning)(Klein,2005),或者只借助少量标注语料,利用大量未标注语料的半指导学习(Semi - supervised Learning) 。然而无论是无指导学习,还是半指导学习,其理论都不甚完备,效果也不如有指导学习方法。因此,人们目前的主要精力还是集中在有指导学习方法上(车万翔,2008)。

1.7 学科现状

We can only see a short distance ahead, but we can see plenty there that needs to be done

—Alan Turing

正是由于人类语言中的许多特点,使得自然语言处理起来远不像人们原先想象的那么简单。从目前的理论和技术现状看,通用的、高质量的 NLP 系统,仍然是较长期的努力目标,但是针对一定应用,具有相当自然语言处理能力的实用系统已经出现,有些已商品化,甚至开始产业化。典型的例子有:多语种数据库和专家系统的自然语言接口、各种机器翻译系统、全文信息检索系统、自动文摘系统等。

鉴于真实地理解自然语言是十分困难的,因此,目前很多系统并不要求能对自然语言文本进行深层的理解,但要能从中抽取有用的信息。例如,对自然语言文本进行自动地提取索引词,过滤、检索、自动提取重要信息,进行自动摘要等。

1.8 语言、思维和理解

最后,我们来探讨一个有趣的话题,就是:"机器是否具有智能?"

Alan Turing 是第一个研究计算机与认知能力的科学家。在他的一篇著名的论文中,提出了图灵测试的想法(Turing,1950)。Turing 在论文的开头就指出,关于什么是机器思维的问题无法回答,因为"机器"(machine)与"思维"(think)这两个术语本身就含糊不清。因此,他建议做一个游戏来进行测试。在游戏中,计算机对于语言的使用情况可以用来作为判断计算机是否能进行思维的依据。如果计算机在游戏中获胜,那么就可以判断计算机具有智能。

在 Turing 的游戏中有三个参与者:两个人和一台计算机。其中的一个人充当提问者的角色,他要使用电传打字机向另外两个参加者提出一系列问题,根据这两个参加者的回答判断哪一个回答是计算机做出的。计算机的任务是尽量设法愚弄提问者,设法使提问者相信它是一个人。第二个参加游戏的人则尽量设法使提问者相信第三个参加者是计算机,只有他和提问者才是人。

下面是 Turing 在他论文中描述的一个交互过程:

Q:Please write me a sonnet on the topic of the Forth Bridge.

A:Count me out on this one. I never could write poetry.

Q:Add 34 957 to 70 764.

A:(30 秒之后给出回答)105 621.

Turing 预言,大约到 20 世纪末,经过 5 分钟的提问后,计算机将会有 30% 的可能性愚弄提问者。令人惊讶的是,1966 年就有人设计了一个称为 Eliza 的程序来验证 Turing 的思想(Weizenbaum,1966)。下面是 Eliza 系统模拟心理医生的一段对话:

User:You are like my father in some way.

Eliza:What resemblance do you see?

User:You are not very aggressive but I think you don't want me to notice that.

Eliza:What makes you think I am not aggressive?

User:You don't argue with me.

Eliza:Why you think I don't argue with you?

User:You are afraid with me.

Eliza:Does it please you to believe I am afraid of you?

事实上,这是一个非常简单的系统。Eliza 只是使用模式匹配的方法进行输入并把它转换成适当的输出,通过反问来应对精神病人的提问,诱导病人不停地说话,从而达到对病人进行心理治疗的目的(启发式心理疗法)(冯志伟 等,2005)。

我们说,如果计算机能够像我们这样熟练地处理语言,那么,这就意味着计算机已经达到了真正的智能机器的水平,因为语言是人类区别于其他动物的本质特性。在所有生物中,只有人类才具有语言能力,而语言又总是与我们的认知能力纠缠在一起。人类的多种智能都与语言有着密切的关系。人类的逻辑思维以语言为形式,人类的绝大部分知识也是以语言文字的形式记载和流传下来的。因而,它也是人工智能的一个重要,甚至核心部分。Turing 测试反映了 NLP 在人工智能领域的重要地位。

毫无疑问,有关 NLP 的研究将彻底解放人类的大脑,这是继工业革命解放了人类的身体之后的又一次解放。NLP 的诱人前景正使得它越来越成为研究的热点,越来越多的科技工作者正加入到研究 NLP 的队伍中来(王挺 等,2006)。

1.9 本书结构

本书侧重于讲述自然语言处理的基本理论与方法,即对应于图 1.1 中的基础研究和应用基础研究。本书一共 9 章,可以分成两个部分。第一部分是第 1 ~ 6 章,介绍自然语言处理的基础知识,包括语言学资源建设(第 2 章)、语言计算模型(第 3、4、5 章)、字符集的编码体系(第 6 章)。第二部分是第 7 ~ 9 章,介绍自然语言处理的基本技术,包括自然语言的词法分析(第 7 章)、句法分析(第 8 章)和语义分析(第 9 章)。

本章小结

本章首先介绍了自然语言处理的基本概念、主要研究内容(包括基础研究、应用研究和应用基础研究)和应用领域;接下来介绍了自然语言处理中用到的知识以及面临的困难;最后介绍了自然语言处理的基本方法及学科发展和现状。

思考练习

1. 什么是自然语言处理?

2. 自然语言理解为什么要分为词法分析、句法分析和语义分析等步骤?

3. 自然语言处理的相关研究内容可以划分为哪些层次?

4. 试比较自然语言处理系统与高级程序语言编译器在词法分析、句法分析和语义分析阶段的任务有什么区别和联系?

5. 试着列举身边与自然语言处理相关的应用。

6. 自然语言处理过程中都要用到哪些知识?

7. 自然语言处理过程的主要困难是什么?试举例说明。

8. 自然语言处理的基本方法分为哪几类?

9. 自然语言处理与人工智能之间的关系是什么?

第 2 章

语料库与词汇知识库

任何一个信息处理系统都离不开数据库和知识库的支持，自然语言处理系统也不例外。语料库(Corpus)和词汇知识库作为基本的语言数据库和知识库，尽管在不同方法的自然语言处理系统中所起的作用不同，但是，它们在不同层面共同构成了各种自然语言处理方法赖以实现的基础，有时甚至是建立或改进一个自然语言处理系统的“瓶颈”(宗成庆，2008)。

本章对语料库和词汇知识库作简要介绍。

2.1 语　料　库

2.1.1 基本概念

语料库是指存放语言材料的数据库(文本集合)，其复数形式为 Corpora。库中的文本通常经过整理，具有既定的格式与标记，特指计算机存储的数字化语料库。

关于语料库有以下三点基本认识：

(1)语料库中存放的是在语言的实际使用中真实出现过的语言材料，因此例句库通常不应算作语料库。

(2)语料库是以电子计算机为载体承载语言知识的基础资源，但并不等于语言知识。

(3)真实语料需要经过加工(分析和处理)，才能成为有用的资源。

语料库是语料库语言学研究的基础资源，也是经验主义语言研究方法的主要资源。应用于词典编纂、语言教学、传统语言研究、自然语言处理中基于统计或实例的研究等方面。

表 2.1 列出了一些主要的分发文本语料库的机构，这些机构的工作都是基于语言学研究的目的。大多数机构使用这些语料库都要支付费用，价格非常昂贵。但是对于研究或是非营利目的的使用的机构，通常每张 CD 的价格在 100 ~ 2 000 美元之间。这样的价格也反映出收集和处理语料过程中需要做大量的工作。

表 2.1　主要语料库的供应者及其 URL

语料库的供应者	URL
Linguistic Data Consortium(LDC)	http://www.ldc.upenn.edu
European Language Resources Association (ELRA)	http://www.icp.grenet.fr/ELRA/
International Computer Archive of Modern English (ICAME)	http://nora.hd.uib.no/icame.html
Oxford Text Archive (OTA)	http://ota.ahds.ac.uk/
Child Language Data Exchange System (CHILDES)	http://childes.psy.cmu.edu/

网上也有许多免费的文本资源,范围从电子邮件、网页到许多书和杂志。这些免费资源并不是标注好的语料,但是有现成的工具可以为这些文本自动加上比较好的标记,如 OpenNLP、FudanNLP、Standford NLP、LTP(Language Technology Platform,语言技术平台)等。

语料库语言学(Corpus Linguistics)是基于语料库进行语言学研究的一门学科,其研究内容涉及语料库的建设和利用等多个方面。语料库语言学的研究大致划分为以下三个阶段。

1. 20 世纪 50 年代中期以前:早期的语料库语言学

这一时期的研究主要集中在以下几个方面:

(1)语言习得。19 世纪 70 年代,在欧洲兴起儿童语言发展模式研究的第一次高潮,当时的许多研究就是基于父母详细记载其子女话语发展的大量日记进行的。从 20 世纪 30 年代以来,语言学家和心理学家提出了众多关于儿童在不同年龄段的语言发展模式,这些模式大都建立在对儿童自然话语的大量材料分析研究上。

(2)音系研究。在西方,许多结构主义语言学家,如 F. Boas 和 E. Sapir 等人,他们强调语料获取的自然性和语料分析的客观性,这些都为后来的语料库语言学所继承和发展。

(3)方言学与语料库技术的结合。在西方,方言学脱胎于 19 世纪的历史比较语言学,最初主要的研究兴趣是运用直接方法获取的有关单音不同分布的事实来绘制方言的地图。方言研究者们利用笔记本、录音机等,记录下他们所遇到的一些方言素材,利用这些语料对方言词汇的分布等各种语言现象进行研究。

2. 1957 年至 20 世纪 80 年代初期:沉寂时期

1957 年乔姆斯基的《句法结构》(Chomsky,1957)及其以后一系列著作的发表,从根本上改变了语料库语言学的发展状况。乔姆斯基及其转换生成语法学派否定早期的语料库研究方法的主要依据有以下两点:

(1)语料从本质上只是外在化的话语的汇集,基于语料建立的模式充其量只是对语言能力做出部分解释。因而,语料并非语言学家从事语言研究的得力工具。

(2)语料永远是不完整、不充分的。

在随后的近 20 年里,基于语料库的研究方法由此进入沉寂时期。但是,仍然有一些语言学家凭着非凡的学术勇气,顶着压力继续开展其研究项目,并不断取得进展。

3. 20 世纪 80 年代至今:复苏与发展时期

语料库语言学自 20 世纪 80 年代开始复苏,并得到迅猛发展,从此进入一个空前繁荣阶段。这主要表现在以下两个方面:

(1)第二代语料库相继建成。以伯明翰英语语料库为代表的一大批语料库在 20 世纪 80 年代以后相继建成。这些语料库大多采用了先进的文字识别技术,使录入和编辑工作量大大减轻,加快了语料的标注和处理工作。与 20 世纪 50 年代以前建立语料库的手段(手工录入)相比,有了大幅度的提升,故称第二代。据语言学家 J. Edwards 在 1993 年的不完全统计,20 世纪 80 年代以来建成并投入使用的各类语料库达 50 多个,其中英语语料库 24 个,德语语料库 7 个,法语语料库 4 个,意大利语、西班牙语、丹麦语、芬兰语和瑞典语语料库各 2 个。

(2)基于语料的研究项目大量增加。大批语料库的建成极大地促进了基于语料的语言学研究迅速展开。自 1981 年至 1991 年的 11 年时间里,大约有 480 个语料研究项目得到资助。而在 1959 年至 1980 年 20 多年的时间里,只有 140 个基于语料库的研究项目(丁信善,1998)。

语料库语言学的复兴除了与计算机技术的迅速发展和普及有直接关系以外,还有一方面的原因就是转换生成语言学派对语料库语言学的批判和否定在经过20多年的实践检验之后，被证明是错误的或者是片面的(宗成庆,2008)。

2.1.2 语料库类型

根据不同的划分标准,语料库可以分为多种类型。

1. 通用语料库与专用语料库

确定语料库类型的主要依据是它的研究目的和用途,这一点往往体现在语料采集的原则和方式上。通用语料库是指按照事先确定好的某种重要标准,把每个子类的文本按照一定比例收集到一起的语料库,在语料采集过程中需要仔细从各个方面考虑平衡问题(包括领域分布、地域分布、时间分布、语体分布等)。如何把握语料的平衡性是一个复杂的问题。例如，Brown语料库要求各种文本在数量上应和实际出版物成比例,另外要求剔除诗句(因为诗句引入了特殊的语言学问题)。

专用语料库是指为了某种专门的目的,只采集某一特定领域、特定地区、特定时间、特定语体类型的语料构成的语料库,如新闻语料库、科技语料库、中小学语料库等。

工作中涉及语料库时,要注意统计分析结果的有效性。例如,Brown语料库是专为1961年使用的美国书面英语设计的典型样本语料库(Francis et al. 1982),因此,在Brown语料库中得出的结论并不符合英国书面英语或者美国口语。在选择语料库或者发布结果的时候,至少要明白,语料库包含哪种类型的文本,得到的结果是否可以移植到其他感兴趣的领域。由于语言是动态发展的,每一时期总会有一些词汇被“淘汰”,也总会有一些新的词语产生。即使同一词语在不同的历史时期使用的频度也不一样,因此,某一时刻抽取出来用于训练的样本,经过一年、两年或者若干年之后可能就失去了原本的代表性(尤其是在新闻、政治等领域)。

2. 单语语料库与多语语料库

语料库根据它所包含的语言种类的数目分为单语语料库(Monolingual Corpus)、双语语料库(Bilingual Corpus)和多语语料库(Multilingual Corpus)。单语语料库是指只含有单一语言文本的语料库。双语语料库和多语语料库是指不只有一种语言的语料库。双语和多语语料库按照语料的组织形式,还可以分为平行(对齐)语料库和比较语料库。

平行语料库指库中的两种或多种文本互相是对方的译文,因此可以用于翻译或者机器翻译研究。平行语料库的核心技术是各级语言单位(篇章、段落、句子、短语、词汇等)的对齐(Alignment)技术。由于双语语料库含有两种不同语言之间的对照翻译信息,因此在自然语言处理的许多领域都具有重要的研究和使用价值。例如,它可以为基于统计的机器翻译(Brownetal. ,1990)、基于实例的机器翻译(Nagao,1984)、机器翻译译文评价、双语词典编纂(Klavans et al. , 1990)等多种自然语言应用提供更大程度的支持。最著名的双语语料库当属加拿大的议会议事录(Canadian Hansards)。该议事录同时用英、法两种语言记录而成。

比较语料库中两种或多种语言的文本不构成对译关系,只是领域相同,主题相近,通常只能用于两种或多种语言的对比。例如,“国际英语语料库”共有20个平行的子语料库,分别来自以英语为母语或官方语言以及主要语言的国家,如英国、美国、加拿大、澳大利亚、新西兰等。各个子语料库语料选取的时间、对象、比例、文本数、文本长度等几乎是一致的。建库的目的是对不同国家的英语进行对比研究。

3. **共时语料库与历时语料库**

共时语料库是指为了对语言进行共时研究而建立的语料库。中文五地共时语料库就是典型的共时语料库，由香港城市大学开发采集中国内地、中国香港、中国台湾、中国澳门地区及新加坡在1995～2005年10年内的报纸语料，每4天选一天的报纸，包括社论、头版、国际和地方版、特写、评论等内容，早期每天各地均采集2万字左右，其后同步增加至每天三四万字（邹嘉彦 等，2003）。基本信息见表2.2。

表2.2　中文五地共时语料库相关信息

开发机构	香港城市大学
地域	中国内地，中国香港、台湾、澳门地区及新加坡
时间	1995～2005年
内容	报纸（社论、头版、国际和地方版、特写、评论……）
采集频率	4天中选一天
字数	2万字/天～三四万字/天

历时语料库是对语言文字的使用进行动态追踪，对语言的发展变化进行监测的语料库，也称为第三代语料库。它有两大特色：

（1）语料的动态性：语料是不断动态补充的。

（2）具有量化属性“流通度”，可以通过观察和测量流通度的变化情况，从而追踪语言成分的产生、成长和消亡。

4. **生语料库与熟语料库**

生语料库是指没有经过任何加工处理的原始语料数据。熟语料库是指经过加工处理、标注了特定信息的语料库。所谓语料库标注（加工）就是对电子语料（包括书面语和口语）进行不同层次的语言学分析，并添加相应的“显性”的解释性的语言学信息过程。或者说是把某种分类代码插入到计算机文件中，这种分类代码通常不是文件的组成部分，但是通过这些分类代码，可以了解文件的结构或格式信息。例如，下面是一段经过分词和词性标注处理的汉语文本（斜杠与空格之间的字符表示词性）：

19980103-02-008-002/m　本报/r　讯/Ng　河北省/ns　重点/n　建设/vn　项目/n　石家庄/ns　机场/n　跑道/n　延长/vn　工程/n　，/w　日前/t　通过/v　国家/n　验收/vn　委员会/n　审验/v　，/w　正式/ad　投入/v　使用/v　。/w

与不同层次的自然语言分析相对应，语料库的加工主要包括词性标注、句法标注、语义标注、言语标注和语用标注等，汉语的语料加工还包括分词，如图2.1所示。

由图2.1可以看出，歧义消解与语料库加工之间是一种互为基础、循环依赖的关系。一方面，高性能的歧义消解技术是实现语料库加工自动化的关键。某种意义上讲，语料库的多级加工实际是一个面向真实文本的自然语言多级歧义消解过程。另一方面，语料库特别是经过加工的语料库又为歧义消解提供了资源支持。语料库加工的层次越高，所能提供的语言学信息越丰富，越有利于歧义消解水平的提高，但加工难度越大。

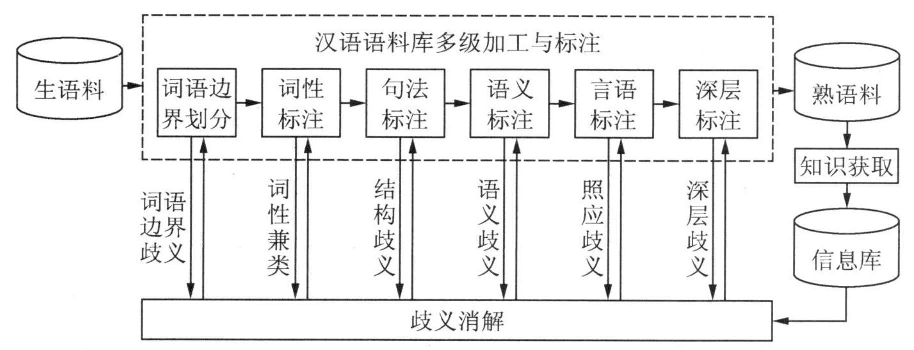

图2.1　语料库的加工过程

语料库加工的主要方式有三种：

(1)人工方式。这种处理方式加工的语料库质量较好，但是成本比较昂贵，需要大量的人力资源。

(2)自动方式。这种方式的处理速度很快，效率较高，但是处理的结果不能保证完全准确。

(3)半自动(人机结合)方式。这种方式兼顾前两者的优点，结合方式有两种：一种是先由计算机对待加工的语料进行自动加工，然后由人工校对；另一种是由计算机自动选择语料库中需要人干预的、自动加工不能解决的部分，从而减少人的工作。

2.1.3　典型语料库介绍

(1)Brown 语料库。美国 Brown 大学于20世纪60～70年代开发的通用语料库，面向美国书面英语，规模为100万词，进行了词法级标注。需付费，但费用不高。

(2)LOB(Lancaster-Oslo-Bergen)语料库。由英国 Lancaster 大学、挪威 Oslo 大学和 Bergen 大学于20世纪70年代开始开发，建成于1983年，是面向英国英语的通用语料库。该语料库收集了500个语篇，每个语篇约2 000词。

(3)Penn TreeBank(宾夕法尼亚树库)。美国宾夕法尼亚大学(University of Pennsylvania, UPenn)对百万词次的英语语料进行全面的词性和句法标注，建立了大规模的树库 Penn TreeBank，其语料内容来源于华尔街日报(Wall Street Journal)。

(4)PropBank。PropBank 是宾夕法尼亚大学在 Penn TreeBank 句法分析语料库的基础上增加语义信息后构建的“命题库”。PropBank 的目标是对原树库中的句法节点标注上特定的论元标记(Argument Label)，使其保持语义角色的相似性。PropBank 只对动词(不包括系动词)进行标注，相应地被称作谓语动词，而且只包含20多个语义角色。其中核心的语义角色为 Arg0～5 六种，Arg0 通常表示动作的施事，Arg1 通常表示动作的影响等，Arg2～5 根据谓语动词不同会有不同的语义含义。它们的具体含义通常由 PropBank 中的 Frams(框架)文件给出，例如“buy”的一个语义框架如图2.2所示。此文件说明当“buy”取01号语义，做“购买(purchase)”的含义时，Arg0 代表购买者(*buyer*)，Arg1 代表购买的东西(*thing bought*)等。其余的语义角色为附加语义角色，使用 ArgM 表示，在这些参数后面，还需要跟附加标记来表示这些参数的语义类别，如 ArgM－LOC 表示地点，ArgM－TMP 表示时间等。图2.3是 PropBank 中对一个句子的标注实例(车万翔，2008)。

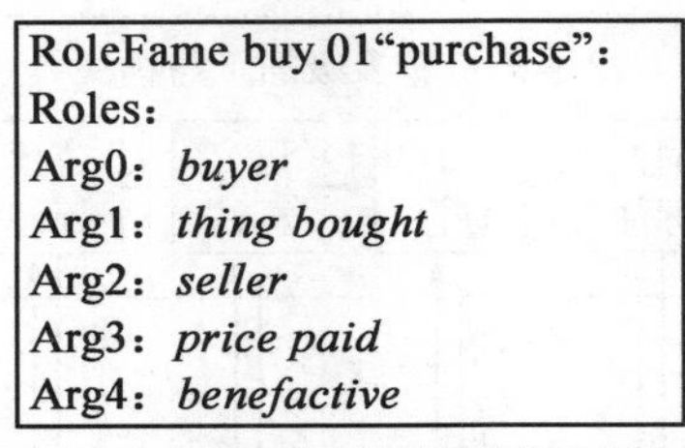

图 2.2 "buy"的语义框架示例

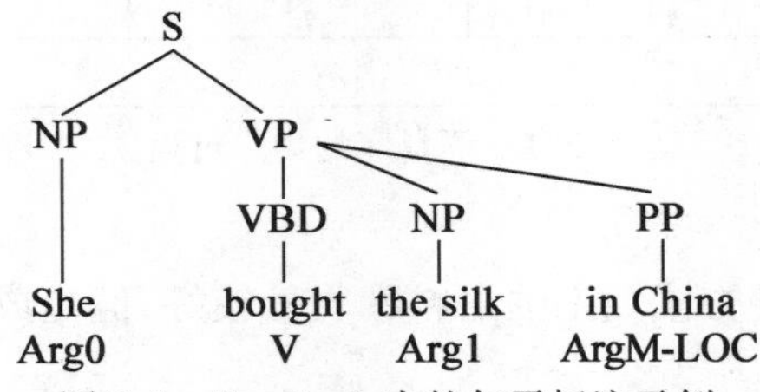

图 2.3 PropBank 中的句子标注示例

(5)NomBank。为了弥补 PropBank 仅以动词作为谓词,存在标注过于粗略的缺点,纽约大学的研究人员开发了 NomBank(Meyers et al.,2004)。与 PropBank 不同的是,NomBank 标注了 Penn TreeBank 中的名词性的谓词及其语义角色。例如:名词短语"John's replacement Ben"和"Ben's replacement of John"中,名词"replacement"便是谓词,Ben 是 Arg0,表示替代者;John 是 Arg1,表示被替代者。另外 NomBank 容许角色出现相互覆盖的情况,这也是与 PropBank 不同的。

(6)FrameNet。U. C. Berkeley 开发的 FrameNet 以框架语义为标注的理论基础对英国国家语料库(British National Corpus,BNC)进行标注。它试图描述每个谓词(动词、部分名词以及形容词)的语义框架,同时也试图描述这些框架之间的关系。FrameNet 于2002 年6 月发布,为句子标注目标谓词及其语义角色、该角色句法层面的短语类型(如 NP,VP 等)以及句法功能(如主语、宾语等)。图 2.4 是 FrameNet 中表示身体动作的一个语义框架以及对一个句子的标注实例(车万翔,2008)。

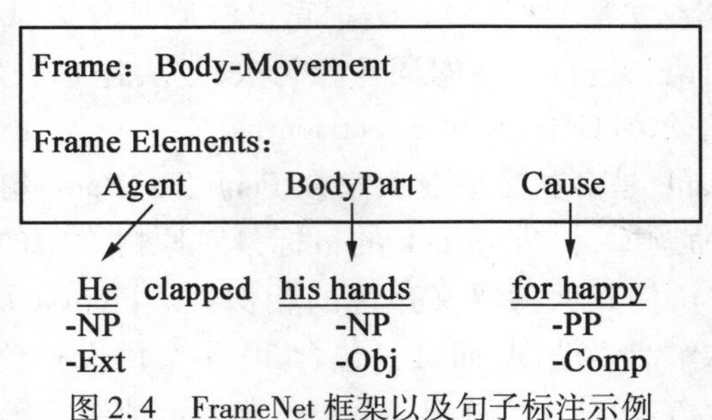

图 2.4 FrameNet 框架以及句子标注示例

(7)The Canadian Hansards 语料库。加拿大议会议事录,是最著名的双语语料库。该议事录同时用英、法两种语言记录而成。

(8)LC-STAR 语料。LC-STAR(Lexica and Corpora for Speech-to-speech Translation Technologies,面向口语翻译技术的词典和语料库建设)是由欧盟发起的面向 12 种语言的语言资源开发项目。2002 ~2004 年期间由十多个国家的公司和大学联合完成,汉语部分由NOKIA(中国)和中科院自动化所联合完成,涉及 6 个主要领域:体育、新闻、财经、文化、消费、个人交流。

(9)C-STAR 口语语料。国际语音翻译先进研究联盟(Consortium for Speech-to-speech Translation Advanced Research)有7个核心成员和20多个联系成员。日本国际电器通信基础技术研究所(ATR)提供旅游领域约16.2万句的英语、日语双语对照口语语句(BTEC,Basic Travel Expressions Corpus)。德国(UKA)、中国(中科院自动化所)、韩国(ETRI)和意大利(ITC-IRST)分别将其翻译成德、汉、韩、意几种语言。

(10)北京大学语料库。对1998年全年《人民日报》(2 600多万汉字)进行分词与词性标注处理。这项工作开始于1999年4月,结束于2002年4月。

(11)LDC中文树库(Chinese Tree Bank,CTB)。由美国宾夕法尼亚大学(UPenn, University of Pennsylvania)开发,语言数据联盟(Linguistic Data Consortium, LDC)发布。语料来源于新华社和香港新闻(HongKong News)等媒体。2000年发布的第3版包含10万词汇,4 000多中文句子。目前已发展为第5版,50.7万词汇。

2.1.4 语料处理的基本问题

人类语言中的许多特点使得文本自动处理相当困难。原始文本拿来之后并不能直接进入标注流程,在这之前,需要做一些预处理工作。预处理工作主要包括以下内容:

1. 汉语方面

西方语言的书写习惯是词与词之间用空格隔开。汉语不实行按词连写,因此,在进行词法分析之前,首先要进行汉语自动分词。本书将在第6章专门介绍汉语自动分词方面的内容。

2. 英语方面

在英语中,前后有空格的连续字母组成的字符串是不是一定就是一个词呢?答案是否定的。这又分两种情况:

(1)空格围起了多个词,换句话说,词的前后也不总是存在空格。

①"词+标点"形式。标点符号经常紧跟在词语后面,如逗号(,)、分号(;)和句点(.)。乍看起来,去掉词语后面的标点似乎很容易,但是对于句点来说却存在问题。大多数句点的作用是表示句子结束,也有少数情况表示缩写,如"etc."和"Calif."。这些作为缩写的句点应该保留在词语中作为词语的一部分。有时候把这些作为缩写的句点保留下来相当重要,因为通过这个句点可以帮助我们区分Washington的缩写Wash.和首字母大写的动词Wash。特别需要注意的是,当一个类似"etc."的缩写词出现在句尾时,句子末尾只保留一个句点,此时句点具有双重功能。本段前面出现的Calif.就是一个例子。在词法意义上,这种现象称为缩略。如何判定"."是否表示句子边界?这里可以用排除法。首先假设"."表示句子边界,但在以下情况下,排除"."的句子边界资格:a. 如果"."前面是"Prof""vs"等缩写单词,则排除"."的句子边界资格,将其判定为缩写(这些单词一般不出现在句尾);b. 如果"."前面是"etc"、"Jr"等缩写单词,且后面的单词首字母是小写,则排除"."的句子边界资格,将其判定为缩写(这些单词通常既可以位于句子中间,也可以位于句子末尾,因此根据"."后面的单词的首字母是否小写来判定它是否为句子边界)。

②"词+单撇号"形式。对于英语中的I'll或者isn't这样的现象,一些处理程序和一些语料库(例如,Penn Tree Bank)把它们看作是两个词予以切分,因为不切分会存在一些问题。例如,传统的一个句法规则"S→NP VP(句子→名词短语+动词短语)"如果遇到诸如I'm right的时候就会不再适用了。

英语中的单撇号缩写形式主要包括's、'd、n't、'm、've、'll、're 等。值得注意的是，对它们进行还原时要注意目标词的选择。例如，dog's 是还原成 dog is、dog has 还是 dog 的所有格形式；'d 什么时候还原成 would，什么时候还原成 had；n't 是否直接从原单词中分离出来改为 not（这一原则对于 can't 和 won't 显然不适用）。

③由连字符连接多个单词。连接符的作用有好几种：一种是用于改进版面的对齐；一种是用于连接前缀，如：non-lawyer，non-linear；有一些带有连字符的字符串很明显应该被看成一个词，例如，E-mail、so-called 等；还有一种就是用来连接一个复合的前置修饰语，例如：

a text-based medium

a 26-years-old woman

the 90-cent-an-hour raise

a final "take-it-or-leave-it" offer

如果这些条目不被切分，将极大地增加词汇表的容量。

另外一个问题就是许多情况下，连字符的使用非常不一致。例如，一些文本中使用 cooperate，而另一些文本中使用 co-operate。再如，在 Dow Jones 新闻专线中，可以找到 database、data-base 和 data base 三种写法。对于这种情况，最好的方法是将它们作为一个词位。

（2）空格不是分界标志。有些时候，几个词语虽然被空格隔开，但是我们希望把它们当成一个整体，比如说电话号码（如 9365 1873）或者多词地名（如 New York 和 San Francisco 等）。

英语语料库处理中的另一个基本问题就是大小写。如果两个词除了某些字母的大小写之外完全相同，该不该认为它们是相同的？在某些情况下，例如"the"和"The"，可以认为它们是一样的。把词语全部变成小写是非常容易的，但问题是我们同时还想保留 Richard Brown 和 brown paint 中的截然不同的 Brown。一种启发式方法是把每个句子开头的大写字母转成小写字母，把一串连续大写的词当作标题和副标题，这样，其余的大写字母词语就可以认为是名字，它们的大写字母可以保留。这种启发式方法非常有效，但是也存在一些问题。首先就是必须能够正确地识别出句子的结尾，根据前面句点的识别可以知道，这并不总是那么容易的。另外，当人名出现在句首时，显然也不能轻易地把句子开头的大写字母转成小写字母。通过维护一张正确的人名列表（有可能还有更多的信息，例如如何命名人名、地名、公司名）可以取得较好的结果。但是，通常来说，并没有一种简单的方法可以正确地检测出人名（苑春法 等，2005）。

2.2 词汇知识库

2.2.1 WordNet

前面已经提到，语义分析离不开语义知识库的支持。传统词典一般都是按字母顺序组织词条信息的，这样的词典在解决用词和选义问题上是有价值的。然而，它们有一个共同的缺陷，就是忽略了词典中同义信息的组织问题。20 世纪以来，语言学家和心理学家们开始从一个崭新的角度来探索现代语言学知识结构以及特定的词典结构，终于由 Princeton 大学研制成功了一个联机英语词汇检索系统——WordNet（Fellbaum，1998）（http://wordnet.princeton.edu/man/wnstats.7WN）。它作为语言学本体库，同时又是一部语义词典，在自然语言处理研究方面应用非常广泛,如词义标注、基于词义分类的统计模型、基于概念的文本检索、文本校对、知识处理及推理、概念建模等。该词库可以通过浏览器直接登录,也可以使用一组 C 的库函数通过程序的方式登录。

WordNet 描述的对象包含单词、复合词、短语动词、搭配词、成语。WordNet 中的词汇主要来自于 Brown 语料库和已有的一些词表,如 Laurence Urdang(1978)的《同义反义小词典》、Urdang(1978)修订的《Rodale 同义词词典》、Robert Chapmand(1977)的第 4 版《罗杰斯同义词词林》、美国海军研究与发展中心的 Fred Chang 的词表等。

WordNet 的开发工作从 1985 年开始,从此以后该项目接受了超过 300 万美金的资助(主要来源于对机器翻译有兴趣的政府机构)。在 WordNet 2.0 版本中包含的词汇规模见表 2.3。

表 2.3　WordNet 2.0 的词汇规模

	词形	词义
名词	114 648	79 689
动词	11 306	13 508
形容词	21 436	18 563
副词	4 669	3 664
总计	152 059	115 424

1. WordNet 的组织形式

WordNet 最具特色之处是根据词义而不是词形来组织词汇信息。以同义词集合(Synset)作为基本的构建单位,将名词、动词、形容词、副词都组织到 Synset 中。一个 Synset 只包含一个注释。对一个 Synset 中不同的词,分别用适当的例句加以区分。

Synset 之间以一定数量的关系类型相互关联,如图 2.5 所示。这些关系包括同义关系(Synonymy)、反义关系(Antonymy)、上下位关系(Hypernymy/ Hyponymy)、整体与部分关系(Meronymy)、继承关系(Entailment)等。WordNet 的关系指针及标记符号见表 2.4(詹卫东,2003)。

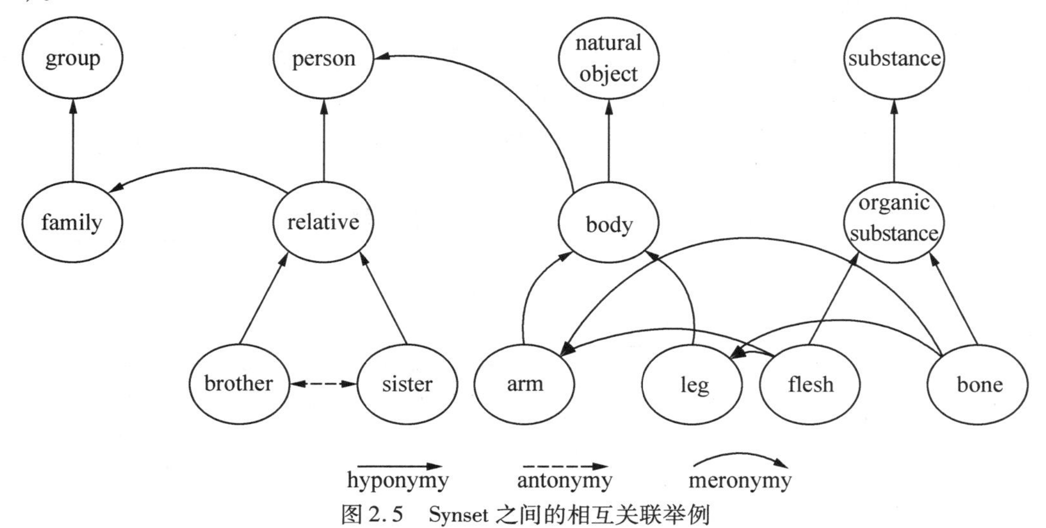

图 2.5　Synset 之间的相互关联举例

表 2.4 WordNet 的关系指针及标记符号

名词		动词		形容词		副词	
反义关系 Antonym	!	反义关系 Antonym	!	反义关系 Antonym	!	反义关系 Antonym	!
下位关系 Hyponym	~	下位关系 Hyponym	~	近义关系 Similar	&	导出形式 Derived from	\
上位关系 Hypemym	@	上位关系 Hypemym	@	关系型形容词 Relational Adj.	\		
部分关系 Meronym	#	蕴涵关系 Entailment	*	又见 Also See	^		
整体关系 Holonym	%	致使关系 Cause	>	属性 Attribute	=		
属性 Attribute	=	又见 Also See	^				

Word form(词形)和 Word meaning(词义,以 Synset 表示)是 WordNet 源文件中的两个基本构件。在图 2.6 所示的矩阵中,行代表词义,列代表词形。矩阵中的表元素对应列上的词形可以被用来表示相应表行上的词义(在一个适当的上下文环境中)。这样,表元素 $E(1,1)$ 就表示"词形 F_1 可以表示词义 M_1"。如果同一表列中有两个表元素,则该词形具有两个义项,是个多义词(Polysemy);如果同一表行中有两个表元素,则对应的两个词形是同义的,相应的两个词是同义词(Synonymy)。

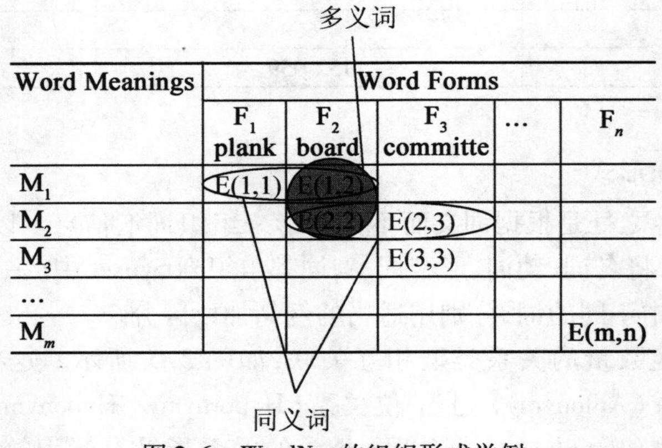

图 2.6 WordNet 的组织形式举例

2. WordNet 中的名词

上下位关系是 WordNet 名词集合中的核心组织原则。在 WordNet 名词体系中,共有 25 个独立起始概念(Unique Beginner),见表 2.5。如果一个 Synset 没有上位 Synset,则称之为独立起始概念。其他名词通过上位/下位关系与这 25 个独立起始概念构成 25 个独立的层次结构。

表 2.5 WordNet 名词体系中的独立起始概念

序号	概念名称	序号	概念名称	序号	概念名称
1	行动	10	自然物	18	动物,动物系
2	自然现象	11	人工物	19	人,人类
3	属性,特征	12	植物,植物系	20	身体,躯体
4	所有物	13	认知,知识	21	作用,方法
5	信息,通信	14	量,数量	22	事件
6	关系	15	知觉,情感	23	形状
7	食物	16	状态,情形	24	团体,组织

续表

序号	概念名称	序号	概念名称	序号	概念名称
8	物质	17	场所,位置	25	时间
9	目的				

很少有超过10到12层的语义树,通常层次比较深的情况是由于专业词汇造成的,而不是日常语言中的用词。例如:

shetlandpony

@ →pony

@ →horse

@ →equid

@ →odd-toed ungulate

@ →placental mammal

@ →mammal

@ →vertebrate

@ →chordate

@ →animal

@ →organism

@ →entity

另外,反义关系、整体与部分关系等也是WordNet名词体系中常见的语义关系。

3. WordNet **中的形容词**

一般来说,形容词分为两类:一类是描写性形容词(Descriptive Adjectives),如big、beautiful、interesting、possible、married等,另一类是关系性形容词(Relational Adjectives),因其跟名词的关系而得名,如electrical、atomic、criminal、mechanical等。

描写性形容词之间可以有反义关系,如图2.7所示。

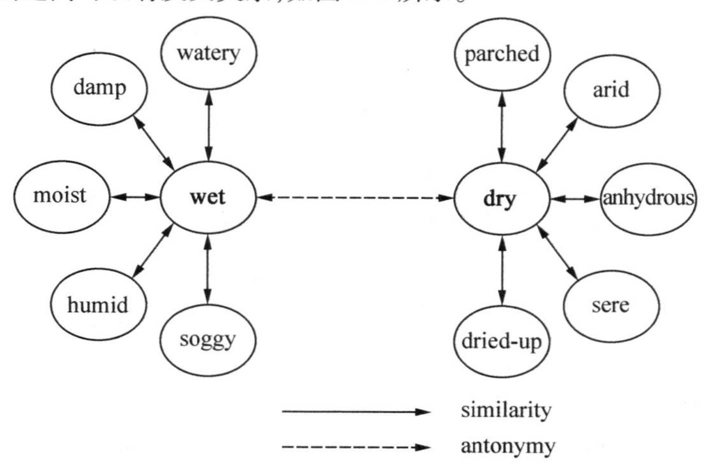

图2.7 描写性形容词之间的反义关系举例

而关系性形容词没有直接的反义词,因为关系性形容词起分类作用,而非否定作用,如“civil(民事的) lawyer”、“criminal(刑事的) lawyer”、“mechanical engineering”、“electrical engineering”。或者在前面加上“non-”,表示“something else”的意思,如“nonhuman”、“noncommercial”。

另外,形容词的多义性也是比较常见的。例如,“old”在“old man”和“old house”中对应的反义词分别是“young man”和“new house”,而“an old friend”对应的反义词既可以是“a new friend”,也可以是“a young friend”。

4. WordNet 中的动词

WordNet 中的动词分为 15 个基本类(Semantic Domain),见表 2.6。

表 2.6　WordNet 中的动词基本类

Motion/动作	Perception/感知	Contact/联系	Communication/通信	Competition/竞争
Change/变化	Cognition/认知	Consumption/消耗	Creation/创造	Emotion/情绪
Stative/状态	Possession/领有	Body/身体动作	Social/社会行为	Weather/天气动词

WordNet 动词的反义关系主要有以下几种情况:

(1)有共同上位词,例如,rise/fall, walk/run @ →{travel, go, move,...}。

(2)没有共同上位词,在同一个场景中使用,例如,give/take, buy/sell, lend/borrow, teach/learn。

(3)状态动词,例如,live/die, exclude/include, differ/equal, wake/sleep。

(4)变化动词,例如,lengthen/shorten, strengthen/weaken, prettify/ uglify。

(5)有标记与无标记的对立,例如,tie/untie, appear/disappear。

动词上下位关系的例子如图 2.8 所示。

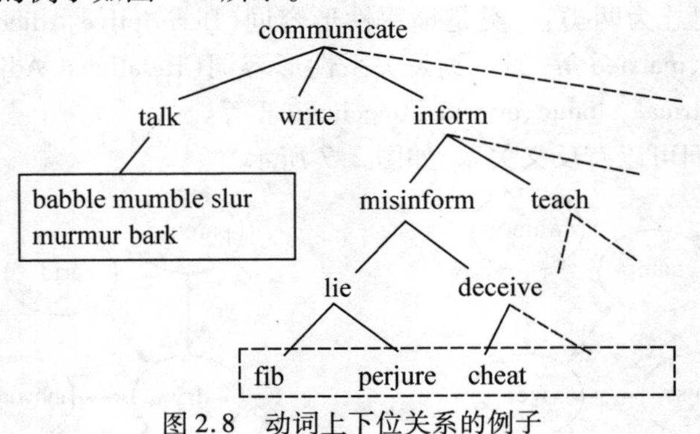

图 2.8　动词上下位关系的例子

5. WordNet 文件的格式

WordNet 文本数据库包括两类文件:一类是数据文件 X. dat (X = noun, adj, verb, adv),另一类是索引文件:X. idx。

X. dat 文件的格式如下:

SynSet_offset lex_filenum ss_type w_cnt word lex_id [word lex_id...] p_cnt [ptr...] [frames...] | gloss

各字段含义见表 2.7。具体例子如图 2.9 所示。

表 2.7　X. dat 文件各字段含义

字段	含　义
SynSet_offset	8 位 10 进制数表示本概念的同义词集合在数据文件中的起始位置
lex_filenum	2 位 10 进制数表示文件编号(语义类编号)
ss_type	词性标记
w_cnt	Synset 中的词语个数
word	词语
lex_id	1 位 16 进制数表示一个词语的编号
p_cnt	3 位 10 进制数表示关系指针个数
ptr	关系指针列表,包括指针符号,所对应概念的地址偏移、词性、关系类型等
frames	句型(仅对动词有意义)
gloss	注释及例句

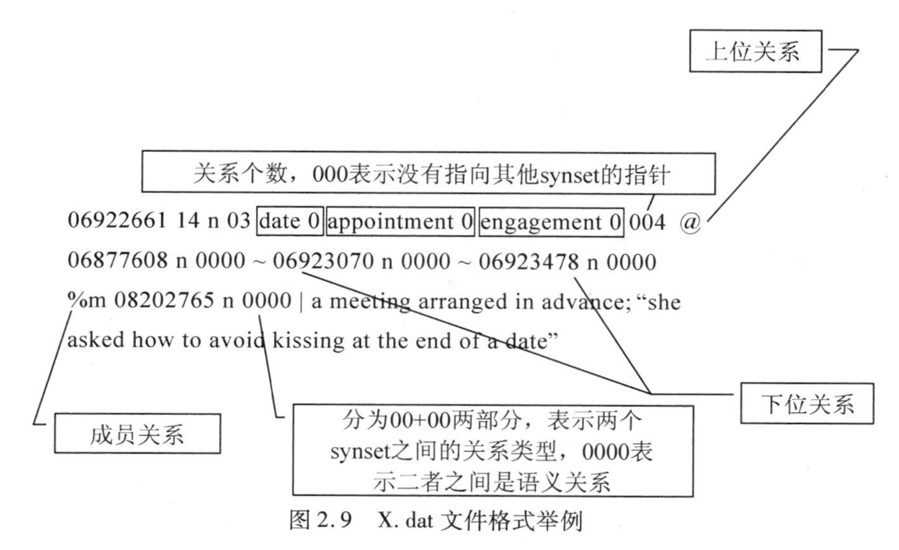

图 2.9　X. dat 文件格式举例

X. idx 文件的格式如下：

lemma pos poly_cnt p_cnt [ptr_symbol. . .] sense_cnt tagsense_cnt synset_offset [synset_offset. . .]

各字段含义见表 2.8。具体例子如图 2.10 所示。

表 2.8　X. idx 文件各字段含义

字段	含　义
lemma	词语
pos	词性标记
poly_cnt	10 进制数,表示义项的个数
p_cnt	10 进制数,表示关系指针的个数
ptr_symbol	关系指针符号
sense_cnt	义项个数
tagsense_cnt	频度
synset_offset	词语对应的 synset 在 wordnet 数据库文件中的偏移地址

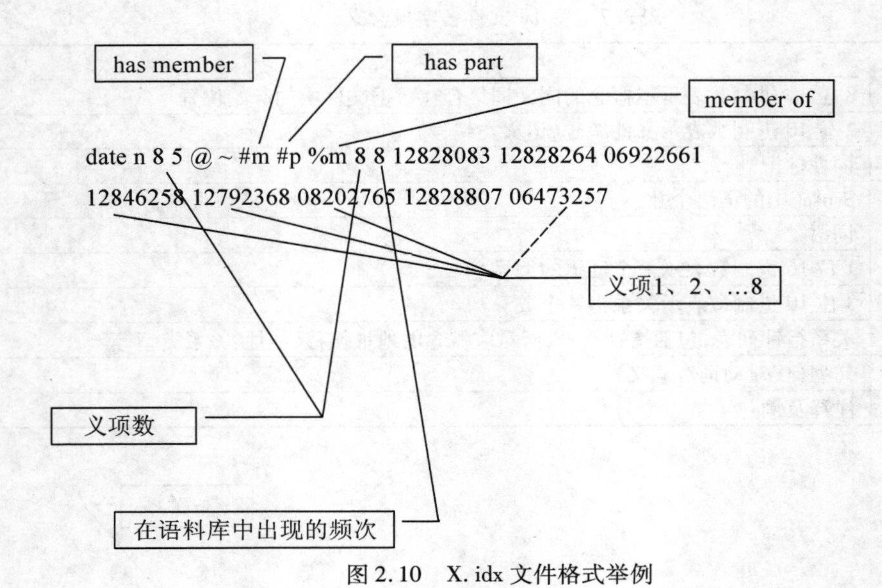

图 2.10　X. idx 文件格式举例

2.2.2　知网

知网(HowNet)是一个以汉语和英语的词语所代表的概念为描述对象,以揭示概念与概念之间以及概念所具有的属性之间的关系为基本内容的常识知识库。例如,图 2.11 是“医生”“患者”“医院”等概念之间的关系示意图。

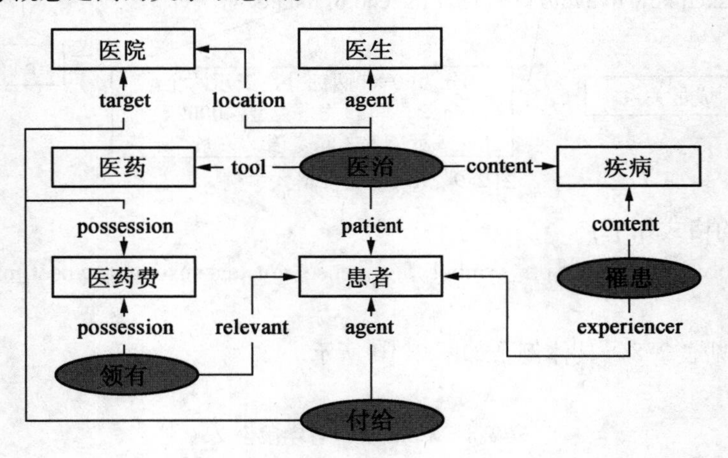

图 2.11　概念关系示意图

1. 知网中的关系

总地来说,知网描述了下列各种关系:

(1)上下位关系。

(2)同义关系。

(3)反义关系。

(4)对义关系。

(5)部件-整体关系(由在整体前标注 % 体现,如“心”“CPU”等)。
(6)属性-宿主关系(由在宿主前标注 & 体现,如“颜色”“速度”等)。
(7)值-属性关系。
(8)实体-值关系。
(9)施事/经验者/关系主体-事件关系(由在事件前标注 * 体现,如“医生”“雇主”等)。
(10)受事/内容/领属物等-事件关系(由在事件前标注 $ 体现,如“患者”“雇员”等)。
(11)工具-事件关系(由在事件前标注 * 体现,如“手表”“计算机”等)。
(12)场所-事件关系(由在事件前标注 @ 体现,如“银行”“医院”等)。
(13)时间-事件关系(由在事件前标注 @ 体现,如“假日”“孕期”等)。
(14)事件-角色关系。
(15)材料-成品关系(由在成品前标注 ? 体现,如“布”“面粉”等)。
(16)相关关系(由在相关概念前标注 # 体现,如“谷物”“煤田”等)。

知网关于对部件的认识是:每一个事物都可能是另外一个事物的部件,同时每一个事物也可能是另外一个事物的整体。门和窗是建筑物的部件;手和脚是动物的部件。但与此同时,一个建筑物又可能是一个社区的部件;一个人又可能是他所属的家庭或社会的部件。一切事物都可以分解为部件。空间可以分解为上下左右;时间可以分解为过去、现在和未来。没有一种事物只能是部件,而不能是整体;也没有一种事物只能是整体,而不会是部件。我们认为一个事物被视为是整体还是部件,可以因系统的不同,而不同对待。

知网关于对属性的认识是:任何一个事物都一定包含着多种属性,事物之间的异或同是由属性决定的,没有了属性就没有了事物。人有种族、肤色、性别、年龄、性格、会思维、会使用语言等自然属性以及国籍、出身、职业等社会属性。在某些特定的情况下可以说属性比事物更重要,这一点在人们的日常生活的替代活动中可以得到体现。如:当我们要把一个钉子钉到墙上,但我们没有锤子,于是我们要找锤子的替代物,那么什么是锤子的替代物呢?那应该是属性最接近锤子的属性的物品才可能是替代物,而这时重量和硬度是关键性的属性。属性和它的宿主之间的关系是固定的,也就是说有什么样的宿主就有什么样的属性,反之亦然。属性与宿主之间的关系同部件与整体之间的关系是不同的,这也体现在知网关于属性的标注规范上,知网规定在标注属性时必须标注它可能的宿主的类型。知网还规定在标注属性值时都必须标注它所指向的属性。

2. 义原

在知网中,义原是一个很重要的概念。至于什么是义原,跟什么是词一样难以定义,但是也跟词一样并不因为它难于定义人们就无法把握和利用它们。大体上说,义原是最基本的、不易于再分割的意义的最小单位。知网体系的基本设想是:所有的概念都可以分解成各种各样的义原,也存在一个有限的义原集合,其中的义原组合成一个无限的概念集合。因此,如果能够把握这一有限的义原集合,并利用它来描述概念之间的关系以及属性与属性之间的关系,就有可能建立我们设想的知识系统。以事件类为例,知网定义了 800 多个事件义原,由它们来标注中文的事件类概念。

3. 知网系统概貌

知网系统主要由中英双语知识词典和知网管理系统两部分组成。知网的规模主要取决于双语知识词典数据文件的大小。由于它是在线的,修改和增删都很方便,因此它的规模是动态的。它的规模通常以词语的条数以及由词语所表述的概念的条数计算。

在知网的知识词典中,每一个词语的概念及其描述形成一个记录。每一种语言的每一个记录都主要包含四项内容。其中每一项都由两部分组成,中间以" = "分隔。每一个" = "的左侧是数据的域名,右侧是数据的值。它们排列如下:

W_X = 词语
G_X = 词语词性
E_X = 词语例子
DEF = 概念定义

迄今为止,知网的知识词典主要为那些具有多个义项的词提供例子。这些例子的要求是:强调例子的区别能力而不是它们的释义能力。它们的用途在于为消除歧义提供可靠的帮助。这里试以"打"的两个义项为例,一个义项是"buy|买",另一个是"weave|辫编"。那么,在词典中对应地有两个记录:

NO. =000001
W_C = 打
G_C = V
E_C = ~酱油, ~张票, ~饭,去~瓶酒,醋~来了
W_E = buy
G_E = V
E_E =
DEF = buy|买

NO. =015492
W_C = 打
G_C = V
E_C = ~毛衣, ~毛裤, ~双毛袜子, ~草鞋, ~一条围巾, ~麻绳, ~条辫子
W_E = knit
G_E = V
E_E =
DEF = weave|辫编

假设我们要判定的歧义语境是"我女儿给我打的那副手套哪去了"。通过对"手套"与"酱油"等的语义距离的计算以及跟"毛衣"等的语义距离的计算的比较,将会得到一个正确的歧义判定结果。

4. 概念的标注方法和规定

知网对概念的描述是要着力体现概念与概念和概念的属性与属性之间的相互关系,因此,知网对于概念的描述必然是复杂的。这就必须有一套明确的规范,否则便无法保证描述的复杂度和描述的一致性。

(1) 关于事件类概念的规定。

① DEF 项的第一位置只能是事件类文件所规定的主要特征(即"义原")。

② 一些以事件为中心的复杂概念,除了事件中心本身以外多半还有一个或一个以上的动态角色,例如:

严禁:包含动态角色——方式(manner)

贷款:包含动态角色——所有物(possession)

盗墓:包含动态角色——来源(source)

救灾:包含动态角色——原状态(StateIni)

呼救:包含动态角色——内容(content)

应利用动态角色来标注复杂概念。在表示上述动态角色时它的书写格式是:动态角色名称 = 主要特征或次要特征,例如“救灾”的标注应为:

DEF = rescue|救助,StateIni = unfortunate|不幸

更为复杂的例子如“扭亏为盈”:

DEF = alter|改变,StateIni = InDebt|亏损,StateFin = earn|赚

当某一概念与事件之间存在一定的动态角色关系时,则必须借助于标识符号来标注这一概念与事件之间的关系,如:

雇主:DEF = human|人,* employ|雇用

雇员:DEF = human|人,$ employ|雇用

熨斗:DEF = tool|用具,* AlterForm|变形状,#level|平

救生艇:DEF = ship|船,* rescue|救助

假期:DEF = time|时间,@ rest|休息,@ WhileAway|消闲

旅馆:DEF = InstitutePlace|场所,@ reside|住下,#tour|旅游

(2) 关于部件类概念的规定。

第二位标识必须借助于“%”指明其所属的整体的类型,并尽可能标注它在整体中的部位或它的功能,如:

心脏:DEF = part|部件,% AnimalHuman|动物,heart|心

CPU:DEF = part|部件,% computer|电脑, heart|心

这样的标注意味着“心脏”和“CPU”的分别是“动物”和“电脑”的部件,同时“动物”和“电脑”又分别是“心脏”和“CPU”的整体。它们的功能都是整体的“心”。就常识而言如果“心”的功能受损,那么其整体的功能也必受损。这有助于推理。

(3) 关于属性值和数量值类概念的规定。

① “属性值”是所有属于属性值概念的唯一的主要特征,“数量值”是所有属于数量值概念的唯一的主要特征,因此他们分别是两类概念的首位标识。

② 属性值概念和数量值概念除首位标识外必须还包含有一个次要特征。在第二位上一定要标注该属性值或数量值所指向的属性或数量特征。

③ 通常绝大多数情况下在第三位置上标注该属性值或数量值的具体值。例如:

美味:DEF = aValue|属性值,taste|味道,good|好

八成:DEF = qValue|数量值,amount|多少,many|多

巨大1:DEF = aValue|属性值,size|尺寸,big|大

巨大2:DEF = QValue|数量值,amount|多少,many|多

大量1:DEF = aValue|属性值,tolerance|气量,generous|慷

大量 2:DEF = QValue|数量值,amount|多少,many|多

(4) 关于属性和数量类概念的规定。

① "属性"是所有属于属性概念的唯一的主要特征,"数量"是所有属于数量概念的唯一的主要特征,因此他们分别是两类概念的首位标识。

② 所有属性或数量概念都必须借助"&"标注其宿主的类型。例如:

味道:DEF = attribute|属性,taste|味道,&edible|食物

气量:DEF = attribute|属性,tolerance|气量,&human|人

班次:DEF = quantity|数量,amount|多少,&transport|运送

比价:DEF = quantity|数量,rate|比率,&price|价格

(5) 关于单位类概念的规定。

① 单位通常是指"米"、"公里"、"吨"等,对于中文而言还包含中文所特有的名量和动量。

② 跟属性类一样,除在首位标注的是单位、名量或动量外,还必须借助"&"标注其指向的属性或事物的类型。例如:

公里:DEF = unit|单位,&length|长度

本:DEF = NounUnit|名量,&publications|书刊

次:DEF = ActUnit|动量,&event|事件

5. 角色框架

在知网中,800 个事件主要特征(即"义原")中的每一个都标识有一个角色框架。在框架中所列出的角色是该主要特征的必要角色,这就是说,少了其中的一个,该事件将不成立。需要注意的是:这里说的是当某一类事件发生时框架中的全部必要角色都将参与,这与实际的语言中是否出现并无关系,例如:"买"这一事件发生时,必要角色是:谁(施事)买,买什么(领属物),从哪(来源)买,付多少钱(代价),为谁(受益者)买。又如:"同情"这一事件发生时,必要角色是:谁(经验者),同情谁(对象),因为什么(原因)。在知网中,它们被分别规定如下:

buy|买 {agent,possession,source,cost, ~beneficiary}

pity|怜悯 {experiencer,target,cause}

诚然在实际语言中在一句话中把上述角色都表达出来的时候是不多见的,但不表达并不等于不存在。由于任何一个事件的发生都是在特定的时间与空间中,因此知网在必要角色框架中没有列入时间和空间。综上所述,知网是一个具有丰富内容和严密逻辑的语言知识系统,它作为 NLP 技术,尤其是中文信息处理技术研究和系统开发重要的基础资源,在实际应用中发挥着越来越重要的作用,它可以广泛地应用于词汇语义相似性计算、词汇语义消歧、名实体识别和文本分类等许多方面(宗成矢,2008)。本节所介绍的内容只是知网最基本的概况,有关知网的详细情况,请参阅知网主页(http://www.keenage.com/html/c_index.html)和其他相关论文(董振东 等, 2001;董强 等,2003;郝长伶 等,2003)。

本章小结

本章介绍了语料库技术和词汇知识库方面的内容。语料库和词汇知识库都是自然语言处理的重要资源,这些资源对改善自然语言处理系统的性能起到了很大的作用。本章首先介绍

了语料库的基本概念和语料库的类型，接下来对一些典型的语料库进行了简要介绍，同时还讨论了语料处理的一些基本问题。在词汇知识库方面，分别介绍了典型的英文词汇知识库 WordNet 和中文词汇知识库知网。

思考练习

1. 设计一个句子边界检测算法，评价它是否成功。

2. 对于英语中{he，she}'s 的缩写形式，有可能为 has，因有可能为 is，请设计区分两种情况的上下文规则。

3. 思考一下汉语语料库建设中存在哪些问题？

4. 根据 WordNet 和知网的知识存储方式，思考一下它们可以在自然语言处理的哪些方面得到利用以帮助提高系统的性能？

5. 关系性形容词有哪些特征？

第3章 n 元语法模型

有一本书,名为 M * A * S * H。书中有一个人,他是 M * A * S * H 单位里的一位职员。他有一种离奇的本领,能够猜到和他说话的人将要讲什么。我们当中的大多数人都不会有这种本领,只有当猜测一个句子片段后面的下一个词时,也许我们有可能猜出来。比如说,我们做一个猜词游戏,猜测哪个单词最可能跟在下面的句子片段后面:

She swallowed the large green ______.

很多人会认为"pill""frog"等词会是可能的选择,但是"tree"、"car"和"mountain"等就不太可能,尽管它们出现在"the large green"之后通常很自然,但是"swallowed"对"green"后面将要出现的词还是有很强的影响的。可见,我们在猜测的过程中并不是完全盲目猜测的,而是要考虑词与词之间的一些内在联系。

事实上,猜测下一个单词,或者说"单词预测"是语音识别、文字识别、文本校对、残疾人增强交际等系统中的重要子任务。在语音识别、文字识别这样的任务中,单词辨认是很困难的,因为输入会有很多噪声和歧义。因此,查看前一个单词即可提供关于下一个单词将会是什么的重要线索。预测下一个单词的这种能力对于残疾人增强交际系统是至关重要的(Newell et al.,1998)。例如,对于那些不能使用口语或手语来交际的残疾人(如著名物理学家霍金),就可以使用增强交际系统来帮助他们说话。如果能够知道哪些单词是说话人下一步最想使用的,就可以把这些单词放到选项中,让他们通过手的简单动作来选择单词。再来看几个文本校对中的例子:

They are leaving in about fifteen minuets to go to her house.

Can they lave him my messages?

I need to notified the bank of this problem.

He is trying to fine out.

这些错误都可以通过算法检查出来。例如,短语 in about fifteen minuets 在英语语法上是无懈可击的,但是单词与单词之间的结合情况却很少见("minuets"的意思是"小步舞",与"in about fifteen"结合的概率很低)。

与单词预测有着密切联系的另外一个问题就是单词序列概率的计算。在本书前面的例子中,"I'm sorry Dave, I'm afraid I can't do that."这样一个单词序列出现的概率就比"I'm I do, sorry that afraid Dave I'm can't."要大得多,尽管这两个单词序列所包含的单词是完全一样的。

语言本身并不是由随机抽取的一些单词组成的序列,词与词之间是有联系的。这种规律可以通过概率模型进行刻画。在语音识别中,传统上使用语言模型(Language Model,LM)这个术语来称呼单词序列的统计模型。语言模型试图反映的是字符串作为一个句子出现的概率。

例如，在一个刻画口语的语言模型中，如果一个人所说的话语中，每 100 个句子里大约有一句是“OK”，则可以认为 $P(\mathrm{OK}) \approx 0.01$。而对于句子“An apple ate the chicken”我们可以认为其概率为 0，因为几乎没有人会说这样的句子。需要注意的是，语言模型与句子是否合乎语法是没有关系的，即使一个句子完全合乎语法逻辑，我们仍然可以认为它出现的概率接近为 0（宗成庆，2008）。

语言模型的用途主要有两个：①已知若干个词，预测下一个词；②决定哪一个词序列的可能性更大。语言模型在机器翻译、信息检索、键盘输入、词性标注等相关研究中都得到了广泛应用。目前主要采用的是 n 元语法模型（n-gram model）。本章主要介绍 n 元语法的基本概念和几种常用的数据平滑方法。

3.1　n 元语法的基本概念

对于一个由 l 个词构成的句子 $s = w_1 w_2 \cdots w_l$，其概率计算公式可以表示为

$$p(s) = p(w_1)p(w_2 | w_1)p(w_3 | w_1 w_2)\cdots p(w_l | w_1 \cdots w_{l-1}) = \prod_{i=1}^{l} p(w_i | w_1 \cdots w_{i-1}) \tag{3.1}$$

式中，$w_1 \cdots w_{i-1}$ 称为 w_i 的“历史（History）”；$p(w_i | w_1 \cdots w_{i-1})$ 为模型的参数，是从语料库中统计得到的。这种统计工作称为“训练（Training）”。

那么在一个句子中，第 i 个位置上的词 w_i 有多少个可能的“历史”？答案是 L^{i-1}（设 L 为词汇集的大小）。也就是说，随着 i 的增加，w_i 的历史的数目呈指数级增长，而我们必须考虑在所有可能的 L^{i-1} 种不同的历史情况下，产生第 i 个词的概率。这样，模型中就有 L^i 个自由参数 $p(w_i | w_1 \cdots w_{i-1})$。假设 $L = 5\,000$，$i = 3$，那么，自由参数的数目就是 1 250 亿个！为了解决这个参数空间过于巨大的问题，可以将历史 $w_1 \cdots w_{i-1}$ 按照某个法则映射到等价类 $E(w_1 \cdots w_{i-1})$，而等价类的数目远远小于不同历史的数目。如果假定：

$$p(w_i | w_1 \cdots w_{i-1}) = p(w_i | E(w_1 \cdots w_{i-1})) \tag{3.2}$$

那么，自由参数的数目就会大大地减少。有很多方法可以将历史划分成等价类。其中，一种比较实际的做法是：将两个历史 $w_1 \cdots w_i$ 和 $v_1 \cdots v_k$ 映射到同一个等价类，当且仅当这两个历史最近的 $n-1$ 个词相同，即

$$E(w_1 \cdots w_i) = E(v_1 \cdots v_k) \Leftrightarrow w_{i-n+2} \cdots w_i = v_{k-n+2} \cdots v_k \tag{3.3}$$

满足上述条件的语言模型称为 n 元语法或 n 元文法（n-gram）。根据前面的解释，我们可以近似地认为，一个词出现的概率只依赖于它前面的 $n-1$ 个词，即

$$p(w_1 w_2 \cdots w_l) = \prod_{i=1}^{l} p(w_i | w_1 \cdots w_{i-1}) \approx \prod_{i=1}^{l} p(w_i | w_{i-(n-1)} \cdots w_{i-1}) \tag{3.4}$$

通常情况下，n 的取值不能过大，否则，等价类太多，自由参数过多的问题仍然存在。在实际应用中，取 $n=2$ 和 $n=3$ 的情况较多。以二元文法为例：

$$p(w_1 w_2 \cdots w_l) \approx \prod_{i=1}^{l} p(w_i | w_{i-1}) \tag{3.5}$$

为了使$p(w_i|w_{i-1})$对于$i=1$有意义，我们在句子开头加上一个句首标记<BOS>，即假设w_0就是<BOS>。相应地，也可以在句尾再放一个句尾标记<EOS>。

为了估计条件概率$p(w_i|w_{i-1})$，我们可以采用最大似然估计（Maximum Likelihood Estimation，MLE），即

$$p(w_i \mid w_{i-1}) = \frac{C(w_{i-1}w_i)}{\sum_w C(w_{i-1}w)} = \frac{C(w_{i-1}w_i)}{C(w_{i-1})} \tag{3.6}$$

式中，$C(w_a \cdots w_b)$为词串$w_a \cdots w_b$在给定文本中出现的次数。

假设训练语料S由下面三个句子构成：

Father read Holy Bible。

Mother read a text book。

He read a book by grandpa。

用最大似然法计算句子"*Father read a book*"的概率p（Father read a book）。根据式（3.6）可知

$$p(\text{father}|<\text{BOS}>) = \frac{1}{3}$$

$$p(\text{read}|\text{father}) = \frac{1}{1}$$

$$p(\text{a}|\text{read}) = \frac{2}{3}$$

$$p(\text{book}|\text{a}) = \frac{1}{2}$$

$$p(<\text{EOS}>|\text{book}) = \frac{1}{2} \tag{3.7}$$

因此

$p(\text{Fatherread a book}) =$

$p(\text{father}|<\text{BOS}>) \times p(\text{read}|\text{father}) \times p(\text{a}|\text{read}) \times p(\text{book}|\text{a}) \times p(<\text{EOS}>|\text{book}) =$

$$\frac{1}{3} \times 1 \times \frac{2}{3} \times \frac{1}{2} \times \frac{1}{2} = 0.06 \tag{3.8}$$

现在，如果计算另一个句子"Grandpa read a book"的概率会出现什么问题呢？

$p(\text{Grandpa read a book}) =$

$$p(\text{grandpa}|<\text{BOS}>) \times p(\text{read}|\text{grandpa}) \times p(\text{a}|\text{read}) \times p(\text{book}|\text{a}) \times p(<\text{EOS}>|\text{book}) \tag{3.9}$$

其中，由于式（3.9）等号右边的第一项

$$p(\text{Grandpa}|<\text{BOS}>) = \frac{C(<\text{BOS}>\ \text{Grandpa})}{C(<\text{BOS}>)} = \frac{0}{3} = 0 \tag{3.10}$$

从而导致式（3.9）的值为0。显然这个结果不够准确，因为句子"Grandpa read a book"是有出现的可能的，其概率应该大于0。

统计结果中的这种零概率事件有时候反映了语言的规律性，即这种现象本来就不该出现，例如英语中的$p(\text{of}|\text{the})$；但更多的时候是由于语言模型的训练文本T的规模及其分布存在着一定的局限性和片面性，许多合理的语言搭配现象没有出现在T中，这就是所谓的"数据稀疏

(Data Sparseness)"问题。仅靠增大语料库的规模,不能从根本上解决数据稀疏问题。

例如,在一个语料库中,收集到词串 come across 的 10 个训练实例,在它们中有 8 次后面接 as,1 次接 more,1 次接 a。最大似然估计不会认为还有其他词可以接在 come across 的后面,例如 the 和 some。于是我们收集更多的语料库,从而又得到 100 个关于 come across 的例子,那么可能会找到 come across 后面接 the 和 some 的例子。但实际上这样做并不能完全解决问题。事实上,come across 的后面可以接任何一个数字,但是我们不能收集到每个数字的实例。要想从根本上解决这个问题,需要借助于数据平滑技术。

所谓数据平滑技术,是指为了产生更准确的概率来调整最大似然估计的技术。平滑处理的基本思想是"劫富济贫",即提高低概率(如零概率),降低高概率,尽量使概率分布趋于均匀。

3.2　数据平滑技术

数据平滑技术是语言模型中的核心问题,多年来很多学者在这方面做了大量的研究工作。下面介绍一些主要的数据平滑方法。

3.2.1　Laplace 法则

Laplace 法则于 1814 年提出(Laplace,1814;1995),是最古老的平滑技术。其计算公式如下:

$$p_{\mathrm{Lap}}(w_1 \cdots w_n) = \frac{C(w_1 \cdots w_n) + 1}{N + T} \tag{3.11}$$

式中,N 为训练实例的总的数量;T 为训练实例的种类数。

也就是说,将每种实例的出现次数都加 1,从而使所有实例出现的次数都不会为 0。但是这样做会导致所有实例的出现概率总和大于 1,因此,分母也应该增大。为了保证所有实例的出现概率总和等于 1,将分母增加实例的种类数。

根据以上的解释,二元文法的条件概率 $P(w_i | w_{i-1})$ 的估算公式如下:

$$p_{\mathrm{Lap}}(w_i | w_{i-1}) = \frac{C(w_{i-1}w_i) + 1}{\sum_w [C(w_{i-1}w) + 1]} = \frac{C(w_{i-1}w_i) + 1}{\sum_w C(w_{i-1}w) + |V|} = \frac{C(w_{i-1}w_i) + 1}{C(w_{i-1}) + |V|} \tag{3.12}$$

式中,$|V|$ 为词汇表中单词的个数。

表 3.1 给出了一个应用 Laplace 法则估算二元文法中的条件概率 $p(w_i | w_{i-1})$ 的简单例子。

表 3.1　应用 Laplace 法则估算二元文法条件概率的例子

序号	w_{i-1}	w_i	$c(w_{i-1}w_i)$	$p_{\mathrm{MLE}}(w_i \| w_{i-1})$	$p_{\mathrm{Lap}}(w_i \| w_{i-1})$
1	Tom	write	50	50/100 = 0.5	(50+1)/(100+4)≈0.49
2	Tom	look	40	40/100 = 0.4	(40+1)/(100+4)≈0.39
3	Tom	eat	10	10/100 = 0.1	(10+1)/(100+4)≈0.11
4	Tom	read	0	0/100 = 0	(0+1)/(100+4)≈0.01
总计		$V=4$	$N=100$	1	1

根据表中第 3 列,假设词表(Vocabulary)中一共有 4 个词:write、look、eat 和 read,即 $T=4$;

根据表中第4列，Tom这个词在语料库中一共出现了100次(即$N=100$)，其中50次后面跟着write、40次后面跟着look、10次后面跟着eat，但是后面从来没有跟着过read。根据表中第5列，如果应用最大似然估计，Tom后面跟着write、look、eat和read的概率分别是0.5、0.4、0.1和0；但是如果采用Laplace法则，由第6列可以看出，Tom后面跟着write、look、eat和read的概率分别是0.49、0.39、0.11和0.01。

应用Laplace法则重新估算前面两个例子中的句子“Father read a book”和“Grandpa read a book”的概率，并假设词表 $V=\{$ father, read, Holy, bible, mother, a, text, book, he, by, grandpa, <BOS>, <EOS> $\}$，则 $|V|=13$。计算结果如下：

$$p(\text{Father read a book}) =$$
$$p(\text{father}|<\text{BOS}>) \times p(\text{read}|\text{father}) \times p(\text{a}|\text{read}) \times p(\text{book}|\text{a}) \times p(<\text{EOS}>|\text{book}) =$$
$$\frac{2}{16}\times\frac{2}{14}\times\frac{3}{16}\times\frac{2}{15}\times\frac{2}{15}\approx 0.000\,06 \tag{3.13}$$

$$p(\text{Grandpa read a book}) =$$
$$p(\text{grandpa}|<\text{BOS}>) \times p(\text{read}|\text{grandpa}) \times p(\text{a}|\text{read}) \times p(\text{book}|\text{a}) \times p(<\text{EOS}>|\text{book}) =$$
$$\frac{1}{16}\times\frac{1}{14}\times\frac{3}{16}\times\frac{2}{15}\times\frac{2}{15}\approx 0.000\,015 \tag{3.14}$$

Laplace法则的一般形式如下：

$$p_{\text{Lap}}(w_i \mid w_{i-n+1}^{i-1}) = \frac{C(w_{i-n+1}^{i})+1}{\sum_{w_i} C(w_{i-n+1}^{i})+|V|} = \frac{C(w_{i-n+1}^{i})+1}{C(w_{i-n+1}^{i-1})+|V|}$$
$$w_i^j \equiv w_i \cdots w_j \tag{3.15}$$

一种更一般的形式是由Lidstone提出的Lidstone法则：

$$p_{\text{Lid}}(w_i|w_{i-n+1}^{i-1}) = \frac{C(w_{i-n+1}^{i})+\delta}{\sum_{w_i} C(w_{i-n+1}^{i})+\delta|V|} = \frac{C(w_{i-n+1}^{i})+\delta}{C(w_{i-n+1}^{i-1})+\delta|V|}, 0\leqslant\delta\leqslant 1 \tag{3.16}$$

3.2.2 Good-Turing估计

Good-Turing估计是1953年由I. J. Good引用Turing的方法提出来的(Good,1953)。其基本思想是：对于任何一个发生r次的n-gram，都假设它发生r^*次，这里

$$r^* = (r+1)\frac{n_{r+1}}{n_r}$$

式中，n_r为训练样本中发生r次的事件的数目。 (3.17)

表3.2给出了一个应用Good-Turing方法估算二元文法的条件概率$p(w_i|w_{i-1})$的简单例子。

表3.2 Good-Turing算法举例

r(次数)	n_r(词数)	r^*
0	60	50÷60=0.83
1	50	80÷50=1.60
2	40	90÷40=2.25

续表 3.2

r(次数)	n_r(词数)	r^*
3	30	80 ÷ 30 = 2.67
4	20	…
5	10	…
总计	$V=210$	

根据表中第 1、2 列,假设词表中一共有 210 个词,其中有 10 个词在语料库中各出现了 5 次,20 个词在语料库中各出现了 4 次,30 个词在语料库中各出现了 3 次,40 个词在语料库中各出现了 2 次,50 个词在语料库中各出现了 1 次,另外 60 个词没有在语料库中出现。那么这些词调整后的出现次数 r^* 如第 3 列所示。

Good-Turing 估计法将 r 值调整为 r^*,那么这种调整方法是否合理呢?在图 3.1 中,取表格第 1 行和第 2 行对应项乘积之和可以得到训练实例的总数量为 N,将 r 调整到 r^* 之后,取表格第 3 行和第 2 行对应项乘积之和,仍然等于训练实例的总数量 N,可见这种调整方法并没有改变训练实例的总数量。

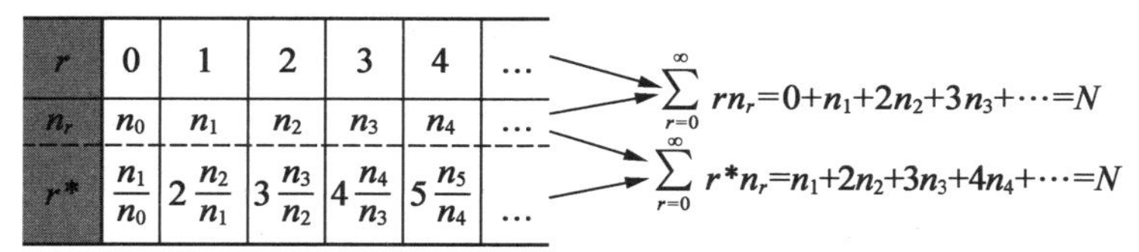

图 3.1 Good-Turing 估计法合理性的验证

3.2.3 绝对折扣和线性折扣

在绝对折扣(Absolute Discounting)方法(Ney et al., 1994)中,所有的非零 MLE 频率用一个小的常数 δ 折扣,由此得到的频率增益被均匀分配到未知事件上。其估算公式如下:

$$p_{AD}(w_1\cdots w_n)=\begin{cases}(r-\delta)/N, & r>0\\ \dfrac{\left(\sum\limits_{r=1}^{\infty}n_r\right)\delta}{n_0N}, & \text{其他}\end{cases} \tag{3.18}$$

表 3.3 给出了绝对折扣法应用的一个简单例子。

表 3.3 绝对折扣法举例

r(次数)	n_r(词数)	$p_{MLE}(w)$	$p_{AD}(w)$ ($\delta=0.1$)
0	16	0	(40 − 16) × 0.1 ÷ 16 ÷ 50 = 0.003
1	10	0.02	0.9/50 = 0.018
2	6	0.04	1.9/50 = 0.038
3	5	0.06	2.9/50 = 0.058
4	2	0.08	3.9/50 = 0.078
5	1	0.10	4.9/50 = 0.098
总计	$V=40$ $N=50$		

与绝对折扣不同，在线性折扣(Linear Discounting)中，所有非零 MLE 频率的折扣量与其自身的频率值成线性比例关系，即

$$p_{\mathrm{LD}}(w_1\cdots w_n)=\begin{cases}(1-\alpha)r/N\ ,r>0\\ \dfrac{\alpha}{n_0},\text{其他}\end{cases} \tag{3.19}$$

对于表 3.3 中的例子，如果采用线性折扣方法，得到的估计值见表 3.3 中的最后一列。

表 3.4 绝对折扣算法与线性折扣算法比较举例

r(次数)	n_r(词数)	$p_{\mathrm{MLE}}(w)$	$p_{\mathrm{AD}}(w)(\delta=0.1)$	$p_{\mathrm{LD}}(w)(\alpha=0.1)$
0	16	0	$(40-16)\times0.1\div16\div50=0.003$	$0.1\div16=0.00625$
1	10	0.02	$0.9/50=0.018$	$0.9\times1\div50=0.018$
2	6	0.04	$1.9/50=0.038$	$0.9\times2\div50=0.036$
3	5	0.06	$2.9/50=0.058$	$0.9\times3\div50=0.054$
4	2	0.08	$3.9/50=0.078$	$0.9\times4\div50=0.072$
5	1	0.10	$4.9/50=0.098$	$0.9\times5\div50=0.090$
总计	$V=40$	$N=50$		

3.2.4 Witten-Bell 平滑算法

Witten-Bell 算法于 1991 年提出(Witten et al,1991)。这个方法的思想是：如果测试过程中的一个实例在训练语料中未出现过，那么它就是一个新事物，也就是说，这是它第一次出现。那么可以用在训练语料中看到新实例(即第一次出现的实例)的概率来代替未出现实例的概率。

假设词表中一共有 210 个词(如表 3.2 前两列所示)，其中有 10 个词在语料库中各出现了 5 次，20 个词在语料库中各出现了 4 次，30 个词在语料库中各出现了 3 次，40 个词在语料库中各出现了 2 次，50 个词在语料库中各出现了 1 次，另外 60 个词没有在语料库中出现。则语料库中训练实例的总数量 $N=1\times50+2\times40+3\times30+4\times20+5\times10=350$，语料库中实例的种类数 $T=210-60=150$。那么我们可以用 $T\div(N+T)=150\div(350+150)=0.3$ 近似表示在训练语料看到新实例的概率。将这个概率值分摊给所有出现次数为零的词，则每个词得到 $0.3\div60=0.005$的概率。

以二元文法为例，其条件概率 $p(w_i|w_{i-1})$的估算公式如下：

$$p_{\mathrm{WB}}(w_i|w_{i-1})=\begin{cases}\dfrac{1}{C(w_{i-1})+|\{w_i:C(w_{i-1}w_i)>0\}|}\times C(w_{i-1}w_i),c(w_{i-1}w_i)>0\\ \dfrac{|\{w_i:C(w_{i-1}w_i)>0\}|}{C(w_{i-1})+|\{w_i:C(w_{i-1}w_i)>0\}|}\times\dfrac{1}{|\{w_i:C(w_{i-1}w_i)=0\}|},\ c(w_{i-1}w_i)=0\end{cases} \tag{3.20}$$

表 3.5 给出了一个应用 Witten-Bell 算法估算二元文法的条件概率 $p(w_i|w_{i-1})$的简单例子。

表 3.5 Witten-Bell 算法举例

序号	w_{i-1}	w_i	$C(w_{i-1}w_i)$	$p_{MLE}(w_i \mid w_{i-1})$	$p_{WB}(w_i \mid w_{i-1})$
1	father	write	50	50 ÷ 97 = 0.52	50 ÷ (3 + 97) = 0.50
2	father	look	37	37 ÷ 97 = 0.38	37 ÷ (3 + 97) = 0.37
3	father	eat	10	10 ÷ 97 = 0.10	10 ÷ (3 + 97) = 0.10
4	father	read	0	0 ÷ 97 = 0	3 ÷ (3 + 97) ÷ 2 = 0.015
5	father	father	0	0 ÷ 97 = 0	3 ÷ (3 + 97) ÷ 2 = 0.015
总计		$V=5$	$N=97$	1	1

根据表中第 3 列，词表中一共有 5 个词：write、look、eat、read 和 father；根据表中第 4 列，father这个词在语料库中一共出现了 97 次，其中 50 次后面跟着 write，37 次后面跟着 look，10 次后面跟着 eat，但是后面从来没有跟过 read 和 father。根据表中第 5 列，如果应用最大似然估计，father 后面跟着 write、look、eat、read 和 father 的概率分别是 0.52、0.38、0.1、0 和 0；但是如果采用 Witten-Bell 方法，由第 6 列可以看出，father 后面跟着 write、look、ea、read 和 father 的概率分别是 0.50、0.37、0.10、0.015 和 0.015。

3.2.5 扣留估计

以上的各种方法中，模型参数都是根据在某个语料库上进行统计计数得到的，因此，模型参数很大程度上取决于语料库的构成。这有点类似于学校里对学生成绩的评定。假如说一个学生在一次考试中得了 90 分，那么我们对这个学生的综合评定能不能就是 90 分呢？也许在下一次类似的考试中，他只打了 65 分，也有可能会打 99 分，所以我们要参考若干次考试的成绩来确定他的正常学习水平。

同理，我们在更多的文本中（假设来自于相同的资源）查看，在训练语料中出现 r 次的 n-gram 在更多的文本中出现的次数。这个想法的实现就是 Jelinek 和 Mercer 提出的扣留估计（Held-out Estimation）方法（Jelinek et al.，1985）。也就是说使用一部分数据建立最初的模型，然后使用另一部分留存数据来精炼这个模型。

在表 3.6 给出的例子中，词表中的两个词 an 和 apple，它们在语料库 a 中出现的次数都是 20 次，但是换一个语料库 b（假设与 a 的规模相同，都是包含 250 个词），它们俩的出现次数未必还是 20 次，正如表 3.6 第 4 列所示，它们出现的次数分别是 15 次（减少）和 30 次（增加），词表中其他的词也是同样的情况。所以要想对它们有个更加客观公正的评价，应该参考它们在更广阔的范围内的出现次数。

表 3.6 词汇在不同语料库中具有不同的概率分布情况举例

序号	w_i	语料 a 中的 $C(w_i)$	语料 b 中的 $C(w_i)$
1	an	20	15
2	apple	20	30
3	book	30	35
4	chicken	30	25
5	eat	30	25
6	good	40	40

续表 3.6

序号	w_i	语料 a 中的 $C(w_i)$	语料 b 中的 $C(w_i)$
7	hello	40	35
8	the	40	45
总计		250	250

对于每个 n-gram $w_1\cdots w_n$,定义如下符号:

$C_a(w_1\cdots w_n)$为训练数据 a 中 $w_1\cdots w_n$ 的频率;$C_b(w_1\cdots w_n)$为留存数据 b 中 $w_1\cdots w_n$ 的频率;n_r^a 为在训练文本 a 中出现 r 次的 n-gram 的数量,T_r^{ab} 是所有在训练文本 a 中出现 r 次的 n-gram在留存数据 b 中出现的总数量,即

$$T_r^{ab} = \sum_{\{w_1\cdots w_n : C_a(w_1\cdots w_n) = r\}} C_b(w_1\cdots w_n) \tag{3.21}$$

那么这些 n-gram 的平均频率是 T_r^{ab}/n_r^a,所以对于这些 n-gram 的概率估计是

$$p_{HO}(w_1\cdots w_n) = \frac{T_r^{ab}/n_r^a}{N_b}$$
$$r = C_a(w_1\cdots w_n) \tag{3.22}$$

式中,N_b 为留存数据中的词次数量。

表 3.7 给出了扣留估计的一个简单的例子。

表 3.7 扣留估计算法举例

序号	w_i	语料 a 中的 $C(w_i)$	语料 b 中的 $C(w_i)$	r^*
1	an	20	15	(15 +30) ÷2 =22.5
2	apple	20	30	(15 +30) ÷2 =22.5
3	book	30	35	(35 +25 +25) ÷3≈28.3
4	chicken	30	25	(35 +25 +25) ÷3≈28.3
5	eat	30	25	(35 +25 +25) ÷3≈28.3
6	good	40	40	(40 +35 +45) ÷3 =40
7	hello	40	35	(40 +35 +45) ÷3 =40
8	the	40	45	(40 +35 +45) ÷3 =40
总计		250	250	

在语料库 a 中出现的次数相同的词(比如说 book、chicken 和 eat),我们把它们看作是一个档次上的,它们最终的估计值 r^* 当然应该是相同的,于是把它们作为一个整体来进行评估。这个 r^* 如何确定呢? book、chicken 和 eat 这三个词在语料 a 中出现的次数虽然都是 30 次,但是在新语料 b 中出现的次数有的高(book 出现了 35 次),有的低(eat 出现了 25 次),于是我们用它们的平均值 28.3 来评价它们的平均水平。也就是说,用各个词在一个语料中的 r 值对它们进行等级划分,然后用同一级别的词在另一个语料中的平均水平来对 r 值进行调整。

3.2.6 交叉校验

扣留估计的思想是:把训练数据分成两部分,使用一部分数据建立最初的模型,然后使用另一部分留存数据来精炼这个模型。这种方法的缺点是:最初的训练数据比较少,所以得到的

概率估计也不会太可靠。

与这种训练数据的一部分只用来训练，另一部分只用来进行平滑的做法相比，更有效的方案是：训练数据的每一部分既作为最初的训练数据，也作为留存数据。对两部分数据（以0和1表示）分别进行训练和平滑，然后根据 n_r^0 相对于 n_r^1 的比率进行加权。通常，这样的方法在统计学上被称为交叉校验（Cross Validation）。Jelinek and Mercer（1985）使用了一种双向交叉验证的方法，称之为删除估计（Deleted Estimation）。估算公式如下：

$$p_{\mathrm{DEL}}(w_1 \cdots w_n) = \frac{T_r^{01}/n_r^0}{N_1} \times \frac{n_r^0}{(n_r^0 + n_r^1)} + \frac{T_r^{10}/n_r^1}{N_0} \times \frac{n_r^1}{(n_r^0 + n_r^1)} \overset{N_0 = N_1 = N}{=\!=\!=} \frac{T_r^{01} + T_r^{10}}{N(n_r^0 + n_r^1)} \quad (3.23)$$

式中，$\frac{T_r^{01}/n_r^0}{N_1}$为0号语料中出现次数为 r 的 n_r^0 个实例在1号语料中的平均出现概率（设为 p_1）；反过来，$\frac{T_r^{10}/n_r^1}{N_0}$是1号语料中出现次数为 r 的 n_r^1 个实例在0号语料中的平均出现概率（设为 p_2）。事实上，n_r^0 与 n_r^1 未必相等，因此 p_1 与 p_2 在最终的估计值中所占的比例由 n_r^0 和 n_r^1 所占的比例决定。假设 $n_r^0=100$，而 $n_r^1=50$，也就是说 p_1 是对100个实例进行统计得到的结果，p_2 是对50个实例进行统计得到的结果，所以 p_1 在最终结果中所占的比例应该是 p_2 所占的2倍。因为样本数量越多，在其上统计出来的数据越可靠。

表3.8给出了交叉校验的一个简单的例子。

表3.8 交叉校验举例

序号	w_i	语料a中的 $C(w_i)$	语料b中的 $C(w_i)$	r^*
1	an	40	80	(280+160) ÷(3+1) =110
2	apple	40	80	(280+160) ÷(3+1) =110
3	book	40	120	(280+160) ÷(3+1) =110
4	chicken	80	120	(240+360) ÷(2+4) =100
5	eat	80	120	(240+360) ÷(2+4) =100
6	good	120	80	(240+360) ÷(2+4) =100
7	hello	120	160	(240+360) ÷(2+4) =100
8	the	160	80	(240+120) ÷(3+1) =90
9	yes	160	120	(240+120) ÷(3+1) =90
10	what	160	40	(240+120) ÷(3+1) =90
总计		1 000	1 000	

3.2.7 删除插值法

前面介绍的几种数据平滑方法对于所有没有出现过的或者很少出现的 n-gram 都给予相同的概率估计，这有时候并不是一个好的解决办法。事实上，我们可以通过考虑 n-gram 中 $(n-1)$gram 的频率产生一个更好的概率估计。如果 $(n-1)$gram 本身就很少出现，就给 n-gram 一个低的估计值；如果 $(n-1)$gram 有一个中等频率，就给 n-gram 一个较高的估计值。

例如，假定要在一批训练语料上构建二元语法模型，其中有两对词的同现次数为0：

$$C(\text{send the}) = 0$$

$$C(\text{send thou})=0$$

那么,按照前面提到的任何一种平滑方法(如,Laplace 法则、Good-Turing 估计、绝对折扣平滑、Witten-Bell 平滑等)可以得到

$$p(\text{the}|\text{send})=p(\text{thou}|\text{send}) \tag{3.24}$$

但是,直觉上我们认为应该有

$$p(\text{the}|\text{send})>p(\text{thou}|\text{send}) \tag{3.25}$$

因为冠词 the 要比单词 thou 出现的频率高得多。因此,可以通过组合不同的信息资源的方法来产生一个更好的模型。接下来,我们要介绍两种组合估计法,本节先介绍删除插值法(Deleted Interpolation),在 3.2.8 节中将介绍 Katz 回退算法。

一般来讲,使用低阶的 n 元模型向高阶 n 元模型插值是有效的,因为当没有足够的语料估计高阶模型的概率时,低阶模型往往可以提供有用的信息。F. Jelinek 和 R. L. Mercer 曾于 1980 年提出了通用的插值模型(Jelinek et al.,1980),而 Peter F. Brown 等人给出了实现这种插值的一种很好的办法(Brown et al.,1992)。例如,一个 bigram 模型中的删除插值法,最基本的做法是:

$$p_{\text{Interp}}(w_i|w_{i-1})=\lambda p_{\text{ML}}(w_i|w_{i-1})+(1-\lambda)p_{\text{ML}}(w_i),0\leqslant\lambda\leqslant 1 \tag{3.26}$$

根据公式(3.26),由于

$$p_{\text{ML}}(\text{the}|\text{send})=p_{\text{ML}}(\text{thou}|\text{send})=0 \tag{3.27}$$

而且

$$p_{\text{ML}}(\text{the})\gg p_{\text{ML}}(\text{thou}) \tag{3.28}$$

所以

$$p_{\text{Interp}}(\text{the}|\text{send})>p_{\text{Interp}}(\text{thou}|\text{send}) \tag{3.29}$$

在统计自然语言处理中,这种方法通常被称为线性插值法(Linear Interpolation),在其他的地方则常常被称为混合模型(Mixture Model)。插值模型的递归定义公式如下:

$$p_{\text{Interp}}(w_i|w_{i-(n-1)}\cdots w_{i-1})=\lambda p_{\text{ML}}(w_i|w_{i-(n-1)}\cdots w_{i-1})+(1-\lambda)p_{\text{Interp}}(w_i|w_{i-(n-2)}\cdots w_{i-1}) \tag{3.30}$$

也就是说,第 n 阶平滑模型可以递归地定义为 n 阶最大似然估计模型和 $n-1$ 阶平滑模型之间的插值。为了结束递归,可以用最大似然分布作为平滑的 1 阶模型,或者用均匀分布作为平滑的 0 阶模型。例如,对于三元模型,有

$$p_{\text{Interp}}(w_i|w_{i-2}w_{i-1})=\lambda p_{\text{ML}}(w_i|w_{i-2}w_{i-1})+(1-\lambda)p_{\text{Interp}}(w_i|w_{i-1}) \tag{3.21}$$

对于二元模型,有

$$p_{\text{Interp}}(w_i|w_{i-1})=\lambda p_{\text{ML}}(w_i|w_{i-1})+(1-\lambda)p_{\text{ML}}(w_i) \tag{3.32}$$

将式(3.32)代入式(3.31),得

$$\begin{aligned}p_{\text{Interp}}(w_i|w_{i-2}w_{i-1})&=\lambda p_{\text{ML}}(w_i|w_{i-2}w_{i-1})+(1-\lambda)[\lambda p_{\text{ML}}(w_i|w_{i-1})+(1-\lambda)p_{\text{ML}}(w_i)]\equiv\\&\lambda_3 p_{\text{ML}}(w_i|w_{i-2}w_{i-1})+\lambda_2 p_{\text{ML}}(w_i|w_{i-1})+\lambda_1 p_{\text{ML}}(w_i),\lambda_1+\lambda_2+\lambda_3=1\end{aligned} \tag{3.33}$$

在简单的插值模型中,权值仅仅是一个常数。可以定义一个更加一般化的模型,它的权值是一个关于"历史"的函数,即

$$\begin{aligned}p_{\text{Interp}}(w_i|w_{i-(n-1)}\cdots w_{i-1})&=\lambda(w_{i-(n-1)}\cdots w_{i-1})p_{\text{ML}}(w_i|w_{i-(n-1)}\cdots w_{i-1})+\\&[1-\lambda(w_{i-(n-1)}\cdots w_{i-1})]p_{\text{Interp}}(w_i|w_{i-(n-2)}\cdots w_{i-1})\end{aligned} \tag{3.34}$$

给定 $p(w\cdots)$ 的值，可以采用 EM 算法（Baum，1972；Dempster et al.，1977；Jelinek et al.，1980）来训练 λ 的值。为了得到有意义的结果，估计 $\lambda(w_{i-(n-1)}\cdots w_{i-1})$ 的语料应该与计算 p_{ML} 的语料不同。在扣留估计方法中，保留一部分训练语料来达到这个目的，这部分留存语料不参与计算 p_{ML}。

一般来说，为每一个 $w_{i-(n-1)}\cdots w_{i-1}$ 都训练一个 $\lambda(w_{i-(n-1)}\cdots w_{i-1})$ 是极为不当的，因为这样做会恶化数据稀疏的问题。Bahl et al.（1993）建议根据 $C(w_{i-(n-1)}\cdots w_{i-1})$ 把 λ 划分到等价类，把所有具有相同频率“历史”的参数都绑定在一起。

3.2.8 Katz 回退算法

在前面提到的线性折扣方法里，从非零计数中减去的计数量，被平均地分配给了所有零概率事件，而 Katz 于 1987 年提出的 N 元文法的回退（back-off）模型（Katz，1987）是根据低一阶的分布，将从非零计数中减去的计数量分配给计数为零的高元语法。

例如，在表 3.9 给出的例子里，假设从非零计数（C(father, write)、C(father, look)、C(father, eat)）中减去的计数量为 0.1，Katz 回退算法并不是将这 0.1 的概率空间平均地分配给两个零概率事件（C(father, read) 和 C(father, father)），而是根据低一阶的分布（C(read) 和 C(father)）来分配这 0.1 的概率空间。由于 C(read) 的值（150）是 C(father) 的 3 倍，因此，它获得了这 0.1 的概率空间的 3/4，即 0.075，而 C(father) 获得了这 0.1 的概率空间的 1/4，即 0.025。

表 3.9 Katz 回退算法举例

序号	w_{i-1}	w_i	$C(w_{i-1}w_i)$	$C(w_i)$	$P_{BO}(w_i \mid w_{i-1})$
1	father	write	50	600	$50\times0.9\div100=0.45$
2	father	look	40	500	$40\times0.9\div100=0.36$
3	father	eat	10	300	$10\times0.9\div100=0.09$
4	father	read	0	150	$0.1\div(150+50)\times150=0.075$
5	father	father	0	50	$0.1\div(150+50)\times50=0.025$
总计		$V=5$	$N=100$		1

二元文法的 Katz 回退模型如下：

$$p_{BO}(w_i \mid w_{i-1})=\begin{cases}\tilde{p}(w_i \mid w_{i-1}), & C(w_{i-1}w_i)>0\\ \alpha(w_{i-1})p_{ML}(w_i), & C(w_{i-1}w_i)=0\end{cases}$$

$$\alpha(w_{i-1})=\frac{1-\sum_{w_i:C(w_{i-1}w_i)>0}\tilde{p}(w_i \mid w_{i-1})}{\sum_{w_i:C(w_{i-1}w_i)=0}p_{ML}(w_i)}=\frac{1-\sum_{w_i:C(w_{i-1}w_i)>0}\tilde{p}(w_i \mid w_{i-1})}{1-\sum_{w_i:C(w_{i-1}w_i)>0}p_{ML}(w_i)} \tag{3.35}$$

式中，$\tilde{p}(w_i \mid w_{i-1})$ 原则上可以是前面提到的任何一种简单的非组合平滑方法，Katz 实际上采用的是 Good-Turing 估计法。

与删除插值方法类似，Katz 回退模型的递归公式如下：

$$p_{BO}(w_i \mid w_{i-(n-1)}\cdots w_{i-1})=\begin{cases}\tilde{p}(w_i \mid w_{i-(n-1)}\cdots w_{i-1}), & C(w_{i-(n-1)}\cdots w_i)>0\\ \alpha(w_{i-(n-1)}\cdots w_{i-1})p_{BO}(w_i \mid w_{i-(n-2)}\cdots w_{i-1}), & C(w_{i-(n-1)}\cdots w_i)=0\end{cases}$$

$$\alpha(w_{i-(n-1)}\cdots w_{i-1})=\frac{1-\sum_{w_i:C(w_{i-(n-1)}\cdots w_i)>0}\tilde{p}(w_i\mid w_{i-(n-1)}\cdots w_{i-1})}{\sum_{w_i:C(w_{i-(n-2)}\cdots w_i)=0}p_{\mathrm{BO}}(w_i\mid w_{i-(n-2)}\cdots w_{i-1})}=\frac{1-\sum_{w_i:C(w_{i-(n-1)}\cdots w_i)>0}\tilde{p}(w_i\mid w_{i-(n-1)}\cdots w_{i-1})}{1-\sum_{w_i:C(w_{i-(n-2)}\cdots w_i)>0}p_{\mathrm{BO}}(w_i\mid w_{i-(n-2)}\cdots w_{i-1})} \tag{3.36}$$

例如,对于三元文法来说:

$$p_{\mathrm{BO}}(w_i|w_{i-2}w_{i-1})=\begin{cases}\tilde{p}(w_i|w_{i-2}w_{i-1}),\ C(w_{i-2}w_{i-1}w_i)>0\\ \alpha(w_{i-2}w_{i-1})p_{\mathrm{BO}}(w_i|w_{i-1}),\ C(w_{i-2}w_{i-1}w_i)=0\end{cases} \tag{3.37}$$

将二元文法的回退公式 $p_{\mathrm{BO}}(w_i|w_{i-1})$ 带入式(3.34)可得

$$p_{\mathrm{BO}}(w_i|w_{i-2}w_{i-1})=\begin{cases}\tilde{p}(w_i|w_{i-2}w_{i-1}),\ C(w_{i-2}w_{i-1}w_i)>0\\ \alpha(w_{i-2}w_{i-1})\tilde{p}(w_i|w_{i-1}),\ C(w_{i-2}w_{i-1}w_i)=0,C(w_{i-1}w_i)>0\\ \alpha(w_{i-2}w_{i-1})\alpha(w_{i-1})p_{\mathrm{ML}}(w_i),\text{其他}\end{cases} \tag{3.38}$$

事实上,由于大的计数值是可靠的,因此它们不需要减值。由此得到的回退模型如下:

$$p_{\mathrm{BO}}(w_i|w_{i-(n-1)}\cdots w_{i-1})=\begin{cases}p_{\mathrm{ML}}(w_i|w_{i-(n-1)}\cdots w_{i-1}),\ C(w_{i-(n-1)}\cdots w_i)>k\\ \tilde{p}(w_i|w_{i-(n-1)}\cdots w_{i-1}),\ 0<C(w_{i-(n-1)}\cdots w_i)\leqslant k\\ \alpha(w_{i-(n-1)}\cdots w_{i-1})p_{\mathrm{BO}}(w_i|w_{i-(n-2)}\cdots w_{i-1}),\ C(w_{i-(n-1)}\cdots w_i)=0\end{cases}$$

$$\alpha(w_{i-(n-1)}\cdots w_{i-1})=\frac{1-\sum_{w_i:C(w_{i-(n-1)}\cdots w_i)>0}p_{\mathrm{BO}}(w_i\mid w_{i-(n-1)}\cdots w_{i-1})}{\sum_{w_i:C(w_{i-(n-2)}\cdots w_i)=0}p_{\mathrm{BO}}(w_i\mid w_{i-(n-2)}\cdots w_{i-1})}=\frac{1-\sum_{w_i:C(w_{i-(n-1)}\cdots w_i)>0}p_{\mathrm{BO}}(w_i\mid w_{i-(n-1)}\cdots w_{i-1})}{1-\sum_{w_i:0<C(w_{i-(n-2)}\cdots w_i)<k}p_{\mathrm{BO}}(w_i\mid w_{i-(n-2)}\cdots w_{i-1})} \tag{3.39}$$

Katz 建议取 $k=5$。

可以说,删除插值和 Katz 回退都使用低阶分布的信息来确定计数为 0 的 n 元语法的概率。不同之处在于:在 Katz 回退中,只有高阶计数为 0 时才启用低阶计数;而在删除插值中,高阶计数和低阶计数同时起作用。

3.3 开发和测试模型的数据集

统计自然语言处理中一个最大的错误就是:在训练数据上进行测试。因为测试的目的回退模型中是去评价一个特定模型的工作效果,所以公正的测试只能在一个以前没有看过的数据集上进行。如果在训练数据上测试,可以发现 MLE 是一个出色的语言模型,但这是不正确的结果。所以,当使用一些数据开始工作时,应该马上把这些数据划分为训练数据和测试数据。测试数据一般只占总数据的一小部分(5% ~10%)。

然而,通常由于不同的原因,需要把训练数据和测试数据再分别划分为两个部分。例如,在扣留估计中,使用一部分数据建立最初的模型,然后使用另一部分留存数据来精炼这个模型。

统计自然语言处理研究的典型过程是:设计算法→进行训练→测试算法→发现问题→改进算法→重复以上过程(通常要很多次)。但是,如果重复的次数很多,那么测试数据也被使用了很多次,也就是说,多次测试模型导致了训练过度(Overtrained)。正确的方法是使用两个测试集:开发测试集(Development Test Set)用来在它上面测试各种方法;最终测试集(Final Test Set)用来产生最后的结果,公布算法的效果。在最终测试集上的效果一般比在开发测试集上的略差一些。

那么,如何选择一部分数据作为测试数据呢?事实上,对这个问题的看法分为两派:一派称为随机法,认为从全部数据中随机选择一些(句子或 n-gram)作为测试数据,其余部分作为训练数据。这样做的优点是:测试数据尽可能类似于训练数据(在流派、术语、作者和词表等方面)。另一派称为数据块法,主张保留一个大块内容作为测试数据。这样做的优点是相反的:实际上我们最终使用的数据集和训练数据一定会有些许不同,因为随着时间的推移,语言在话题和结构上会有变化。因此,一些人认为这种方法可以最佳地模拟实际的测试环境。无论如何,如果我们选择扣留估计法,最好选择和测试数据相同的策略来保留数据作为留存数据,因为这样做可以使留存数据更好地模拟测试数据。

在讨论测试的时候,我们还要注意其他问题。在早期的工作中,通常只是在测试数据上运行系统并给出单一的性能。但这不是一个非常好的测试方法,因为它没有反映出系统性能的波动。更好的方法应该是:把测试数据划分成一些相似的样本集(比如20个样本集),然后在每个样本集上得出测试结果。利用这些结果,可以像以前一样得到均值性能,而且还可以采用下面的公式计算方差,反映系统性能的波动。

$$D = \frac{\sum_{i=1}^{n} (x_i - \bar{x})^2}{n} \tag{3.40}$$

式中,n 为测试样本集的个数;x_i 为在第 i 个测试样本集上的性能;$\bar{x}$ 为在 n 个测试样本集上的平均性能。

如果这种方法跟连续的训练数据块结合使用,最好从训练数据的不同地方得到一些小的测试数据,因为这些测试数据可以很好地反映训练数据集中某一部分的情况(苑春法 等,2005)。

3.4 基于词类的 n-gram 模型

设 C_i 为词 w_i 所属的类(Class),多种基于类的模型结构可被使用。典型地,一个 trigram 可选择如下计算方法:

$$p(w_3 | w_1, w_2) = p(C_3 | C_1, C_2) p(w_3 | C_3) \tag{3.41}$$

1. 类模型提出的意义

类模型提出的意义主要有以下两点:

(1)降低模型参数的规模。假设训练语料中有以下几个句子:

Two red pencils.

Three green pencils.

Four blue pencils.

Five beautiful little birds.

那么在基于词的三元文法中,需要以下几个参数:p(pencils |two, red)、p(pencils | three, green)、p(pencils | four,blue)。而在基于词类的三元文法中,它们都被归纳成一个共同的参数:p(n |num, adj)("n"表示名词,"num" 表示数词,"adj" 表示形容词)。

(2)提供数据稀疏问题的一种解决方式。假设待测试的句子为:Four yellow pencils。那么在基于词的三元文法中,p(pencils| four, yellow) =0;而在基于词类的三元文法中,p(pencils| four, yellow) = p(n |num, adj) ×p(pencils |n) =(3/4) ×(3/4) =0.562 5。

2. 词类的构造方法

在词类的构造上可以有以下两种方法:

(1)采用语言学家构造的词的语法分类体系,按词性(Part-of-Speech)进行词类划分,借助词性标注技术,构造基于词性的 n-gram 模型。

(2)采用词的自动聚类技术,自动构造基于词的自动聚类的 n-gram 模型。

3. 几种语言模型的对比

表 3.10 对以上介绍的几种语言模型进行了比较。

表 3.10 几种语言模型之间的比较

	基于词的 n-gram 模型	基于词性的 n-gram 模型	基于词自动聚类的 n-gram 模型
对近邻的语言约束关系的描述能力	强	弱	中
泛化问题	无	严重	不严重
参数空间	大	小	中
数据稀疏问题	严重	一般不存在	不严重
构造高元模型	难	可以	
描述长距离的语言约束关系	难	可以	

(1)基于词的 n-gram 模型对近邻的语言约束关系的描述能力最强,应用程度最为广泛。一般 $n\leq3$,难以描述长距离的语言约束关系。

(2)基于词性的 n-gram 模型的参数空间最小,一般不存在数据稀疏问题,可以构造高元模型,用于描述长距离的语言约束关系。但由于词性数目过少,过于泛化,因此又限制了语言模型的描述能力。

(3)自动聚类生成的词类数量介于词和词性的数量之间,由此建立的 n-gram 模型,既不存在严重的数据稀疏问题,又不存在过于泛化问题。

本章小结

语言模型在自然语言处理中占有重要的地位,目前主要采用的是 n 元语法模型。本章主要介绍了 n 元语法的基本概念和几种常用的数据平滑方法,包括 Laplace 法则、Good-Turing 估计、绝对折扣、线性折扣、Witten-Bell 平滑算法、扣留估计、交叉校验、删除插值和 Katz 回退算法等。另外,本章还介绍了语言模型在训练和测试过程中的数据集划分问题。最后,简单介绍了基于词类的 n-gram 模型。

思考练习

1. 试比较线性插值与 Katz 回退的相似与不同之处。

2. 研究测试数据(不同于训练数据)中未知 n-gram 的百分比。研究当下面的条件部分或者全部改变时这个百分比的变化:①模型的阶次 n;②训练数据的大小;③训练数据的类别;④在类别、领域和年代上测试数据与训练数据的相似度。

3. 简述开发和测试模型的数据集划分原则。

4. 为什么最好选择和测试数据相同的策略来保留数据作为留存数据?

5. 写一个可以学习某些文本的 n-gram 词模型的程序,在不同类别的文本上分别训练模型,然后基于这些模型产生一些随机的文本。不同的 n 值输出的文本的可理解性怎么样?

第4章 隐马尔科夫模型

在 n 元语法模型中,每一个单词都是可以观察到的。但是实际上,单词只是语言中最表层的现象,要想达到对句子的理解,有时候我们更需要去了解隐含在单词串背后的深层的语言学信息,这些信息并不是以显性的形式表现出来的,但是它们却决定了可以生成什么样的句子。这实际上代表了一类很广泛的问题,即系统的状态是观察不到的(隐性的),我们观察到的事件只是这些隐性状态的随机函数,这一类问题可以用隐马尔科夫模型(Hidden Markov Model, HMM)来描述。

隐马尔科夫模型的数学思想是由 Baum 及其同事在20世纪60年代到70年代初提出来的(Baum et al.,1966,1967,1970)。20世纪70年代被 CMU 的 Baker(Baker,1975)以及 IBM 的 Jelinek 等人(Jelinek,1975;Jelinek,1976)应用在语音处理上,之后被广泛应用在汉语自动分词、词性标注、统计机器翻译等很多方面。从某种意义上讲,HMM 本身是一个马尔科夫过程的概率函数。马尔科夫过程(链/模型)最早由 Andrei A. Markov(Chebyshev 的一个学生)于1913年提出(Markov,1913),它的最原始目的也是为了语言上的应用。

本章分别对马尔科夫模型和隐马尔科夫模型的一些基本概念和相关算法进行简要介绍。

4.1 马尔科夫模型

马尔科夫模型描述了一类重要的随机过程。随机过程又称"随机函数",是随时间而随机变化的过程。我们常常需要考察一个随机变量序列,这些随机变量并不是相互独立的,每个随机变量的值依赖于这个序列前面的随机变量的值。如果一个系统有 N 个有限状态 $S=\{s_1, s_2, \cdots, s_N\}$,那么随着时间的推移,系统将从某一状态转移到另一状态。$Q=\{q_1, q_2, \cdots, q_T\}$ 是一个随机变量序列,随机变量的取值为状态集 S 中的某个状态,假定在时间 t 的状态记为 q_t($q_t \in S, t=1,2,\cdots,T$)。系统在时间 t 处于状态 s_j 的概率取决于它在时间 $1,2,\cdots,t-1$ 的状态,其概率为

$$p(q_t=s_j \mid q_{t-1}=s_i, q_{t-2}=s_k, \cdots) \tag{4.1}$$

有些时候,我们并不需要了解序列中所有过去的随机变量的值。例如,如果某个随机变量表示大学图书馆中书的数目,那么直到今天图书馆中有多少本书足以预测明天会有多少本书,并不需要额外知道上周图书馆里有多少本书,也不必考虑上一年的情况。如果在特定条件下,系统在时间 t 的状态只与其在时间 $t-1$ 的状态相关,即

$$p(q_t=s_j \mid q_{t-1}=s_i, q_{t-2}=s_k, \cdots) \approx p(q_t=s_j \mid q_{t-1}=s_i) \tag{4.2}$$

则该随机过程称为一阶马尔科夫过程。

进一步，如果只考虑式(4.2)独立于时间 t 的随机过程，即

$$p(q_t = s_j \mid q_{t-1} = s_i) = a_{ij}, 1 \leqslant i, j \leqslant N \tag{4.3}$$

则得到马尔科夫模型。式中，a_{ij}称为状态转移概率，状态转移概率必须满足以下条件：

$$a_{ij} \geqslant 0$$

$$\sum_{j=1}^{N} a_{ij} = 1 \tag{4.4}$$

显然，有 N 个状态的一阶马尔科夫模型有 N^2 种状态转移，这 N^2 个状态转移概率可以表示成一个状态转移矩阵。例如，一周内天气“晴朗”、“多云”、“下雨”三种状态出现的情况可由 3 个状态的马尔科夫模型描述。

状态 s_1：晴朗；

状态 s_2：多云；

状态 s_3：下雨。

状态之间的转移关系如图 4.1 所示。

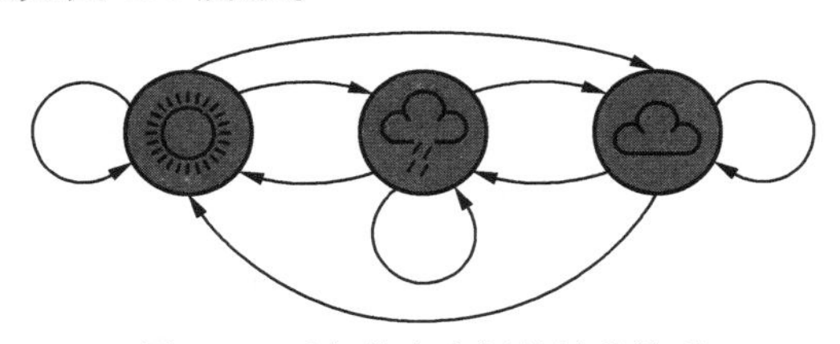

图 4.1　天气状态之间的转移关系

假设状态之间的转移概率矩阵如图 4.2 所示。

		今天		
		晴朗	多云	下雨
昨天	晴朗	0.50	0.375	0.125
	多云	0.25	0.125	0.625
	下雨	0.25	0.375	0.375

图 4.2　转移概率矩阵举例

该矩阵的意义是：如果昨天是晴天，那么今天是晴天的概率为 0.5，多云的概率是 0.25，下雨的概率是 0.25。注意每一行的概率之和为 1。

初始化系统时，我们需要给出第一天的天气状况（例如每周一的天气），因此需要定义一个初始概率矩阵，图 4.3 给出一种可能的初始概率矩阵。

晴朗	多云	下雨
0.63	0.17	0.20

图 4.3　初始概率矩阵举例

一般地，将马尔科夫模型表示成三元组的形式，即 $\boldsymbol{\mu} = (S, \boldsymbol{A}, \boldsymbol{\pi})$。其中 $S = \{s_i\}$ 为状态集合，$\boldsymbol{A} = \{a_{ij}\}$ 为状态转移概率矩阵，$\boldsymbol{\pi} = \{\pi_i\}$ 为初始概率矩阵。

4.2 隐马尔科夫模型

在马尔科夫模型中,每个状态代表了一个可观察的事件,这在某种程度上限制了模型的适用性。例如,在前面描述天气变化过程的例子中,假设有一个盲人住在海边,他不能通过直接观察天气状态来预测天气,但他有一些水藻。我们知道水藻的干湿程度从某种程度上可以反映出天气的状况,因此,这个盲人可以通过触摸水藻来分析天气的状况。水藻的干湿程度与天气状况之间的关系如图 4.4 所示。

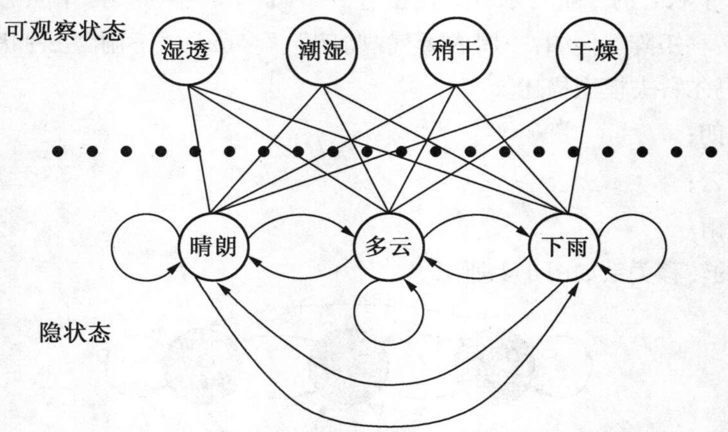

图 4.4 水藻的干湿程度与天气状况之间的关系

在这个例子中,天气的状态("晴朗 sun""多云 cloud""下雨 rain")对于盲人来说是隐状态,而水藻的状态("湿透的 soggy""潮湿的 damp""稍干的 dryish""干燥的 dry")对于盲人来说是可观察的。在隐状态("晴朗""多云""下雨")与观察值("湿透""潮湿""稍干""干燥")之间的连线表示在一个隐状态中能够产生某个观察值。原则上讲,在任何一个隐状态中都可以产生任何一个观察值,只不过是概率有大有小。比如说在"晴朗"的天气里,水藻"干燥"的可能性比较大,但是也有可能"湿透""潮湿"或"稍干"(比如说前一两天刚刚下过大暴雨,水藻还没有干燥),只不过是概率比较小。因此,从每个隐状态都发射出指向任何一个观察值的连线,对应的概率称为发射概率。发射概率也可以用矩阵表示,图 4.5 给出一种可能的发射概率矩阵。注意图中每一行的概率之和为 1。

		水藻			
		干透	稍干	潮湿	湿透
天气	晴朗	0.60	0.20	0.15	0.05
	多云	0.25	0.25	0.25	0.25
	下雨	0.05	0.10	0.35	0.50

图 4.5 发射概率矩阵举例

一般地,将隐马尔科夫模型表示成五元组的形式,即 $\mu=(S,V,\boldsymbol{A},\boldsymbol{B},\boldsymbol{\pi})$。其中 S、A 和 $\boldsymbol{\pi}$ 的含义与马尔科夫模型相同,V 为观察值(输出符号)集合,$\boldsymbol{B}=(b_{ik})$ 为发射概率矩阵。为了简单,有时也将其记为 $\mu=(\boldsymbol{A},\boldsymbol{B},\boldsymbol{\pi})$。由于 S 中的状态是隐含的,这也是隐马尔科夫模型名字中

“隐”字的由来。

4.3　HMM 的三个基本问题

一旦为系统建立了 HMM 模型之后，就要解决三个基本问题：

(1)给定模型 $\mu=(\boldsymbol{A},\boldsymbol{B},\boldsymbol{\pi})$，如何有效地计算某个观察值序列 $O=o_1o_2\cdots o_T$ 出现的概率？即

$$p(O|\mu)=? \tag{4.5}$$

(2)给定模型 $\mu=(\boldsymbol{A},\boldsymbol{B},\boldsymbol{\pi})$ 和观察值序列 $O=o_1o_2\cdots o_T$，如何有效地确定一个状态序列 $Q=q_1q_2\cdots q_T$，以便最好地解释观察值序列？即

$$\underset{Q}{\operatorname{argmax}}\, p(Q|\mu,O)=? \tag{4.6}$$

(3)给定一个观察值序列 $O=o_1o_2\cdots o_T$，如何找到一个能够更好地解释这个观察值序列的模型，也就是说，如何调节模型参数 $\mu=(\boldsymbol{A},\boldsymbol{B},\boldsymbol{\pi})$，使得 $p(O|\mu)$ 最大化？即

$$\underset{\mu}{\operatorname{argmax}}\, p(O|\mu)=? \tag{4.7}$$

接下来，我们将分别介绍这几个问题的解决办法。

4.3.1　求解观察值序列的概率

在 4.2 节关于天气变化过程的例子中，假设模型 $\mu=(\boldsymbol{A},\boldsymbol{B},\boldsymbol{\pi})$ 已知，现在计算连续 3 天先后观察到水藻“干燥”“潮湿”和“湿透”的概率。这 3 个观察值以及它们对应的可能的隐状态可以描述成图 4.6 所示的网格形式。

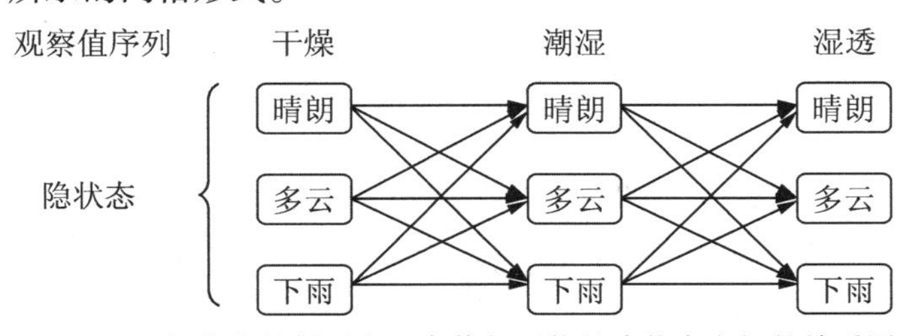

图 4.6　天气变化的例子中观察值与可能的隐状态之间的关系图

网格中的每一列给出了当前观察值对应的所有可能的天气状态，每一列中的每一个状态都与相邻列的一个状态相连。这些状态之间的转移概率由转移概率矩阵给出(图 4.2)。每一列的上方是海藻在那一时刻的观察值，每一个状态发射出该观察值的概率由发射概率矩阵给出(图 4.5)。从每一列中任选出一种状态组成的序列构成了观察值序列“干燥，潮湿，湿透”对应的一种可能的天气状态序列。由图 4.6 可知，隐状态序列的个数为 $N^T=3^3=27$(个)。

计算观察值序列 $O=$“干燥，潮湿，湿透”的概率的一种方法是：找到 O 对应的所有可能的天气状态序列 $\{Q_1,Q_2,\cdots\}$，根据公式

$$p(O)=p(O,Q_1)+p(O,Q_2)+\cdots=\sum_k p(O,Q_k) \tag{4.8}$$

有

$$p(\text{干燥},\text{潮湿},\text{湿透})=$$

$$\begin{aligned}
&p(\text{干燥,潮湿,湿透,晴朗,晴朗,晴朗})+\\
&p(\text{干燥,潮湿,湿透,多云,晴朗,晴朗})+\\
&p(\text{干燥,潮湿,湿透,下雨,晴朗,晴朗})+\\
&p(\text{干燥,潮湿,湿透,晴朗,多云,晴朗})+\\
&p(\text{干燥,潮湿,湿透,多云,多云,晴朗})+\\
&p(\text{干燥,潮湿,湿透,下雨,多云,晴朗})+\cdots+\\
&p(\text{干燥,潮湿,湿透,下雨,下雨,下雨})
\end{aligned} \tag{4.9}$$

具体到每一个隐状态序列 Q_k,有

$$p(O,Q_k)=p(Q_k)p(O|Q_k) \tag{4.10}$$

其中

$$\begin{aligned}
p(Q_k)=p(q_1q_2\cdots q_T) &\overset{\text{一阶markov假设}}{\approx} p(q_1|q_0)p(q_2|q_1)\cdots p(q_T|q_{T-1})=\\
&\pi_{q_1}a_{q_1q_2}a_{q_2q_3}\cdots a_{q_{T-1}q_T}
\end{aligned} \tag{4.11}$$

$$\begin{aligned}
p(O|Q_k)=p(o_1o_2\cdots o_T|Q_k) &\overset{\text{独立性假设}}{\approx} \prod_{t=1}^{T}p(o_t|Q_k)=\prod_{t=1}^{T}p(o_t|q_1q_2\cdots q_T)\approx\\
&\prod_{t=1}^{T}p(o_t|q_t)=b_{q_1}(o_1)\times b_{q_2}(o_2)\times\cdots\times b_{q_T}(o_T)
\end{aligned} \tag{4.12}$$

于是得到

$$p(O,Q_k)=\prod_{t=1}^{T}\left[a_{q_{t-1}q_t}b_{q_t}(o_t)\right] \tag{4.13}$$

例如,对于隐状态序列“下雨,多云,晴朗”,有

$$\begin{aligned}
&p(\text{干燥,潮湿,湿透,下雨,多云,晴朗})=\\
&[\pi_{\text{下雨}}\times b_{\text{下雨、干透}}]\times[a_{\text{下雨、多云}}\times b_{\text{多云、潮湿}}]\times[a_{\text{多云、晴朗}}\times b_{\text{晴朗、湿透}}]=\\
&0.20\times0.05\times0.625\times0.25\times0.375\times0.05=\\
&2.9\times10^{-5}
\end{aligned} \tag{4.14}$$

事实上,随着状态序列长度 T 的增加,隐状态序列的个数呈指数级增长。假设 $N=10,T=10$,那么,隐状态序列的个数就是100亿个！也就是说,当 T 很大时,几乎不可能有效地执行这个算法。

事实上,通过观察我们可以发现,用上面的方法计算观察值序列概率的过程中有许多重复计算的部分。对于图4.6的例子,观察值序列的概率是由27个隐状态序列对应的联合概率累加构成的,而这27个隐状态序列又可以按照图4.7的方式进行分解。首先,(a)中的27个状态序列分解成3组,如(b)、(c)和(d)所示;而(b)又可进一步分解为(e)、(f)和(g),(c)又可进一步分解为(h)、(i)和(j),(d)又可进一步分解为(k)、(l)和(m)。

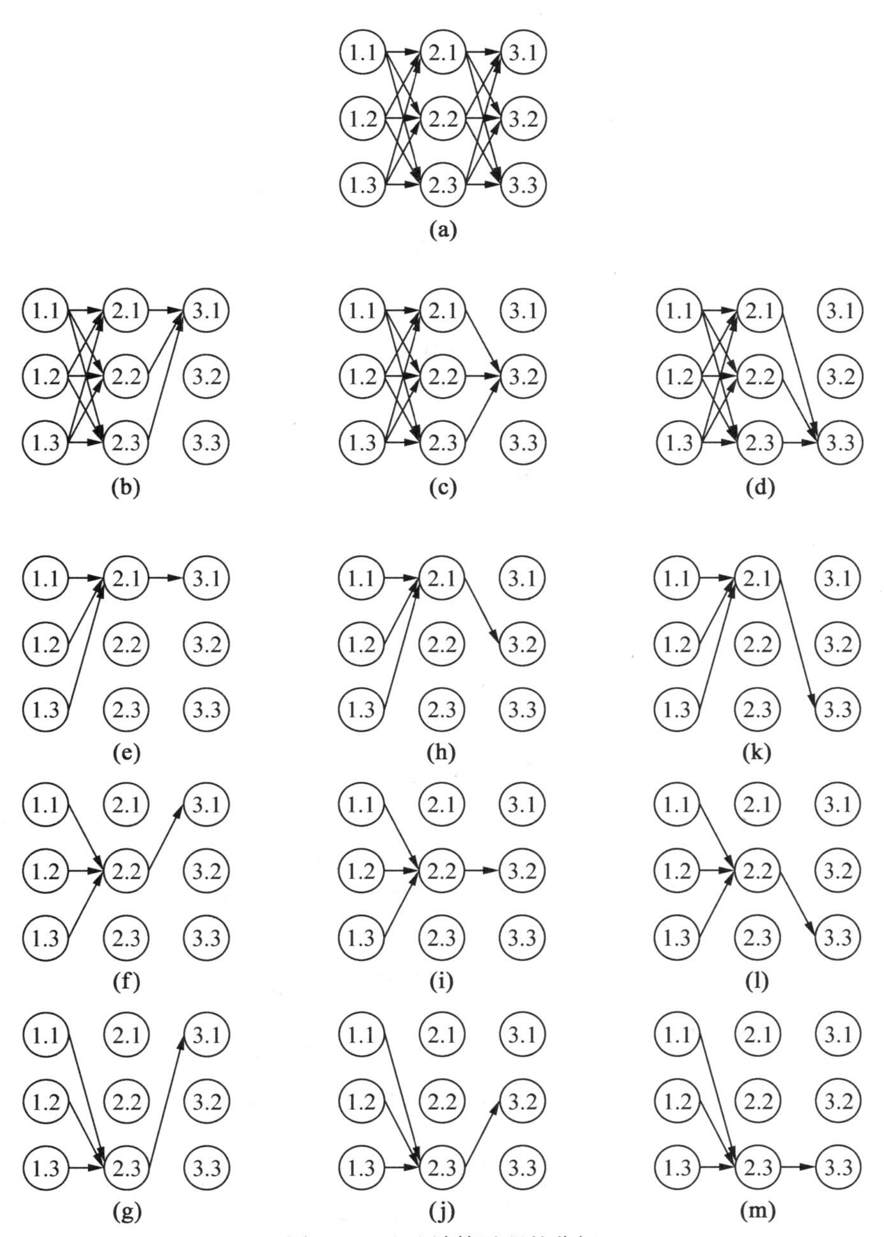

图4.7 $p(O)$计算过程的分解

可以看出,图4.7中的(e)、(h)和(k)包含一些公共计算部分,如图4.8中的(n)所示。同样,图4.7中的(f)、(i)、(l)和(g)、(j)、(m)也包含公共计算部分,如图4.8中的(o)和(p)所示。这些公共的部分没有必要进行重复的计算。避免重复计算的方法就是利用动态规划(Dynamic Programming)的记忆功能,记住部分结果而不是每次都重新计算。对于类似HMM之类的算法,动态规划问题通常采用网格(trellis或lattice)的形式描述,即在网格中的每一个节点上设置一个变量$\alpha_t(i)$,用于记录在时刻t,以状态s_i结束时总的概率,即

$$\alpha_t(i)=p(o_1o_2\cdots o_t,q_t=s_i),1\leqslant i\leqslant N \tag{4.15}$$

这个变量称为前向变量。根据图4.7可知,在时刻$t+1$的前向变量$\alpha_{t+1}(j)$可以通过在时刻t

的各个前向变量 $\alpha_t(1), \alpha_t(2), \cdots, \alpha_t(N)$ 来归纳计算,即

$$\alpha_{t+1}(j) = \left(\sum_{i=1}^{N} \alpha_t(i) a_{ij}\right) b_j(o_{t+1}),\ 1 \leqslant j \leqslant N,\ 1 \leqslant t \leqslant T-1 \tag{4.16}$$

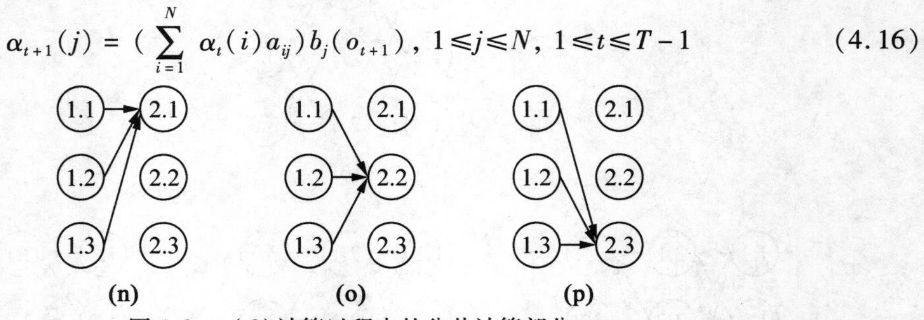

图 4.8 $p(O)$ 计算过程中的公共计算部分

根据式(4.16)的归纳关系,可以按时间顺序和状态顺序依次计算前向变量 $\alpha_1(i)$, $\alpha_2(i), \cdots, \alpha_T(i)$ $(1 \leqslant i \leqslant N)$。由此得到如下前向算法(Forward Algorithm):

①初始化:

$$\alpha_1(i) = \pi_i b_i(o_1),\ 1 \leqslant i \leqslant N \tag{4.17}$$

②递归计算:

$$\alpha_{t+1}(j) = \left(\sum_{i=1}^{N} \alpha_t(i) a_{ij}\right) b_j(o_{t+1}),\ 1 \leqslant j \leqslant N,\ 1 \leqslant t \leqslant T-1 \tag{4.18}$$

③求和结束:

$$p(O|\mu) = \sum_{i=1}^{N} \alpha_T(i) \tag{4.19}$$

图 4.9 给出了对图 4.6 的例子应用前向算法时网格中各节点对应的前向变量的值。计算过程中用到的初始概率矩阵、转移概率矩阵和发射概率矩阵分别见图 4.3、图 4.2 和图 4.5。

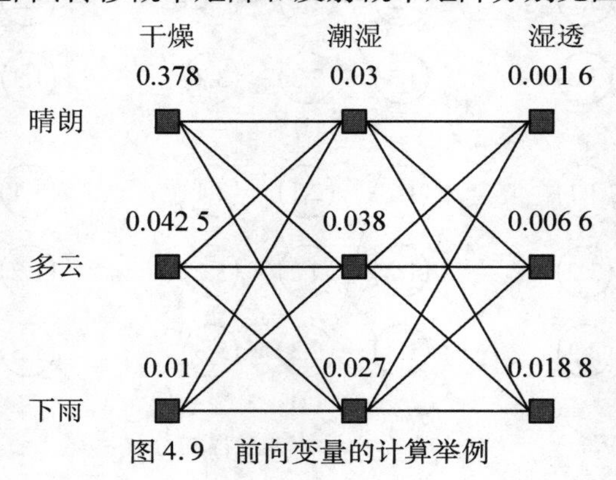

图 4.9 前向变量的计算举例

各变量值的计算过程为:

$\alpha_1(\text{晴朗}) = \pi_{\text{晴朗}} b_{\text{晴朗}}(\text{干燥}) = 0.63 \times 0.60 \approx 0.378$

$\alpha_1(\text{多云}) = \pi_{\text{多云}} b_{\text{多云}}(\text{干燥}) = 0.17 \times 0.25 \approx 0.042\ 5$

$\alpha_1(\text{下雨}) = \pi_{\text{下雨}} b_{\text{下雨}}(\text{干燥}) = 0.20 \times 0.05 \approx 0.01$

$\alpha_2(\text{晴朗}) = [\alpha_1(\text{晴朗}) a_{\text{晴朗},\text{晴朗}} + \alpha_1(\text{多云}) a_{\text{多云},\text{晴朗}} + \alpha_1(\text{下雨}) a_{\text{下雨},\text{晴朗}}] \times b_{\text{晴朗}}(\text{潮湿}) =$
$[0.378 \times 0.5 + 0.042\ 5 \times 0.25 + 0.01 \times 0.25] \times 0.15 \approx 0.03$

$\alpha_2(\text{多云}) = [\alpha_1(\text{晴朗}) a_{\text{晴朗},\text{多云}} + \alpha_1(\text{多云}) a_{\text{多云},\text{多云}} + \alpha_1(\text{下雨}) a_{\text{下雨},\text{多云}}] \times b_{\text{多云}}(\text{潮湿}) =$
$[0.378 \times 0.375 + 0.042\ 5 \times 0.125 + 0.01 \times 0.375] \times 0.25 \approx 0.038$

$$\alpha_2(\text{下雨}) = [\alpha_1(\text{晴朗})a_{\text{晴朗},\text{下雨}} + \alpha_1(\text{多云})a_{\text{多云},\text{下雨}} + \alpha_1(\text{下雨})a_{\text{下雨},\text{下雨}}] \times b_{\text{下雨}}(\text{潮湿}) = [0.378 \times 0.125 + 0.0425 \times 0.625 + 0.01 \times 0.375] \times 0.35 \approx 0.027$$

$$\alpha_3(\text{晴朗}) = [\alpha_2(\text{晴朗})a_{\text{晴朗},\text{晴朗}} + \alpha_2(\text{多云})a_{\text{多云},\text{晴朗}} + \alpha_2(\text{下雨})a_{\text{下雨},\text{晴朗}}] \times b_{\text{晴朗}}(\text{湿透}) = [0.03 \times 0.5 + 0.038 \times 0.25 + 0.027 \times 0.25] \times 0.05 \approx 0.0016$$

$$\alpha_3(\text{多云}) = [\alpha_2(\text{晴朗})a_{\text{晴朗},\text{多云}} + \alpha_2(\text{多云})a_{\text{多云},\text{多云}} + \alpha_2(\text{下雨})a_{\text{下雨},\text{多云}}] \times b_{\text{多云}}(\text{湿透}) = [0.03 \times 0.375 + 0.038 \times 0.125 + 0.027 \times 0.375] \times 0.25 \approx 0.0066$$

$$\alpha_3(\text{下雨}) = [\alpha_2(\text{晴朗})a_{\text{晴朗},\text{下雨}} + \alpha_2(\text{多云})a_{\text{多云},\text{下雨}} + \alpha_2(\text{下雨})a_{\text{下雨},\text{下雨}}] \times b_{\text{下雨}}(\text{湿透}) = [0.03 \times 0.125 + 0.038 \times 0.625 + 0.027 \times 0.375] \times 0.50 \approx 0.0188$$

$$\alpha = \alpha_3(\text{晴朗}) + \alpha_3(\text{多云}) + \alpha_3(\text{下雨}) = 0.0016 + 0.0066 + 0.0188 = 0.027$$

现在我们来分析前向算法的时间复杂性。由于每计算一个 $\alpha_t(i)$ 必须考虑时刻 $t-1$ 的所有 N 个状态转移到状态 s_i 的可能性,其时间复杂性为 $O(N)$,并且,对应每个时刻 t,要计算 N 个前向变量 $\alpha_t(1),\alpha_t(2),\cdots,\alpha_t(N)$,因此,时间复杂性为 $O(N)\times N = O(N^2)$。因而,在 $1,2,\cdots,T$ 整个过程中,前向算法的总时间复杂性为 $O(N^2T)$。

除了前向算法以外,还可以采用另外一种实现方法,即后向算法(Backward Algorithm)。事实上,对于图4.6例子中的27个隐状态序列,还可以按照图4.10的方式进行分解。首先,(a)中的27个状态序列分解成3组,如(b)、(c)和(d)所示;而(b)又可进一步分解为(e)、(f)和(g),(c)又可进一步分解为(h)、(i)和(j),(d)又可进一步分解为(k)、(l)和(m)。可以看出,图4.10中的(e)、(h)和(k)包含一些公共计算部分,如图4.11中的(n)所示。同样,(f)、(i)、(l)和(g)、(j)、(m)也包含公共计算部分,如图4.11中的(o)和(p)所示。这些公共的部分也没有必要进行重复的计算。因此,可以在网格中的每一个节点上设置一个变量$\beta_t(i)$,用于记录在时刻 t,状态为 s_i 的条件下,HMM 输出观察值序列 $o_{t+1}o_{t+2}\cdots o_T$ 的概率,即

$$\beta_t(i) = p(o_{t+1}o_{t+2}\cdots o_T \mid q_t = s_i) \tag{4.20}$$

这个变量称为后向变量。根据图4.10可知,在时刻 $t-1$ 的后向变量 $\beta_{t-1}(j)$ 可以通过在时刻 t 的各个后向变量 $\beta_t(1),\beta_t(2),\cdots,\beta_t(N)$ 来归纳计算:

$$\beta_{t-1}(i) = \sum_{j=1}^{N} a_{ij}b_j(o_t)\beta_t(j), 1 \leqslant i \leqslant N \tag{4.21}$$

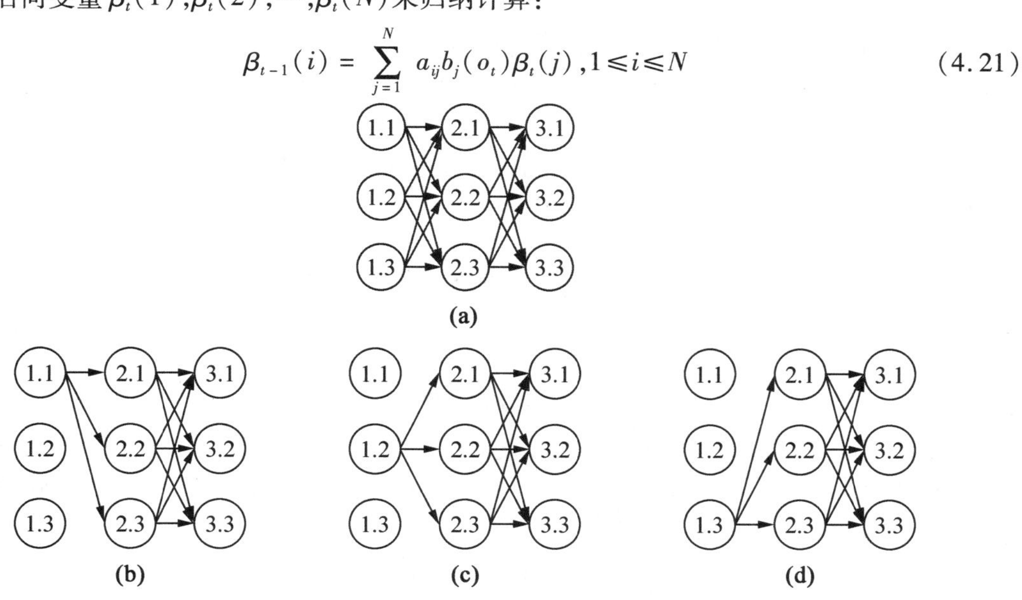

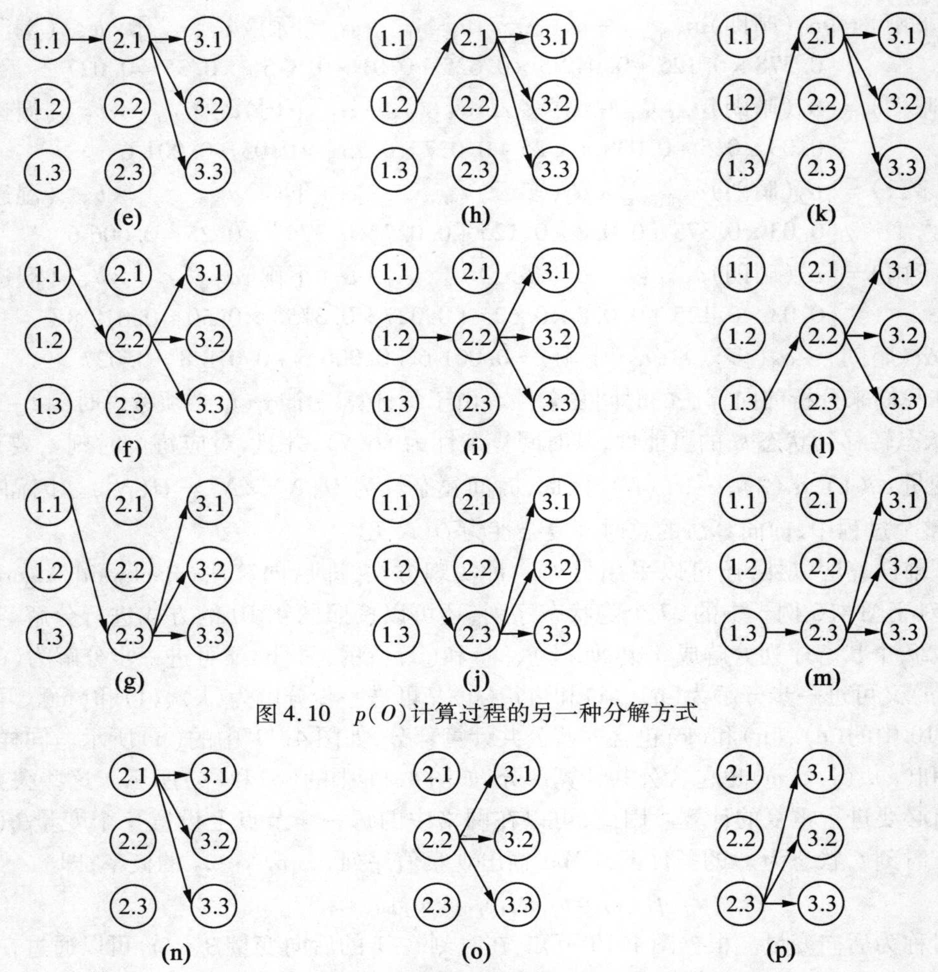

图 4.10 $p(O)$计算过程的另一种分解方式

图 4.11 图 4.10 所示计算过程中的公共计算部分

根据式(4.21)的归纳关系，可以按 $T,T-1,\cdots,2,1$ 的顺序依次计算后向变量 $\beta_T(i)$，$\beta_{T-1}(i),\cdots,\beta_2(i),\beta_1(i)(1\leqslant i\leqslant N)$。由此得到如下后向算法：

①初始化：

$$\beta_T(i)=1,\ 1\leqslant i\leqslant N \tag{4.22}$$

②递归计算：

$$\beta_{t-1}(i)=\sum_{j=1}^{N} a_{ij}b_j(o_t)\beta_t(j),\ 1\leqslant i\leqslant N;\ T\geqslant t\geqslant 2 \tag{4.23}$$

③求和结束：

$$p(O|\mu)=\sum_{i=1}^{N}\pi_i b_i(o_1)\beta_1(i) \tag{4.24}$$

类似于前向算法，后向算法的时间复杂度也是 $O(N^2T)$。

更一般地，我们可以采用前向算法和后向算法相结合的方法来计算观察值序列的概率：

$$p(o_1\cdots o_T,q_t=s_i)=p(o_1\cdots o_t,q_t=s_i,o_{t+1}\cdots o_T)=$$
$$p(o_1\cdots o_t,q_t=s_i)\times p(o_{t+1}\cdots o_T|o_1\cdots o_t,q_t=s_i)\approx$$

$$p(o_1\cdots o_t,q_t=s_i)\times p(o_{t+1}\cdots o_T|q_t=s_i)=\alpha_t(i)\beta_t(i) \tag{4.25}$$

因此

$$p(O)=\sum_{i=1}^{N}\alpha_t(i)\beta_t(i),\ 1\leqslant t\leqslant T \tag{4.26}$$

图4.12给出了该算法的一个示意图。

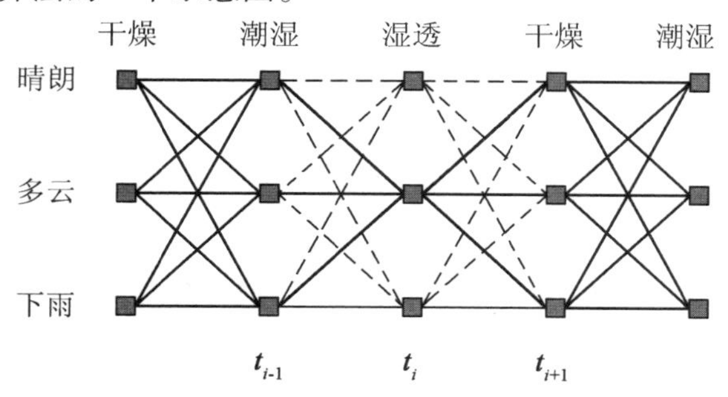

图4.12　前向算法和后向算法相结合的方法举例

4.3.2　确定最优状态序列

在分析天气状况的例子中，假如海藻前后3天的观察值序列为“干燥、潮湿、湿透”，那么，这3天最有可能的天气状态序列是什么？

要确定最优状态序列，一种最朴素的办法就是把所有可能的状态序列的概率求出来，从中选出概率最大的序列。但正如4.3.1节所说，随着状态序列长度T的增加，不同的隐状态序列的个数呈指数级增长。当T很大时，几乎不可能有效地执行这个算法。因此，还是要借助于动态规划技术。

事实上，我们可以将最优状态序列问题看成是求最短路径的问题。如图4.13所示，直线表示边，波状线表示两节点间的最短路径（路径中其他节点未显示）；粗线表示从起点到终点的最短路径。最短路径有一个重要特征，起点A到终点G的最短路径由起点A到其相邻节点的距离以及起点A的相邻节点到终点G的最短路径决定。把起点和终点倒过来看也是如此，即起点G到终点A的最短路径（也就是A到G的最短路径）由终点A到其相邻节点的距离及终点A的相邻节点到起点G的最短路径决定。这一特征使得我们可以逐段递归计算最短子路径，每增加一个节点，都把它跟前面计算的最短路径连接起来，到最后一段时，只要看看作为终点的节点谁的累积距离最短即可。

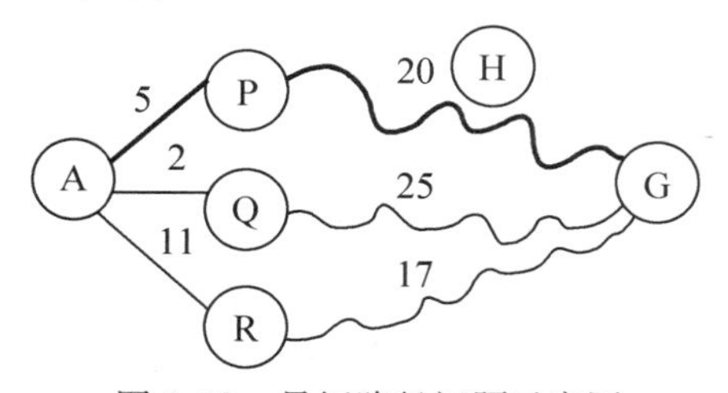

图4.13　最短路径问题示意图

一个有效地计算这条最优路径的动态规划算法是维特比算法（Viterbi Algorithm）（Viterbi，1967）。该算法在网格中的每个节点设置变量$\delta_t(i)$（称为维特比变量），用来记录到当前状态节点的最优路径的概率，即

$$\delta_t(i)=\max_{q_1,q_2,\cdots,q_{t-1}} p(q_1,q_2,\cdots,q_t=s_i,o_1o_2\cdots o_t),1\leqslant i\leqslant N \tag{4.27}$$

与前向变量类似，$\delta_t(i)$有如下递归关系：

$$\delta_{t+1}(i)=\max_j[\delta_t(j)\times a_{ji}]\times b_i(o_{t+1}),1\leqslant i\leqslant N \tag{4.28}$$

另外，还要设置一个反向指针$\psi_t(i)$用于记录导致这条最佳路径的最佳前趋节点：

$$\psi_t(i)=\operatorname*{argmax}_j[\delta_{t-1}(j)\times a_{ji}]\times b_i(o_t),1\leqslant i\leqslant N \tag{4.29}$$

维特比算法描述如下。

①初始化：

$$\delta_1(i)=\pi_i b_i(o_1),\ 1\leqslant i\leqslant N$$
$$\psi_1(i)=0 \tag{4.30}$$

②递归计算：

$$\delta_{t+1}(i)=\max_j[\delta_t(j)\times a_{ji}]\times b_i(o_{t+1}),\ 1\leqslant t\leqslant T-1,\ 1\leqslant i\leqslant N$$
$$\psi_{t+1}(i)=\operatorname*{argmax}_j[\delta_t(j)\times a_{ji}]\times b_i(o_{t+1}) \tag{4.31}$$

③路径回溯：

$$\hat{q}_T=\operatorname*{argmax}_i \delta_T(i)$$
$$\hat{q}_{t-1}=\psi_t(\hat{q}_t),\ T\geqslant t\geqslant 2 \tag{4.32}$$

类似于前向算法和后向算法，维特比算法的时间复杂度也是$O(N^2T)$。

图4.14给出了应用维特比算法计算观察值序列“干燥、潮湿、湿透”对应的最有可能的天气状态序列的过程。计算过程中用到的初始概率矩阵、转移概率矩阵和发射概率矩阵分别见图4.3、图4.2和图4.5。其中实线代表最佳前趋节点。

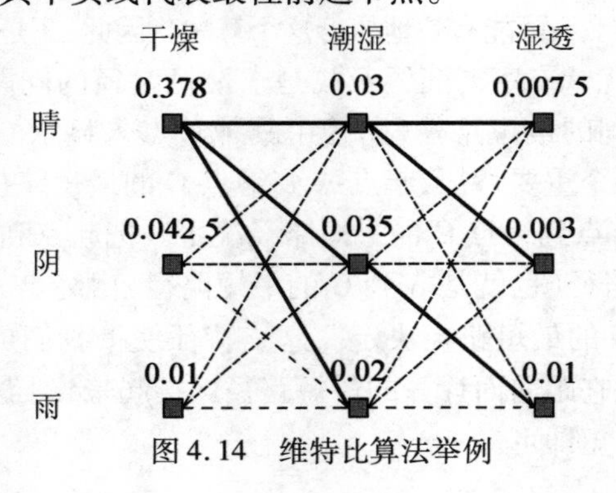

图4.14 维特比算法举例

各变量值的计算过程如下：

$$\delta_1(\text{晴朗})=\pi_{\text{晴朗}}b_{\text{晴朗}}(\text{干透})=0.63\times0.60=0.378$$
$$\delta_1(\text{多云})=\pi_{\text{多云}}b_{\text{多云}}(\text{干透})=0.17\times0.25=0.0425$$
$$\delta_1(\text{下雨})=\pi_{\text{下雨}}b_{\text{下雨}}(\text{干透})=0.20\times0.05=0.01$$

$$\delta_2(\text{晴朗})=\max[\delta_1(\text{晴朗})a_{\text{晴朗,晴朗}},\ \delta_1(\text{多云})a_{\text{多云,晴朗}},\ \delta_1(\text{下雨})a_{\text{下雨,晴朗}}]\times b_{\text{晴朗}}(\text{潮湿})=$$
$$\max[0.378\times0.5,0.0425\times0.25,0.01\times0.25]\times0.15=$$
$$\max[0.189,\ 0.010625,\ 0.0025]\times0.15\approx$$
$$0.03$$

ψ_2(晴朗) = 晴朗

δ_2(多云) = $\max[\delta_1$(晴朗)$a_{晴朗,多云}$, δ_1(多云)$a_{多云,多云}$, δ_1(下雨)$a_{下雨,多云}] \times b_{多云}$(潮湿) =

$\max[0.378 \times 0.375, 0.0425 \times 0.125, 0.01 \times 0.375] \times 0.25 =$

$\max[0.14175, 0.0053125, 0.00375] \times 0.25 \approx$

0.035

ψ_2(多云) = 晴朗

δ_2(下雨) = $\max[\delta_1$(晴朗)$a_{晴朗,下雨}$, δ_1(多云)$a_{多云,下雨}$, δ_1(下雨)$a_{下雨,下雨}] \times b_{下雨}$(潮湿) =

$\max[0.378 \times 0.125, 0.0425 \times 0.625, 0.01 \times 0.375] \times 0.35 =$

$\max[0.04725, 0.0265625, 0.00375] \times 0.35 \approx$

0.0165

ψ_2(下雨) = 晴朗

δ_3(晴朗) = $\max[\delta_2$(晴朗)$a_{晴朗,晴朗}$, δ_2(多云)$a_{多云,晴朗}$, δ_2(下雨)$a_{下雨,晴朗}] \times b_{晴朗}$(湿透) =

$\max[0.03 \times 0.5, 0.035 \times 0.25, 0.0165 \times 0.25] \times 0.05 =$

$\max[0.015, 0.00875, 0.004125] \times 0.05 =$

0.00075

ψ_3(晴朗) = 晴朗

δ_3(多云) = $\max[\delta_2$(晴朗)$a_{晴朗,多云}$, δ_2(多云)$a_{多云,多云}$, δ_2(下雨)$a_{下雨,多云}] \times b_{多云}$(湿透) =

$\max[0.03 \times 0.375, 0.035 \times 0.125, 0.01665 \times 0.375] \times 0.25 =$

$\max[0.01125, 0.004375, 0.00624375] \times 0.25 =$

0.0028125

ψ_3(多云) = 晴朗

δ_3(下雨) = $\max[\delta_2$(晴朗)$a_{晴朗,下雨}$, δ_2(多云)$a_{多云,下雨}$, δ_2(下雨)$a_{下雨,下雨}] \times b_{下雨}$(湿透) =

$\max[0.03 \times 0.125, 0.035 \times 0.625, 0.01665 \times 0.375] \times 0.50 =$

$\max[0.00375, 0.021875, 0.00624375] \times 0.5 \approx$

0.01

ψ_3(下雨) = 多云

根据图4.14,最后一个时刻以状态 q_3 =“下雨”作为终点的序列的累积概率最大,而 q_3 的最佳前趋节点为 q_2 =“多云”,q_2 的最佳前趋节点为 q_1 =“晴朗”,因此,观察值序列“干燥、潮湿、湿透”对应的最优状态序列为“下雨、多云、晴朗”。

在实际应用中,人们通常不仅仅只需要算出最佳状态序列,还需要得到可能的路径中的前 n 个最佳(n-best)序列。为了实现这一点,通常存储一个节点的 $n(n<N)$ 个最佳前趋节点。

4.3.3 HMM 的参数估计

参数估计是 HMM 面临的第三个问题,即给定一个观察值序列 $O = o_1 o_2 \cdots o_T$,如何找到一个能够最好地解释这个观察值序列的模型,即如何调节模型参数 $\mu = (\boldsymbol{A}, \boldsymbol{B}, \boldsymbol{\pi})$,使得 $p(O|\mu)$ 最大化。

如果产生观察值序列 O 的状态序列 $Q = q_1 q_2 \cdots q_T$ 已知(如表4.1所示的分析天气状况的例子,“1”表示取当前状态,“0”表示不取当前状态,每一行中只有一个状态标为“1”),那么 HMM 的参数可以通过如下公式计算:

$$\bar{\pi}_i = p(q_1 = s_i)$$
$$\bar{a}_{ij} = \frac{C(s_i s_j)}{C(s_i)}$$
$$\bar{b}_i(k) = \frac{C(s_i v_k)}{C(s_i)} \tag{4.33}$$

表 4.1　状态序列已知的例子

t	观察值	隐状态		
		晴朗	多云	下雨
1	干燥	1	0	0
2	潮湿	0	1	0
3	湿透	1	0	0
4	潮湿	0	0	1
5	干燥	0	1	0
6	潮湿	1	0	0
7	湿透	0	0	1
…	…	…	…	…

但实际上,由于 HMM 中的状态序列 Q 是观察不到的,见表 4.2,因此,这种最大似然估计的方法不可行。目前并没有已知的解析方法来选择 μ,使得 $p(O|\mu)$ 最大。但是可以通过迭代爬山算法使得它局部最大化,这种算法被称为 Baum-Welch 算法或前向后向算法(Forward-Backward Algorithm)(Baum,1972),它实际上是 EM(Expectation Maximization)算法(Dempster,1977)的一个特例。

表 4.2　状态序列未知的例子

t	观察值	隐状态		
		晴朗	多云	下雨
1	干燥	?	?	?
2	潮湿	?	?	?
3	湿透	?	?	?
4	潮湿	?	?	?
5	干燥	?	?	?
6	潮湿	?	?	?
7	湿透	?	?	?
…	…	…	…	…

1. EM 算法简介

假设 $\Theta = (\theta_1, \theta_2, \cdots, \theta_n)$ 是待估计的模型参数集合(向量),X 是完整的数据,Y 是可观察的数据。EM 算法的基本思想如图 4.15 所示:

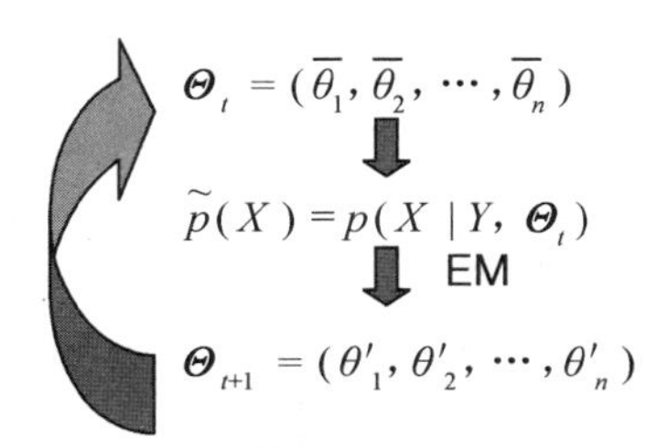

图 4.15　EM 算法的基本原理示意图

(1)初始时($t=0$)随机地给模型的参数赋值(该赋值遵循模型对参数的限制),得到模型 Θ_t。

(2)根据 Θ_t 可以得到模型中隐变量取各个状态的期望值,例子见表 4.3。

(3)用期望值代替实际次数可以得到模型参数的新估计值,由此得到新的模型 Θ_{t+1}。

(4)用 Θ_{t+1}代替 Θ_t 重复执行步骤(2),直到参数收敛。

理论上可以证明,$L(\Theta_{t+1}) \geqslant L(\Theta_t)$(其中,$L(\Theta) = \log p(Y|\Theta)$称为似然函数),并且至少在特定条件下,EM 算法将收敛到 $L(\Theta)$的稳定点(Stationary Point)。

表 4.3　根据模型参数计算各隐变量取各状态的期望值举例

t	观察值	隐状态		
		晴朗	多云	下雨
1	干燥	0.80	0.10	0.10
2	潮湿	0.20	0.70	0.10
3	湿透	0.50	0.30	0.20
4	潮湿	0.05	0.05	0.90
5	干燥	0.15	0.75	0.10
6	潮湿	0.70	0.15	0.15
7	湿透	0.10	0.05	0.85
…	…	…	…	…

下面给出 EM 算法应用的一个例子。假如说我们观察到一系列的硬币投掷结果,它们是这样产生的:有一个人,他兜里有两枚硬币 c_1 和 c_2,他每一步选择一枚硬币投掷三次,选择硬币 c_1 的概率为 λ,选择硬币 c_2 的概率为 $1-\lambda$。硬币 c_1 掷为正面的概率为 h_1,硬币 c_2 掷为正面的概率为 h_2。这样,我们就得到一个三元组序列,例如 $Y = \{<HHH>, <TTT>, <HHH>, <TTT>\}$,其中,$H$ 代表正面(head),T 代表背面(tail)。完整的数据(如果我们能够观察到)应该显示出每一步选择的硬币,例如 $X = \{<HHH,c_1>, <TTT,c_2>, <HHH,c_1>, <TTT,c_2>\}$。待估计的模型参数为 $\Theta = (\lambda, h_1, h_2)$。

根据 EM 算法,假设初始时($t=0$)随机地给模型的参数赋值,得到模型 $\Theta_0 = (0.3, 0.3, 0.6)$。接下来,根据 Θ_0 可以得到模型中隐变量(每一步选择的硬币)取各个状态(c_1 和 c_2)的期望值。

设 $\tilde{p}_i = p(X_i = <Y_i, c_1> \mid Y_i, \Theta)$表示第 i 次选择的是硬币 c_1 的先验概率的数学期望,则

$$\tilde{p}_1 = \frac{p(<HHH,c_1>)}{p(<HHH>)} = \frac{p(c_1) \times p(<HHH> \mid c_1)}{p(<HHH>)} =$$

$$\frac{p(c_1)\times p(<HHH>|c_1)}{p(<HHH,c_1>)+p(<HHH,c_2>)}=$$

$$\frac{\lambda\times h_1\times h_1\times h_1}{\lambda\times h_1\times h_1\times h_1+(1-\lambda)\times h_2\times h_2\times h_2}=\frac{0.3\times 0.3^3}{0.3\times 0.3^3+0.7\times 0.6^3}\approx 0.050\ 8 \qquad (4.34)$$

则第 1 次选择的是硬币 c_2 的先验概率的数学期望为 $1-0.050\ 8=0.949\ 2$。同理

$$\tilde{p}_2=\frac{p(<TTT,c_1>)}{p(<TTT>)}\approx 0.696\ 7$$

$$\tilde{p}_3=\frac{p(<HHH,c_1>)}{p(<HHH>)}\approx 0.050\ 8$$

$$\tilde{p}_4=\frac{p(<TTT,c_1>)}{p(<TTT>)}\approx 0.696\ 7 \qquad (4.35)$$

由此构成图 4.16 的右边第一、二行。

	λ	h_1	h_2
Θ_0	0.300 0	0.300 0	0.600 0
Θ_1	0.373 8	0.068 0	0.757 8
Θ_2	0.485 9	0.000 4	0.972 2
Θ_3	0.500 0	0.000 0	1.000 0

	HHH	TTT	HHH	TTT
c_1	0.050 8	0.696 7	0.050 8	0.696 7
c_2	0.949 2	0.303 3	0.949 2	0.303 3
c_1	0.000 4	0.971 4	0.000 4	0.971 4
c_2	0.999 6	0.028 6	0.999 6	0.028 6
c_1	0.000 0	1.000 0	0.000 0	1.000 0
c_2	1.000 0	0.000 0	1.000 0	0.000 0
c_1	0.000 0	1.000 0	0.000 0	1.000 0
c_2	1.000 0	0.000 0	1.000 0	0.000 0

图 4.16 投硬币的例子 $Y=\{<HHH>, <TTT>, <HHH>, <TTT>\}$ 的 EM 算法计算过程

接下来，用期望值代替实际次数可以得到模型参数的新估计值，由此得到新的模型 Θ_1，如图 4.16 左边第二行。其中，

$$\lambda'=\frac{0.050\ 8+0.696\ 7+0.050\ 8+0.696\ 7}{4}\approx 0.373\ 8$$

$$h'_1=p(H/c_1)=\frac{0.050\ 8\times(3/3)+0.696\ 7\times(0/3)+0.050\ 8\times(3/3)+0.696\ 7\times(0/3)}{0.050\ 8+0.696\ 7+0.050\ 8+0.696\ 7}\approx 0.068\ 0$$

$$h'_2=p(H/c_2)=\frac{0.949\ 2\times(3/3)+0.303\ 3\times(0/3)+0.949\ 2\times(3/3)+0.303\ 3\times(0/3)}{0.949\ 2+0.303\ 3+0.949\ 2+0.303\ 3}\approx 0.757\ 8$$

(4.36)

接下来用 Θ_1 代替 Θ_0 重复计算 $\tilde{p}_i$，得到图 4.16 的右边第三、四行，并不断重复以上过程。最后 Θ 于(0.5,0,1)处收敛。从直觉上来看，EM 算法得到的这个结果是合理的：硬币投掷者有两枚硬币，一枚硬币总是投成正面，另一枚硬币总是投成背面，硬币投掷者选择每枚硬币的概率是相等的($\lambda=0.5$)。先验概率 $\tilde{p}_i$ 显示，硬币 c_1(总是投成背面)产生了 Y_2 和 Y_4，c_2(总是投成正面)产生了 Y_1 和 Y_3。这个结果与初始值 h_1 和 h_2 的设定有一定关系。

以上的计算过程可以总结成两个步骤：

①估算步骤(Estimation Step)：

$$\tilde{p}_i=p(X_i=<Y_i,c_1>|Y_i,\Theta)=\frac{p(X_i=<Y_i,c_1>|\Theta)}{p(X_i=<Y_i,c_1>|\Theta)+p(X_i=<Y_i,c_2>|\Theta)}=$$

$$\frac{\lambda p(Y_i|h_1)}{\lambda p(Y_i|h_1)+(1-\lambda)p(Y_i|h_2)}=\frac{\lambda {h_1}^{H_i}(1-h_1)^{3-H_i}}{\lambda {h_1}^{H_i}(1-h_1)^{3-H_i}+(1-\lambda){h_2}^{H_i}(1-h_2)^{3-H_i}} \tag{4.37}$$

$p(Y_i|h_j)=h_j^{H_i}(1-h_j)^{3-H_i}$为当硬币 c_j 正面朝上的概率为 $h_j(j=1,2)$时，观察到 Y_i 的概率；H_i 为 Y_i 中 H 的个数。

②最大化步骤（Maximization Step）：

$$\lambda'=\frac{\sum_{i=1}^{n}\tilde{p}_i}{n}$$

$$h'_1=\frac{\sum_{i=1}^{n}\frac{H_i}{3}\tilde{p}_i}{\sum_{i=1}^{n}\tilde{p}_i}$$

$$h'_2=\frac{\sum_{i=1}^{n}\frac{H_i}{3}(1-\tilde{p}_i)}{\sum_{i=1}^{n}(1-\tilde{p}_i)} \tag{4.38}$$

如果我们再增加一个样本，即 $Y=\{<HHH>, <TTT>, <HHH>, <TTT>, <HHH>\}$，初始值 Θ_0 不变，那么，λ 最终的值为0.4，见表4.4（表中右半部分为 $\tilde{p}_i$ 值）。这个结果表示硬币投掷者选择硬币 c_1（总是投成背面）的概率为0.4。

表4.4　投硬币的例子 $Y=\{<HHH>, <TTT>, <HHH>, <TTT>, <HHH>\}$的EM算法计算过程

迭代次数	λ	h_1	h_2	*HHH*	*TTT*	*HHH*	*TTT*	*HHH*
0	0.300 0	0.300 0	0.600 0	0.050 8	0.696 7	0.050 8	0.696 7	0.050 8
1	0.309 2	0.098 7	0.824 4	0.000 8	0.983 7	0.000 8	0.983 7	0.000 8
2	0.394 0	0.001 2	0.989 3	0.000 0	1.000 0	0.000 0	1.000 0	0.000 0
3	0.400 0	0.000 0	1.000 0	0.000 0	1.000 0	0.000 0	1.000 0	0.000 0

如果我们将样本改为 $Y=\{<HHT>, <TTT>, <HHH>, <TTT>\}$，初始值 Θ_0 不变，计算结果见表4.5。这个结果表明，有一枚硬币总是投成背面（c_1），而另一枚硬币 c_2 容易被投成正面（$p_2=0.828\ 4$）。显然，Y_1 和 Y_3 是由硬币 c_2 投出来的，因为它们包含head；Y_2 和 Y_4 是 c_1 或 c_2 二者之一投出来的，但是 c_1 的可能性更大。

表4.5　投硬币的例子 $Y=\{<HHT>, <TTT>, <HHH>, <TTT>\}$的EM算法计算过程

迭代次数	λ	h_1	h_2	*HHT*	*TTT*	*HHH*	*TTT*
0	0.300 0	0.300 0	0.600 0	0.157 9	0.696 7	0.050 8	0.696 7
1	0.400 5	0.097 4	0.630 0	0.037 5	0.906 5	0.002 5	0.906 5
2	0.463 2	0.014 8	0.763 5	0.001 4	0.984 2	0.000 0	0.984 2
3	0.492 4	0.000 5	0.820 5	0.000 0	0.994 1	0.000 0	0.994 1
4	0.497 0	0.000 0	0.828 4	0.000 0	0.994 9	0.000 0	0.994 9

2. Baum-Welch 算法

采用 EM 算法对 HMM 进行参数训练时,一个最主要的问题就是得到模型中隐变量取各个状态的期望值 $p(q_t = s_i | O,\mu)$。于是我们定义:

$$\gamma_t(i) = p(q_t = s_i | O,\mu) = \sum_{j=1}^{N} p(q_t = s_i, q_{t+1} = s_j | O,\mu) \equiv \sum_{j=1}^{N} \xi_t(i,j) \tag{4.39}$$

其中

$$\xi_t(i,j) = p(q_t = s_i, q_{t+1} = s_j | O,\mu) = \frac{p(q_t = s_i, q_{t+1} = s_j, O|\mu)}{p(O|\mu)} = \frac{\alpha_t(i)a_{ij}b_j(o_{t+1})\beta_{t+1}(j)}{p(O|\mu)} = \frac{\alpha_t(i)a_{ij}b_j(o_{t+1})\beta_{t+1}(j)}{\sum_{i=1}^{N}\sum_{j=1}^{N}\alpha_t(i)a_{ij}b_j(o_{t+1})\beta_{t+1}(j)} \tag{4.40}$$

根据隐变量取各个状态的期望值,可以重新估计模型参数 μ:

$$\pi'_i = p(q_1 = s_i | O,\mu) = \gamma_1(i)$$

$$a'_{ij} = \frac{\sum_{t=1}^{T-1}\xi_t(i,j)}{\sum_{t=1}^{T-1}\gamma_t(i)}$$

$$b'_i(k) = \frac{\sum_{t=1}^{T}\gamma_t(i) \times \delta(o_t, v_k)}{\sum_{t=1}^{T}\gamma_t(i)} \tag{4.41}$$

根据上述思路,给出 Baum-Welch 算法:

(1)初始化。随机地给参数 π_i、a_{ij} 和 $b_j(k)$ 赋值,使其满足如下约束:

$$\sum_{i=1}^{N}\pi_i = 1$$

$$\sum_{j=1}^{N}a_{ij} = 1, 1 \leqslant i \leqslant N$$

$$\sum_{k=1}^{M}b_i(k) = 1, 1 \leqslant i \leqslant N \tag{4.42}$$

由此得到模型 μ_0。令 $i = 0$,执行下面的 EM 估计。

(2)EM 计算。

E - 步骤:由模型 μ_i 根据式(4.40)和式(4.39)计算期望值 $\xi_t(i,j)$ 和 $\gamma_t(i)$。

M - 步骤:用 E - 步骤得到的期望值,根据式(4.41)重新估计参数 π_i、a_{ij}、$b_i(k)$ 的值,得到模型 μ_{i+1}。

(3)循环计算。令 $i = i + 1$,重复执行 EM 计算,直到 $\pi_i, a_{ij}, b_i(k)$ 收敛。

值得注意的是,重估过程只能保证我们找到一个局部极值。如果我们想要找到全局极值,则要尽量使得 HMM 在全局极值附近的参数空间开始,粗略估计参数的最佳值(而不是随机设定)。在实践中,好的初始估计对于发射概率是非常重要的,初始概率和转移概率的初始值通常随机估计就够了。

本章小结

本章介绍了马尔科夫模型和隐马尔科夫模型，重点介绍了隐马尔科夫模型的三个基本问题，即求解观察值序列的概率、确定最优状态序列，以及 HMM 的参数估计。同时介绍了以上问题的解决办法，分别是前向算法（后向算法）、维特比算法，以及 Baum-Welch 算法。

思考练习

1. HMM 涉及的三个基本问题是什么？解决办法分别是什么？
2. 试证明采用式(4.8)～(4.13)的计算方法需要做$(2T+1)N^{T+1}$次乘法。
3. 简述 EM 算法的主要思想。

第5章 常用机器学习方法简介

机器学习技术也是自然语言处理中的一个重要工具。本书第1章中已经提到，自然语言处理的绝大多数或者全部研究都可以看成是在其中某个层面上的歧义消解，而歧义消解可以看作是分类问题。分类问题可以通过机器学习的方法来解决。机器学习方法可以分为有指导学习、无指导学习以及半指导学习。然而无论是无指导学习，还是半指导学习，其理论都不甚完备，效果也不如有指导学习方法。因此，人们目前的主要精力还是集中在有指导学习方法上。

下面给出有指导学习方法的一个形式化定义：人们通常使用特征向量表示一个实例，是实例的一种数值化的表示方式。也就是说，一个实例被转化为 n 维特征向量 $\boldsymbol{x},\boldsymbol{x}\subseteq\mathbf{R}^n$。机器学习算法的目的就是对于给定的一组训练数据 $(x^1,y^1),(x^2,y^2),\cdots,(x^l,y^l)$（其中，$y^i$ 为目标特征值，即类别；l 是训练样本的个数），寻找 $\mathbf{R}^n$ 上的一个实值函数 $g(x)$，以便用决策函数

$$f(x)=\mathrm{sgn}(g(x))=\begin{cases}1 & \text{if} \quad g(x)>0\\ 0 & \text{otherwise}\end{cases} \tag{5.1}$$

来推断任一实例 x 相对应的 y 值。其中对于二元分类问题 $y^i\in\{-1,+1\}$，多元分类问题 $y^i\in\{1,2,\cdots,m\}$，m 是输出类别个数。一般有指导的机器学习包括预处理、人工标注、训练和预测等步骤，图5.1展示了一个基于文本的有指导机器学习过程。

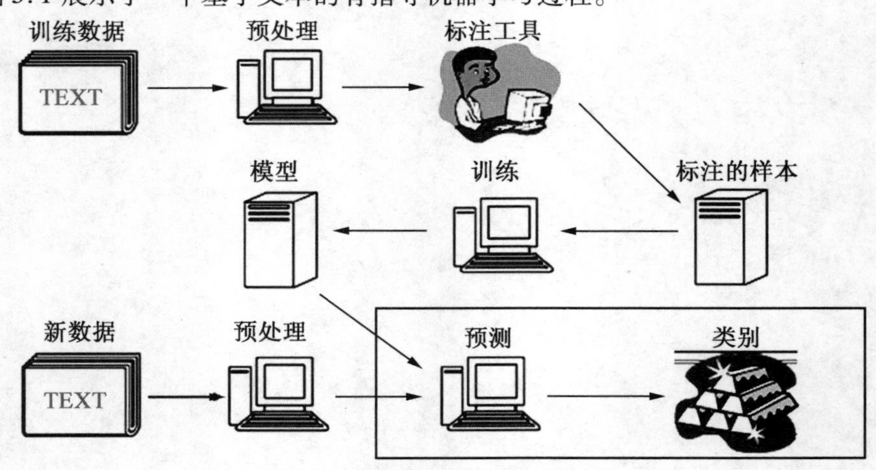

图5.1　有指导机器学习一般过程

机器学习中典型的分类方法有决策树（Decision Tree）、贝叶斯分类器（Bayes Classifier）、支持向量机（Supported Vector Machines，SVM）、最大熵模型（Maximum Entropy Models）、感知器（Perceptron）、Boosting 等。下面逐一进行简要介绍。

5.1　决　策　树

决策树通过把训练数据中的样本从根节点排列到某个叶子节点来分类实例,叶子节点即为样本所属的分类。树上的每个节点说明了对样本的某个特征的测试,并且该节点的每一个后继分支对应于该特征的一个可能值。分类的方法是从这棵树的根节点开始,测试这个节点指定的特征,然后按照给定测试样本的该特征值对应的树枝向下移动。接下来,这个过程在以新节点为根的子树上重复。

首先来看一个人群分类的例子。假定有两组人,其中每个人具有如下三种特征:①身材:高或矮;②发色:金色、黑色或红色;③眼睛(颜色):蓝色、黑色或灰色。即每个人以一个向量 <身材,发色,眼睛> 来表征。表5.1给出了一个训练样本的集合(洪家荣,1997)。

表5.1　人群分类问题的一个训练样本集合

组次	样本序号	身材	发色	眼睛
第1组	1	矮	金色	蓝色
	2	高	红色	蓝色
	3	高	金色	蓝色
	4	矮	金色	灰色
第2组	1	高	金色	黑色
	2	矮	黑色	蓝色
	3	高	黑色	蓝色
	4	高	黑色	灰色
	5	矮	金色	黑色

根据表5.1,我们可以学习得到如图5.2所示的一棵决策树,其中YES表示属于第1组人,NO表示属于第2组人。

通常决策树代表样本特征值约束的合取(Conjunction)的析取式(Disjunction)。从树根到树叶的每一条路径对应一组特征测试的合取,树本身对应这些合取的析取。例如,图5.2表示的决策树中的第1组人对应于以下表达式:

$$
\begin{aligned}
&(\text{身材}=\text{矮}\wedge\text{发色}=\text{金色}\wedge\text{眼睛}=\text{蓝色})\\
&\vee(\text{身材}=\text{矮}\wedge\text{发色}=\text{金色}\wedge\text{眼睛}=\text{灰色})\\
&\vee(\text{身材}=\text{高}\wedge\text{发色}=\text{金色}\wedge\text{眼睛}=\text{蓝色})\\
&\vee(\text{身材}=\text{高}\wedge\text{发色}=\text{红色})
\end{aligned}
\tag{5.2}
$$

分类特征的选择决定了算法的效率与所生成的决策树繁简程度。例如,对于表5.1所示的人群分类例子,如果我们选择特征依次为发色、眼睛、身材,则所产生的决策树(图5.3)要比图5.2简单得多。

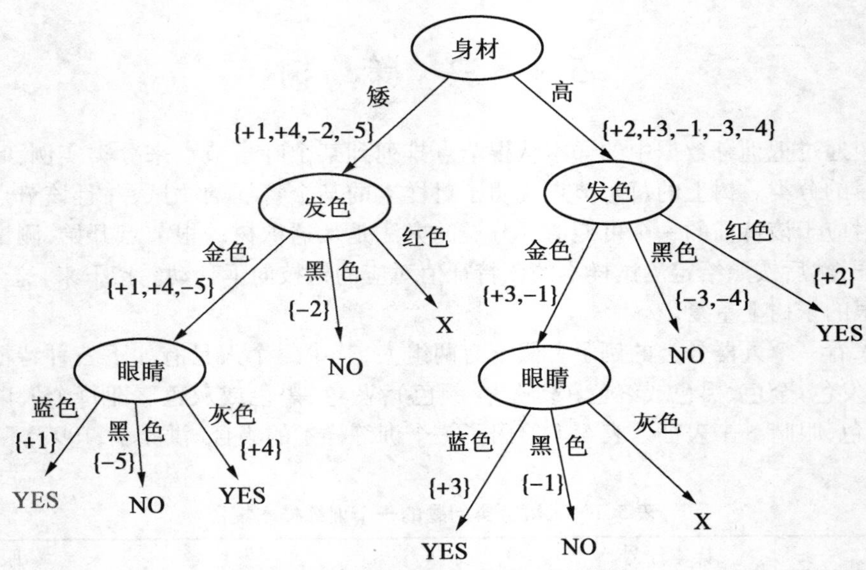

图 5.2　根据表 5.1 构造的一棵决策树

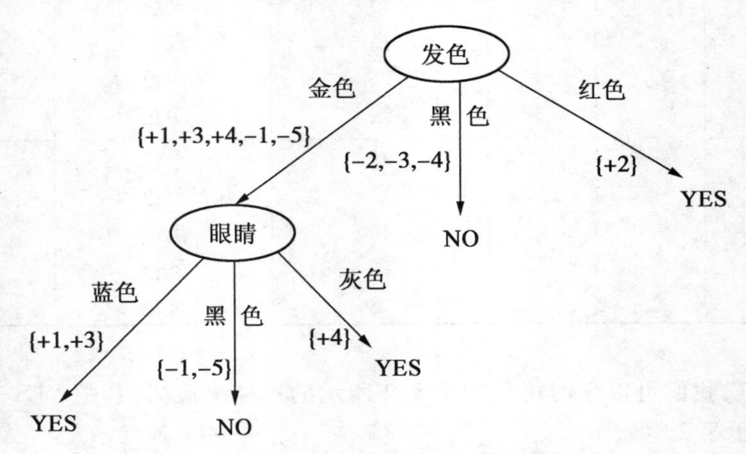

图 5.3　根据表 5.1 构造的另一棵决策树

可见,特征选择是决策树学习算法的关键。图 5.3 所示的决策树之所以比图 5.2 所示的决策树简单是因为图 5.3 尽可能将区别能力强的特征放在离树根近的地方。最经典的决策树学习算法当属 ID3(Quinlan,1986),算法描述如下:

ID3(Examples, Target-feature, Features)

输入:Examples 为训练样本集合;Target-feature 是这棵树要预测的目标特征;Features 是除目标特征外供学习到的决策树测试的特征列表。

输出:能正确分类给定 Examples 的决策树。

· 创建树的 Root 结点

· 如果 Examples 都为正,那么返回 label = + 的单节点树 Root

· 如果 Examples 都为反,那么返回 label = - 的单节点树 Root

· 如果 Features 为空,那么返回单节点树 Root,label = Examples 中最普遍的 Target-feature 值

· 否则开始

　　f←Features 中分类能力最好的特征

　　Root 的决策特征←f

　　对于 f 的每个可能值 v_j

　　　在 Root 下加一个新的分支对应测试 $f = v_j$

　　　令 $Examples_{v_j}$ 为 Examples 中满足 f 特征值为 v_j 的子集

　　　如果 $Examples_{v_j}$ 为空

　　　　在这个新分支下加一个叶子结点，节点的 lable = Examples 中最普遍的 Target-feature 值

　　　否则

　　　　在这个新分支下加一个子树 ID3($Examples_{v_j}$,Target-feature, Features - {f})

· 返回 Root

算法中用“信息增益”(Information Gain)来衡量给定的特征区分训练样本的能力。为了精确地定义信息增益，我们先给出信息论中广泛使用的一个度量标准，称为熵(Entropy)，它刻画了任意样本集的纯度(Purity)。给定包含关于某个目标概念的正反样本的集合 S，那么 S 相对于这个布尔型分类的熵为

$$H(S) \equiv -p_+ \log_2 p_+ - p_- \log_2 p_- \tag{5.3}$$

式中　p_+——S 中正例所占的比例；

　　　p_-——S 中反例所占的比例。

在表5.1所示的例子中，S 中一共有9个样本，其中正例(第1组人)有4个，反例(第2组人)有5个。那么，S 相对于这个布尔型分类的熵为

$$H(S) = -\frac{4}{9}\log_2\frac{4}{9} - \frac{5}{9}\log_2\frac{5}{9} = 0.97 \tag{5.4}$$

注意，如果 S 中所有的样本属于同一类，那么 $H(S) = -1 \cdot \log_2(1) - 0 \cdot \log_2(0) = 0$；如果 S 中正反样本的数量相等时，$H(S) = -(1/2) \cdot \log_2(1/2) - (1/2) \cdot \log_2(1/2) = 1$；其他情况，$H(S)$ 介于0和1之间。图5.4显示了关于某布尔分类的熵函数随着 p_+ 从0到1变化的曲线。可见，集合的熵越大，其纯度越低；集合的熵越小，其纯度越高。

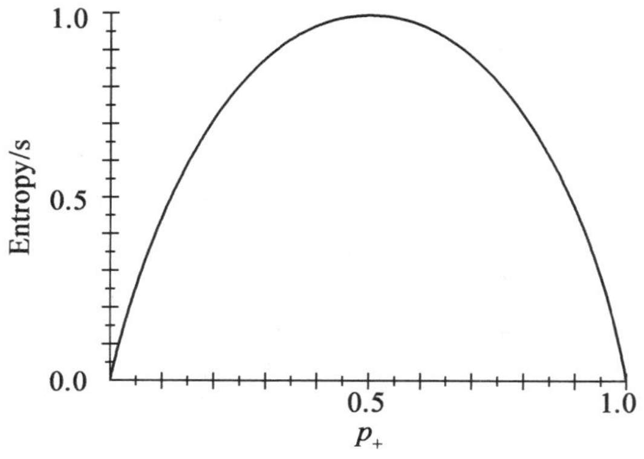

图5.4　关于某布尔分类的熵函数

更一般的，如果目标特征具有 m 个不同的值，那么 S 相对于 m 个状态的分类的熵定义为

$$H(S) \equiv -\sum_{j=1}^{m} p_j \log_2 p_j \tag{5.5}$$

式中 p_j——S 中属于类别 j 的样本的比例。

接下来,给出信息增益的定义。简单地说,一个特征的信息增益就是由于使用这个特征分割样本集合而导致的期望熵降低。更精确地讲,一个特征 f 相对样本集合 S 的信息增益 $\text{Gain}(S,f)$ 被定义为

$$\text{Gain}(S,f) \equiv H(S) - \sum_{v \in \text{value}(f)} \frac{S_v}{S} H(S_v) \tag{5.6}$$

式中 $\text{Value}(f)$——特征 f 所有可能值的集合;

S_v——S 中特征 f 的值为 v 的子集,即 $S_v = \{s \in S | f(s) = v\}$。

式(5.6)中的第一项是原集合 S 的熵,第二项是用 f 分类 S 后熵的期望值。$\text{Gain}(S,f)$ 越大,说明分割后的集合的期望熵越小,纯度也就越高,f 的区分能力越强。

决策树学习中的一个重要问题就是训练数据过度拟合(Overfit)。特别是当少量的样本被关联到叶子节点时,很可能出现巧合的规律性,使得一些特征恰巧可以很好地分割样本,但却与实际的目标函数并无关系。一旦这样巧合的规律性存在,就有过度拟合的风险(增华军 等,2003)。因此,有必要通过后修剪法(post-prune)对决策树进行必要的剪枝。

除了 ID3 以外,其他的决策树学习算法还包括 C4.5(Quinlan,1993)和 ASSISTANT(Kononenko et al.,1984;Cestnik et al.,1987)等。通常来说,决策树算法对于处理高维问题效果并不十分理想,而近年来出现的随机森林算法(Breiman,2001)是对决策树算法的一种改进。

5.2 贝叶斯分类器

贝叶斯分类器的基础是概率推理,就是在各种条件的存在不确定,仅知其出现概率的情况下,如何完成推理和决策任务。其基本思想是:给定测试实例对应的特征向量 $\boldsymbol{x} = (x_1, x_2, \cdots, x_n)$,$V = \{v_j\}$,$j = 1, 2, \cdots, m$,为目标特征值集合,求解概率最大的目标特征值,即

$$v^* = \underset{v \in V}{\text{argmax}}\, p(v | x_1, x_2, \cdots, x_n) \tag{5.7}$$

可使用贝叶斯公式将式(5.7)重写为

$$v^* = \underset{v \in V}{\text{argmax}} \frac{p(x_1, x_2, \cdots, x_n | v) p(v)}{p(x_1, x_2, \cdots, x_n)} = \underset{v \in V}{\text{argmax}}\, p(x_1, x_2, \cdots, x_n | v) p(v) \tag{5.8}$$

式中,$p(v)$ 称为 v 的先验概率(Prior Probability),$p(x_1, x_2, \cdots, x_n | v)$ 称为 v 的后验概率(Posterior Probability)。

现在要做的是基于训练样本集合估计式(5.8)中两个数据项的值。估计每个先验概率 $p(v)$ 很容易,只要计算每个目标特征值 v 出现在训练样本集合中的频率即可。然而,对于后验概率 $p(x_1, x_2, \cdots, x_n | v)$,为了获得合理的估计,样本 $(x_1, x_2, \cdots, x_n)$ 必须出现多次。如果特征数量 n 较大或者每个特征取大量值时,这通常是很难做到的。因此在实际应用中,往往需要对贝叶斯分类器进行简化。根据对特征间不同关联程度的假设,可以得出各种贝叶斯分类器,朴素贝叶斯分类器(Naive Bayes Classifier)就是其中较典型、研究较深入的贝叶斯分类器。

朴素贝叶斯分类器基于一个简单的假定:在给定目标特征值时,特征之间相互条件独立,换言之,在给定样本的目标特征值的情况下观察到特征 $x_1, x_2, \cdots, x_n$ 的联合概率等于每个单独

的特征的概率乘积：

$$p(x_1,x_2,\cdots,x_n \mid v) \approx \prod_{i=1}^{n} p(x_i \mid v) \tag{5.9}$$

将式(5.9)代入式(5.8)中，可得

$$v^* = \underset{v \in V}{\operatorname{argmax}}\, p(v) \prod_{i=1}^{n} p(x_i \mid v) \tag{5.10}$$

来看一个医疗诊断的例子。假设一个人的身体有三种可能的状态(类型)：良好、感冒和过敏。一个人的症状(特征)有三种：打喷嚏、咳嗽和发烧。表5.2提供了从一个训练样本集合中统计到的概率信息，即人群中大约有90%的人身体状况良好，5%的人感冒，5%的人过敏。此外，经观察，身体状况良好的人有10%的可能打喷嚏，10%的可能咳嗽，1%的可能发烧；感冒的人有90%的可能打喷嚏，80%的可能咳嗽，70%的可能发烧；过敏的人有90%的可能打喷嚏，70%的可能咳嗽，40%的可能发烧。假设现在有一个人，其症状为打喷嚏、咳嗽，但是不发烧，用贝叶斯分类方法判断是这个人当前最有可能的身体状况。

表5.2 医疗诊断例子中的统计信息

类别 v	$P(v)$	P(打喷嚏$\mid v$)	P(咳嗽$\mid v$)	P(发烧$\mid v$)
良好	0.90	0.10	0.10	0.01
感冒	0.05	0.90	0.80	0.70
过敏	0.05	0.90	0.70	0.40

将式(5.10)应用到当前的任务，目标特征值 v^* 由下式给出：

$$v^* = \underset{v \in \{\text{良好},\text{感冒},\text{过敏}\}}{\operatorname{argmax}} p(v)p(\text{打喷嚏} \mid v)p(\text{咳嗽} \mid v)p(\neg\ \text{发烧} \mid v)$$

根据表5.2，可计算得到

$$p(\text{良好})p(\text{打喷嚏} \mid \text{良好})p(\text{咳嗽} \mid \text{良好})p(\neg\ \text{发烧} \mid \text{良好}) = (0.90)(0.10)(0.10)(0.99) \approx 0.009$$

$$p(\text{感冒})p(\text{打喷嚏} \mid \text{感冒})p(\text{咳嗽} \mid \text{感冒})p(\neg\ \text{发烧} \mid \text{感冒}) = (0.05)(0.90)(0.80)(0.30) \approx 0.011$$

$$p(\text{过敏})p(\text{打喷嚏} \mid \text{过敏})p(\text{咳嗽} \mid \text{过敏})p(\neg\ \text{发烧} \mid \text{过敏}) = (0.05)(0.90)(0.70)(0.60) \approx 0.019$$

这样，基于从训练样本集合中学习到的概率估计，朴素贝叶斯分类器将此测试样本赋以目标类型值“过敏”。再进一步，通过将上述的量归一化，可计算给定特征值下，目标类型值为“过敏”的条件概率。对于此例，概率为 $0.019/(0.009+0.011+0.019) \approx 0.487$。

朴素贝叶斯分类器是在许多实际应用问题中很有效的一种贝叶斯学习方法。它之所以被称为是朴素的(Naïve)是因为它的独立性假设：在给定目标特征值时，特征之间相互条件独立。尽管实际上独立假设常常是不现实的，但朴素贝叶斯分类器的若干特性让其在实践中能够取得令人惊奇的效果。特别地，各类条件特征之间的解耦意味着每个特征的分布都可以独立地被当作一维分布来估计。这样减轻了由于维数灾难带来的阻碍，当样本的特征个数增加时就不需要使样本规模呈指数增长。然而朴素贝叶斯在大多数情况下不能对类概率做出非常准确的估计，但在许多应用中这一点并不要求。例如，朴素贝叶斯分类器中，依据最大后验概率决策规则只要正确类的后验概率比其他类高就可以得到正确的分类。所以不管概率估计轻度的甚至是严重的不精确都不影响正确的分类结果。在这种方式下，分类器可以有足够的鲁棒性去忽略朴素贝叶斯概率模型上存在的缺陷。

5.3 支持向量机

支持向量机是基于 Vapnik 提出的统计学习原理（Vapnik，1995）构建的一种线形分类器。它是从线性可分情况下的最优分类面发展而来的。当式(5.1)中的 $g(x)$ 为线性函数 $g(x)=(\omega \cdot x)+b$，并由决策函数(5.1)确定分类准则时，称为线性分类学习机。图 5.5 表示二维空间上的分类问题，实心点和空心点代表两类样本，H 为分类线，分类线方程为 $(\omega \cdot x)+b=0$。H_1，H_2 分别为过各类中离分类线最近的样本且平行于分类线的直线，设方程分别为 $(\omega \cdot x)+b=k_1$ 和 $(\omega \cdot x)+b=k_2$，它们之间的距离叫作分类间隔（Margin）。通过计算可知，此时分类间隔等于 $2/\|\omega\|$。使分类间隔最大的分类线就叫作最优分类线，该原则可以推广到高维空间。SVM 的本质就是寻找样本空间中具有最大分类间隔的超平面 $(\omega \cdot x)+b=0$。

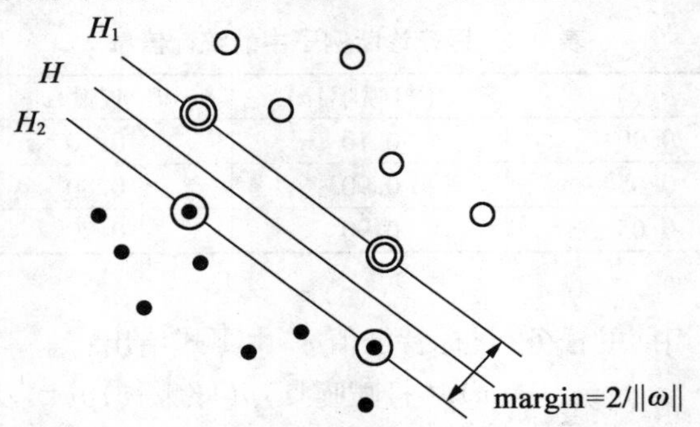

图 5.5 线性可分情况下的最优分类线

如果调整 b，可以把 H_1 和 H_2 分别表示为 $(\omega \cdot x)+b=k$ 和 $(\omega \cdot x)+b=-k$。显然，我们选取 H_1 和 H_2 中间的直线 $(w \cdot x)+b=0$ 作为分类线。如果继续调整 ω 和 b，可以把 H_1 和 H_2 进一步分别表示为 $(\omega \cdot x)+b=1$ 和 $(\omega \cdot x)+b=-1$。

事实上，求解具有最大分类间隔的超平面是一个条件极值问题，其约束条件（Constraint）为：

对所有使 $y^i=1$ 的上标 i，有 $(\omega \cdot x^i)+b \geq 1$；

对所有使 $y^i=-1$ 的上标 i，有 $(\omega \cdot x^i)+b \leq -1$。

该约束条件可以等价地表示为

$$y^i((\omega \cdot x^i)+b) \geq 1, i=1,2,\cdots,l$$

利用 Lagrange 优化方法可以把上述最优分类面问题转化为其对偶问题（Burges，1998），即在约束条件

$$\sum_{i=1}^{l} y^i \alpha^i = 0 \tag{5.11}$$

$$\alpha^i \geq 0, i=1,\cdots,l \tag{5.12}$$

下对 α^i 求解下列函数的最大值：

$$Q(\alpha) = \sum_{i=1}^{l} \alpha^i - \frac{1}{2}\sum_{i,j=1}^{l} \alpha^i \alpha^j y^i y^j (\boldsymbol{x}^i \cdot \boldsymbol{x}^j) \tag{5.13}$$

α^i 为与每个样本对应的 Lagrange 乘子。这是一个不等式约束下二次函数寻优的问题,设 $\alpha^* = (\alpha^{1*}, \alpha^{2*}, \cdots, \alpha^{l*})$ 是该问题的最优解。容易证明,解中将只有一部分(通常是少部分)α^{i*} 不为零,对应的样本就是支持向量。解上述问题后得到的最优分类函数是

$$f(\boldsymbol{x}) = \mathrm{sgn}\{(\boldsymbol{\omega} \cdot \boldsymbol{x}) + b\} = \mathrm{sgn}\left\{\sum_{i=1}^{l} \alpha^{i*} y^i (x^i \cdot x) + b^*\right\} \tag{5.14}$$

式中的求和实际上只对支持向量进行。b^* 是分类阈值

$$b^* = y^j - \sum_{i=1}^{l} \alpha^{i*} y^j (x^i \cdot x^j), \forall j \in \{j \mid \alpha^{j*} > 0\} \tag{5.15}$$

在线性不可分的情况下,通过对样本点(x^i, y^i)引进松弛变量 $\xi^i \geqslant 0$,把约束条件放松,即折中考虑最少错分样本和最大分类间隔,就得到广义最优分类面。

通过以上的介绍可以看出,支持向量机的基本思想是使构成的超平面分割训练数据能够获得最大的间隔(Large Margin)。由于支持向量机理论的完备以及其较好应用效果,因此经常被用作分类器处理各种自然语言处理问题,如文本分类(Joachims,1998)、基本名词短语识别(Kudo et al.,2000,2001,2003)和语义角色标注(Pradhan et al.,2005)等。然而,支持向量机也并非完美,其存在一些固有的缺点,训练效率低就是其最主要的问题。另外,支持向量机设计的初衷是处理二元分类问题,目前对于其如何处理多元分类问题,还没有一个统一的结论,而且目前的处理方法往往效率低下。支持向量机的另一个缺点就是其对于输出结果不能从概率上进行解释,也就是不能准确地给出各个输出结果的概率分布,这就给一些利用概率结果的后处理应用带来了麻烦。

5.4 最大熵模型

最大熵模型又被称作 Logistic 模型、Exponential(指数)模型、Log-linear 模型等,它是一种典型的判别模型。判别模型直接估计分类的最终的优化目标——条件概率。这一过程通常是通过迭代的方法估计一些优化的组合系数来完成的。最大熵模型的基本思想是根据所有已知的因素为条件概率 $p(y|x)$ 建立最均衡(uniform)的模型,而把所有未知的因素排除在外(Berger et al.,1996)。用来衡量条件分布 $p(y|x)$ 的均衡性的一种重要的数学手段就是条件熵(Conditional Entropy)

$$H(p) \equiv -\sum_{x,y} \tilde{p}(x) p(y \mid x) \log p(y \mid x) \tag{5.16}$$

其中,$\tilde{p}(x)$ 是从训练样本中得到的 x 的经验概率分布(Expirical Probability Distribution)。熵的一个重要性质就是:熵值越大,概率分布越均衡。所谓最大熵,就是求解使条件熵(5.16)最大的概率分布 $p(y|x)$。事实上,这是一个条件极值问题,其中的约束条件(Constraint)就是要求模型满足所有的已知因素。这里的已知因素是指从训练样本中得到的一些与特征有关的统计信息。具体来说,约束条件就是,每一个特征 f(用指示函数(Indicator Function)$f(x,y)$ 表示)相对于模型 $p(y|x)$ 的期望值(Expected Value)

$$p(f) \equiv \sum_{x,y} \tilde{p}(x) p(y \mid x) f(x,y) \tag{5.17}$$

需要与该特征相对于经验分布(Empirical Distribution)$\tilde{p}(x,y)$ 的期望值

$$\tilde{p}(f) \equiv \sum_{x,y} \tilde{p}(x,y) f(x,y) \tag{5.18}$$

相等（式中，$\tilde{p}(x,y) \equiv \frac{(x,y)\text{在样本集合中出现的次数}}{\text{样本集合中样本总数}}$），即

$$p(f) = \tilde{p}(f) \tag{5.19}$$

根据式(5.17)、(5.18)、(5.19)得

$$\sum_{x,y} \tilde{p}(x)p(y \mid x)f(x,y) = \sum_{x,y} \tilde{p}(x,y)f(x,y) \tag{5.20}$$

该条件极值问题的求解步骤如下：

① 将原始的条件极值问题（即寻找 $p_* = \mathop{\mathrm{argmax}}\limits_{p \in C} H(p)$）称为原始问题（Primal Problem）。其中，C 为满足约束条件的所有可能的概率分布的集合。

② 假设 $\boldsymbol{x}$ 是 n 维特征向量，则为每一个特征 $f_i(1 \leqslant i \leqslant n)$ 引入一个参数 λ_i（拉格朗日因子）。定义拉格朗日函数（Lagrangian）

$$\Lambda(p,\lambda) \equiv H(p) + \sum_i \lambda_i(p(f_i) - \tilde{p}(f_i)) \tag{5.21}$$

③ 令 λ 固定，对于所有的 $p \in P$（P 为所有可能的概率分布的集合），计算拉格朗日函数 $\Lambda(p,\lambda)$ 的无约束最大值。令

$$p_\lambda \equiv \mathop{\mathrm{argmax}}\limits_{p \in P} \Lambda(p,\lambda) \tag{5.22}$$

$$\Psi(\lambda) \equiv \Lambda(p_\lambda,\lambda) \tag{5.23}$$

$\Psi(\lambda)$ 称为对偶函数（Dual Function），计算可得

$$p_\lambda(y \mid x) = \frac{1}{Z_\lambda(x)} \exp\left(\sum_i \lambda_i f_i(x,y)\right) \tag{5.24}$$

$$\Psi(\lambda) = -\sum_x \tilde{p}(x) \log Z_\lambda(x) + \sum_i \lambda_i \tilde{p}(f_i) \tag{5.25}$$

式中，$Z_\lambda(x)$ 是归一化常数：

$$Z_\lambda(x) = \sum_y \exp\left(\sum_i \lambda_i f_i(x,y)\right) \tag{5.26}$$

④ 最后，得到无约束对偶优化问题（Unconstrained Dual Optimization Problem），即寻找

$$\lambda^* = \mathop{\mathrm{argmax}}\limits_{\lambda} \Psi(\lambda) \tag{5.27}$$

λ^* 通过下面的 Improved Iterative Scaling 算法求解：

(1) Start with $\lambda_i = 0$ for all $i \in \{1,2,\cdots,n\}$;

(2) Do for each $i \in \{1,2,\cdots,n\}$:

a. Let $\triangle\lambda_i$ be the solution to

$$\sum_{x,y} \tilde{p}(x)p(y \mid x)f_i(x,y)\exp(\triangle\lambda_i f^{\#}(x,y)) = \tilde{p}(f_i)$$

$$\text{where} \quad f^{\#}(x,y) = \sum_{i=1}^{n} f_i(x,y)$$

b. Update the value of λ_i according to: $\lambda_i \leftarrow \lambda_i + \triangle\lambda_i$

(3) Go to step (2) if not all the λ_i have converged.

最大熵分类器已经成功应用于信息抽取、句法分析、语义角色标注等多个自然语言处理领域。最大熵模型能够较为准确地给出每个输出的概率值，并且方便地处理多类问题，另外最大熵模型较支持向量机有更快的训练速度。然而，最大熵模型也并非完美，首先是其不便于使用复杂的结构特征，其次不支持特征自动组合，需要手工组合特征的缺点也限制了其性能的进一步提高。

5.5 感 知 器

感知器分类器最早由 Rosenblatt 提出(Rosenblatt,1962),其又被称作错误驱动的方法,基本思想是对于权值向量 $\boldsymbol{\omega}$ 和一个新的训练实例 x,如果权值向量 $\boldsymbol{\omega}$ 对应的超平面不能将 x 正确地分开,就可利用 x 来修正 $\boldsymbol{\omega}$。可对训练数据反复迭代这一过程,直至所有的训练实例都能正确分开(如果是线性可分)。因此,它也是一种线性分类器,能够快速处理数据线性可分问题。

感知器的基本组成单位是神经元(Neuron),每一个神经元是一个二元线性分类器,对应的线性函数为 $g(x)=(\omega\cdot x)+b$。神经元的数学模型如图5.6所示,其中,x_j 是输入的 n 维特征向量 $\boldsymbol{x}$ 的第 j 个分量,ω_j 是该分类器第 j 个分量的权重,y 是输出的类别。偏差 b 的加入使得网络多了一个可调参数,为使网络输出达到期望的目标矢量提供了方便。

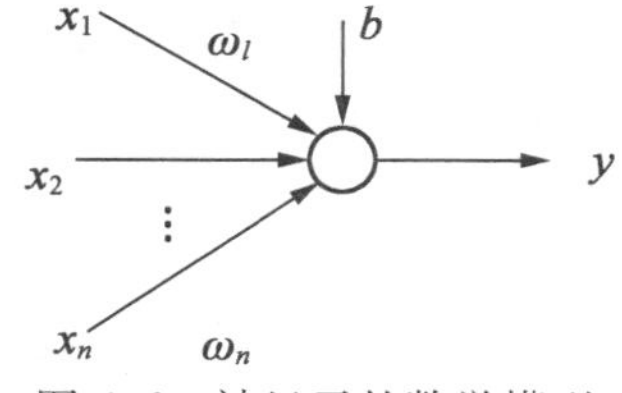

图5.6 神经元的数学模型

感知器的神经元是生物神经细胞的简单抽象。神经细胞结构大致可分为:树突、突触、细胞体及轴突,如图5.7所示。单个神经细胞可被视为一种只有两种状态的机器——激动时为‘是’,未激动时为‘否’。神经细胞的状态取决于从其他的神经细胞收到的输入信号量,及突触的强度(抑制或加强)。当信号量总和超过了某个阈值时,细胞体就会激动,产生电脉冲。电脉冲沿着轴突并通过突触传递到其他神经元。为了模拟神经细胞行为,与之对应的感知器基础概念被提出,如权量(突触)、偏置(阈值)及激活函数(细胞体)。

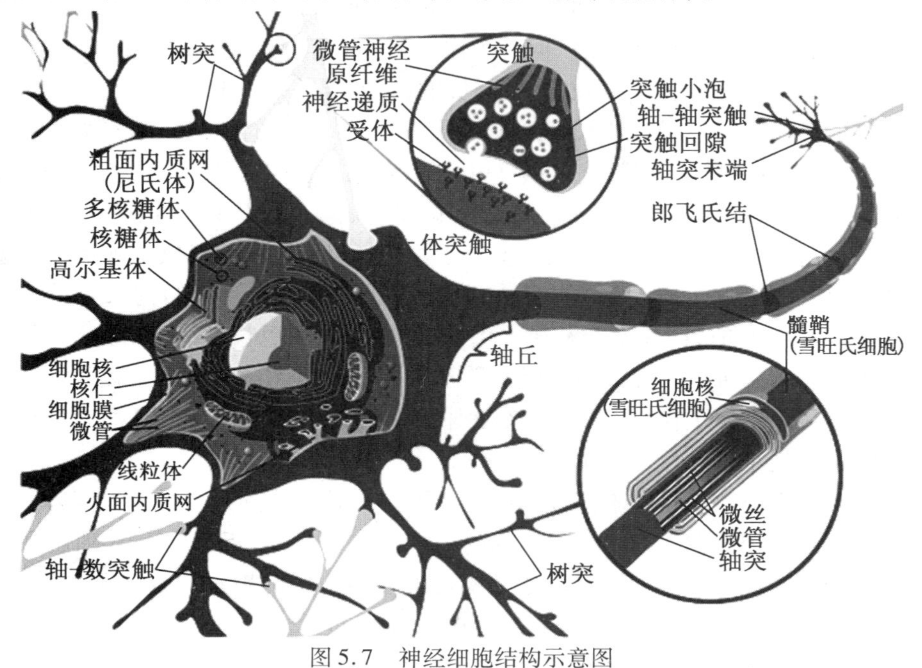

图5.7 神经细胞结构示意图

由单个神经元组成的感知器可以用来作为二类线性分类器。而由若干个感知神经元组成的单层网络感知器可以用来作为多类线性分类器,如图5.8所示。其中,ω_{ij}为第i个神经元中对应于第j个分量的权重。

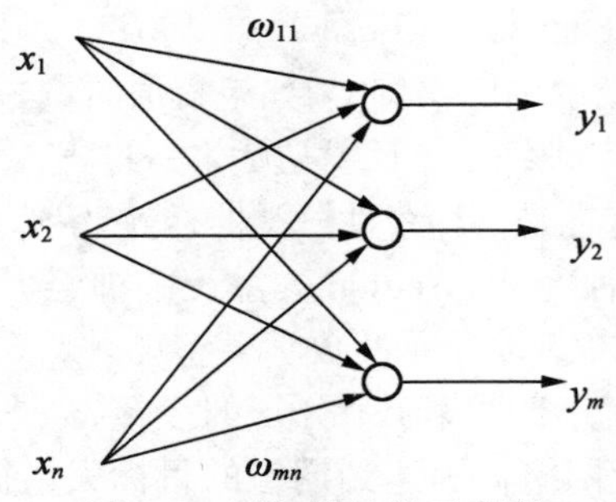

图5.8 感知器结构示意图

要使感知器模型实现某种功能,就必须对它进行训练,让它逐步学会要做的事情,并把所学到的知识记忆在网络的权值 $W=\{\omega_{ij}\}$ 和 $B=\{b_i\}$ 中。感知器权值的确定不是通过计算,而是通过网络的自身训练来完成的。这也是人工神经网络在解决问题的方式上与其他方法的最大不同点。借助于计算机的帮助,几百次甚至上千次的网络权值的训练与调整过程能够在很短的时间内完成。感知器学习算法的基本思想如下:

对于输入矢量为 $\boldsymbol{x}$,输出矢量为 $\boldsymbol{y}$,目标矢量为 $\boldsymbol{t}$ 的感知器网络,感知器的学习规则是根据输出矢量可能出现的以下几种情况来进行参数调整。

(1)如果第 i 个神经元的输出是正确的,即有 $y_i=t_i$,那么与第 i 个神经元联接的权值 ω_{ij} 和偏差值 b_i 保持不变。

(2)如果第 i 个神经元的输出是0,但期望输出为1,即有 $y_i=0$,而 $t_i=1$,此时权值修正算法为:新的权值 ω_{ij} 等于旧的权值 ω_{ij} 加上 $\boldsymbol{x}_j$;类似的,新的偏差 b_i 为旧偏差 b_i 加上它的输入1。

(3)如果第 i 个神经元的输出为1,但期望输出为0,即有 $y_i=1$,而 $t_i=0$,此时权值修正算法为:新的权值 ω_{ij} 等于旧的权值 ω_{ij} 减去 $\boldsymbol{x}_j$;类似的,新的偏差 b_i 为旧偏差 b_i 减去1。

感知器的训练过程如下:初始时,赋给权矢量 $\boldsymbol{\omega}$ 在$(-1,1)$的随机非零初始值。在输入矢量 $\boldsymbol{x}$ 的作用下,计算网络的实际输出 $\boldsymbol{y}$,并与相应的目标矢量 $\boldsymbol{t}$ 进行比较,检查 $\boldsymbol{y}$ 是否等于 $\boldsymbol{t}$,然后用比较后的误差量,根据学习规则进行权值和偏差的调整;重新计算网络在新权值作用下的输入,重复权值调整过程,直到网络的输出 $\boldsymbol{y}$ 等于目标矢量 $\boldsymbol{t}$ 或训练次数达到事先设置的最大值时训练结束。若在设置的最大训练次数内,网络未能够完成在给定的输入矢量 $\boldsymbol{x}$ 的作用下使 $\boldsymbol{y}=\boldsymbol{t}$ 的目标,则可以通过改用新的初始权值与偏差,并采用更长训练次数进行训练,或分析一下所要解决的问题是否属于那种由于感知器本身的限制而无法解决的一类。

感知器的学习规则属于梯度下降法,该法则已被证明:如果解存在,则算法在有限次的循环迭代后可以收敛到正确的目标矢量。

感知器主要的本质缺陷是它不能处理线性不可分问题。特别是待处理的实际问题多为线性不可分的。因此感知器在经过了一段时间的发展后,沉寂了将近20年,直到后来人们想出各种使感知器能够处理非线性问题时它才又焕发了活力。人们想到的方法不外乎两种:①使用多层感知器,即人工神经网络(Artifical Neural Network)。②使用核(Kernel)方法,将低维不可分问题映射到高维空间,变成线形可分问题。在人工神经网络领域中,感知器也被用来指单层的人工神经网络,以区别于较复杂的多层感知器(Multilayer Perceptron)。人工神经网络的方法由于其要求较大的数据量,对学习结果不可控制,而且还很难加入人们的先验知识,因此在对自然语言处理等复杂问题的处理上,往往显得力不从心,于是逐渐淡出人们的视野。而核方法克服了人工神经网络方法的缺点,逐渐为人们所重视。Freund 等人于 1998 年提出的基于投票的感知器算法(Voted Perceptron)(Freund et al. ,1998)是对原始感知器方法的一种改进,其中融入了支持向量机中最大边缘(Large Margin)的思想。

5.6 Boosting

Boosting 方法(Schapire,1990)是一种用来提高弱(Weak)分类算法(识别错误率小于 1/2,也即准确率仅比随机猜测略高)准确度的方法,其基本思想是组合多个弱分类器,Schapire 等人证明组合这些弱分类器可以形成一个强分类器。Boosting 是一种框架算法,Boosting 框架通过对训练样本集进行操作,得到不同的训练样本子集,每得到一个样本子集就采用一个弱分类算法在该样本集上产生一个基分类器,这样在给定训练轮数 T 后,就可产生 T 个基分类器,然后 Boosting 框架算法将这 T 个基分类器进行加权融合,产生一个最终的分类器。在产生单个的基分类器时可用相同的分类算法,也可用不同的分类算法。

Boosting 算法在解决实际问题时有一个重大的缺陷是要求事先知道弱分类算法分类正确率的下限,这在实际问题中很难做到。1995 年, Freund 和 Schapire 改进了 Boosting 算法,提出了 AdaBoost (Adaptive Boosting)算法(Freund et al. ,1995)。AdaBoost 算法流程如图 5.9 所示。AdaBoost 在整个训练集上维护一个分布权值向量 $\boldsymbol{D}(x)$,用赋予权重的训练集通过弱分类算法产生分类假设 $h(x)$,即基分类器,然后计算它的错误率,用得到的错误率去更新分布权值向量 $\boldsymbol{D}(x)$,对错误分类的样本分配更大的权值,正确分类的样本赋予更小的权值,即在后面的训练学习中集中对错误分类的样本进行学习。每次更新后用相同的弱分类算法产生新的分类假设,从而得到 T 个弱的基分类器,$h_1, h_1, \cdots, h_T$,其中 h_t 有相应的权值 ω_t,并且其权值大小根据该基分类器的效果而定。最后的分类器由生成的多个基分类器加权联合产生。

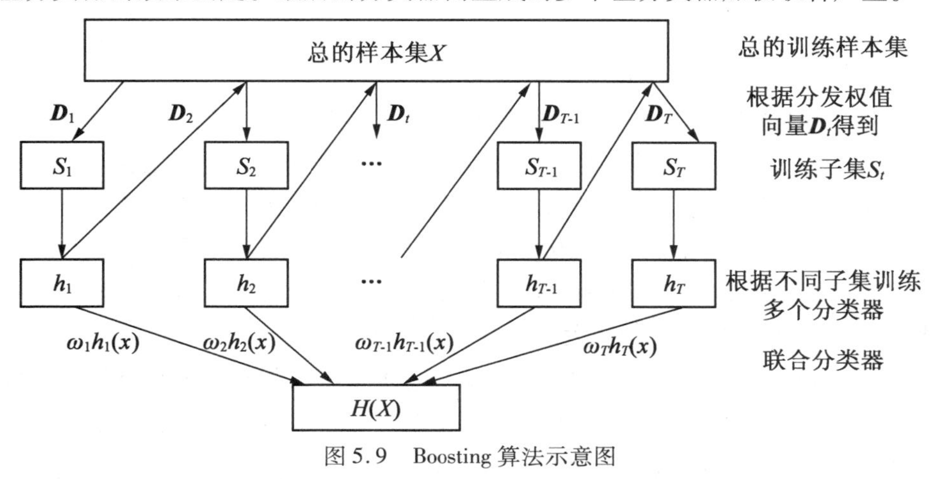

图 5.9 Boosting 算法示意图

完整的 AdaBoost 算法描述如下：

给定一组训练数据$(x^1,y^1),(x^2,y^2),\cdots,(x^l,y^l)$，其中，$x\subseteq\mathbf{R}^n$，$y^i\in\{-1,+1\}$。

(1)初始化 $D_1(i)=1/l$。

(2)For $t=1,2,\cdots,T$,

① 利用赋予权重 $\boldsymbol{D}_t$ 的训练集通过弱分类算法产生分类假设 $h_t:\mathbf{R}^n\to\{-1,+1\}$。

② 计算基分类器 h_t 的错误率

$$\varepsilon_t=\Pr_{i\sim D_t}[h_t(x^i)\neq y^i] \tag{5.28}$$

③ 计算基分类器 h_t 的权重

$$\omega_t=\frac{1}{2}\ln(\frac{1-\varepsilon_t}{\varepsilon_t}) \tag{5.29}$$

④ 更新权重 $\boldsymbol{D}$

$$\boldsymbol{D}_{t+1}(i)=\frac{\boldsymbol{D}_t(i)}{Z_t}\times\begin{cases}e^{-\omega_t} & \text{if } h_t(x^i)=y^i\\ e^{\omega_t} & \text{if } h_t(x^i)\neq y^i\end{cases}=\frac{\boldsymbol{D}_t(i)\exp(-\omega_t y^i h_t(x^i))}{Z_t} \tag{5.30}$$

式中，Z_t 为归一化因子。

(3) 输出最终的分类假设。

$$H(x)=\operatorname{sign}(\sum_{t=1}^{T}\omega_t h_t(x)) \tag{5.31}$$

该算法有以下几个特点：

①每次迭代改变的是样本的分布(Reweight)，而不是重复采样。

②样本分布的改变取决于样本是否被正确分类：总是分类正确的样本权值低，总是分类错误的样本权值高(通常是边界附近的样本)。

③最终的结果是弱分类器的加权组合，权值表示该弱分类器的性能。

本章小结

本章对常用的机器学习模型进行了简要介绍，包括决策树、贝叶斯分类器、支持向量机、最大熵模型、感知器以及 Boosting 等。其中，决策树在构造过程中通过信息增益力图尽可能将区别能力强的特征放在离树根近的地方；贝叶斯分类器根据先验概率和给定类别时观察到不同数据的概率来求解后验概率；支持向量机和最大熵模型从本质上来讲都是条件极值问题，前者是寻找样本空间中具有最大分类间隔的超平面$(\omega\cdot x)+b=0$，后者是通过条件熵为条件概率$p(y|x)$建立最均衡的模型；感知器最大的特点就是权值的确定不是通过计算，而是通过网络的自身训练来完成的，也被称作错误驱动的方法；Boosting 框架根据弱分类算法依次训练若干个基分类器，每得到一个基分类器就根据其效果更新训练数据集合的分布权值向量，最后的分类器由生成的多个基分类器根据其效果加权联合产生。

思考练习

1. 画出表示下面布尔函数的决策树：

(1) A ∧ ~B。

(2) A ∨ [B ∧ C]。

(3) [A ∧ B] ∨ [C ∧ D]。

2. 考虑下面的训练样例集合：

实例	分类	f_1	f_2
1	+	T	T
2	+	T	T
3	–	T	F
4	+	F	F
5	–	F	T
6	–	F	T

(1) 请计算这个训练样例集合关于目标函数分类的熵。

(2) 请计算特征 f_2 相对这些训练样例的信息增益。

(3) 试比较各种机器学习方法的优缺点。

(4) 试探讨各种机器学习方法可以在自然语言处理中的哪些方面得到运用。

第6章 字符编码与字频统计

字符是文字和符号的总称,包括各国家文字、标点符号、图形符号、数字等。字符是一切文本处理中最基本的单位。中文文本里出现的一般是双字节的中文字符(包括汉字、中文标点等),有时也出现一些单字节字符(俗称“西文字符”)。用计算机分析中文文本,需要了解字符编码的一些基本知识。

通常所说的字符编码有两种意思,一是指输入编码(外码),即输入某个字符时需要敲哪些键;二是指机内编码(内码),即在计算机上用什么数值来表示和存储某个字符。对于西文字符来说,外码不成问题,因为每个西文字符在键盘上都有对应的键。例如,要输入字母“a”只需敲相应的键就可以了。输入汉字用什么样的外码,跟具体的汉字输入系统有关。例如,用“智能 ABC”系统输入“我”字,可以敲“wo”这两个字母键,也可以只敲“w”键(简码);而用“五笔字型码” 输入“我”字,则需要敲“TRNT”四个键。一个汉字不管用什么外码输入,到了机器里都是一样的内码。因此,汉字的外码只是研制汉字输入系统时要考虑的问题,跟文本的自动分析没有关系(陈小荷,2000)。以下只讨论字符的内码。

6.1 西文字符编码

在计算机上,西文字符的内码一般是由美国标准信息交换码(American Standard Code for Information Interchange, ASCII)体系规定的,通称“ASCII 码”。在过去,每一台计算机都有各自的数据表达方式,使计算机之间不能沟通。直到 1960 年代 ASCII 码的出现,计算机之间才可以互相沟通。ASCII 码由美国国家标准局(ANSI)制定,1972 年被国际标准化组织(ISO)定为国际标准,称为 ISO 646 标准。

表 6.1 是 ASCII 码的 7 位版本,包括阿拉伯数字(10 个)、英文字母(52 个)、标点符号和运算符号(32 个)及控制码(34 个),共计 128 个字符($2^7=128$)。8 位 ASCII 码在 7 位 ASCII 码的基础上增加了英文之外的其他西文字母和一些制表符,共 256 个字符($2^8=256$)。后增的这些字符高位均为 1,也就是说,这些字符的 ASCII 码都大于 127。

表 6.1 ASCII 码的 7 位版本

	0000	0001	0010	0011	0100	0101	0110	0111
0000	NUL	DLE	SP	0	@	P	`	p
0001	SOH	DC1	!	1	A	Q	a	q
0010	STX	DC2	"	2	B	R	b	r
0011	ETX	DC3	#	3	C	S	c	s

续表 6.1

	0000	0001	0010	0011	0100	0101	0110	0111
0100	EOT	DC4	MYM	4	D	T	d	t
0101	ENQ	NAK	%	5	E	U	e	u
0110	ACK	SYN	&	6	F	V	f	v
0111	BEL	ETB	’	7	G	W	g	w
1000	BS	CAN	(	8	H	X	h	x
1001	HT	EM	)	9	I	Y	i	y
1010	LF	SUB	*	:	J	Z	j	z
1011	VT	ESC	+	;	K	[	k	{
1100	FF	FS	,	<	L	\	l	|
1101	CR	GS	-	=	M	]	m	}
1110	SO	RS	.	>	N	^	n	~
1111	SI	US	/	?	O	_	o	DEL

6.2 中文字符编码

中文字符有好几种编码体系，如国标码（GB2312）、大五码（Big5）、GB 13000、国标扩展码（GBK）、GB 18030 等。以下分别进行介绍。

6.2.1 国标码

中国在 20 世纪 70 年代中后期刚开始研究汉字信息处理技术时，尚没有汉字编码的国家标准，各个研发单位自行制定所使用的汉字代码。但有一点是共同的，汉字代码至少需用两个字节表示。由于各研发单位所使用的代表同一个汉字的两个字节编码规则不同，因此系统间不能方便地交换汉字信息。1980 年，原中国国家标准总局发布了国标码（GB 2312 标准，即《信息交换用汉字编码字符集——基本集》）。国标码用两个字节表示一个汉字，每个字节的 ASCII 码都大于 127，具体地说，是 161（A1）~254（FF）之间的整数，因此编码空间有 94 × 94 = 8 836 个码位，其中定义了 7 445 个字符（汉字 6 763 个），另外有 1 391 个空位。编一段小程序就可以把每个字符以及该字符两个字节的 ASCII 码写到一个文本文件中（陈小荷，2000）。

```
void OnGB2312()
{
FILE *outfile;
outfile = fopen("gb2312-80.chr","wt");
unsigned char i,j;
for(i = 161;i < 255;i ++)
    for(j = 161;j < 255;j ++)
fprintf(outfile,"%c%c,%d,%d\n",i,j,i,j);
fclose(outfile);
AfxMessageBox("ok!");
return;
}
```

通过观察程序产生的文件 gb2312－80. chr,可以得到如表 6.2 所示的各类字符分布情况。

表 6.2 GB2312 中各类字符分布情况

首字节 ASCII 码	字符类型
161	标点、一般符号(202)
162	序号(60)
163	数字(22)、拉丁字母(52)
164	日文假名(169)
165	
166	希腊字母(48)
167	俄文字母(66)
168	汉语拼音符号(26) 汉语注音字母(37)
176～215	一级汉字(3 755 个) 按汉语拼音顺序排序
216～247	二级汉字(3 008 个) 按部首排列

可见,首字节 ASCII 码在 161～168 的为非汉字字符,176～247 的才是汉字。这些汉字又分为两级,一级汉字是最常用的,从"啊"到"座",首字节 ASCII 码为 176～215,共 3 755 个,按汉语拼音顺序排列。同音字按笔形顺序排列,起笔相同按第二笔,依此类推。二级汉字是次常用的,从"亍"到"齄",首字节 ASCII 码为 216～247,共 3 008 个,按部首排列。同部首字按笔画数排列,同笔划数的字按笔形顺序排列,起笔相同按第二笔,依此类推。

国标码用两位十六进制数表示一个汉字,因为十六进制数我们很少用到,所以大家常用的是区位码,它的前两位叫作区码,后两位叫作位码。前面我们说过,国标码的编码空间为 94(行)×94(列),由此构成一个方阵,如图 6.1 所示,每一横行叫一个"区",每个区有 94 个"位"。一个汉字在方阵中的坐标,称为该字的"区位码"。

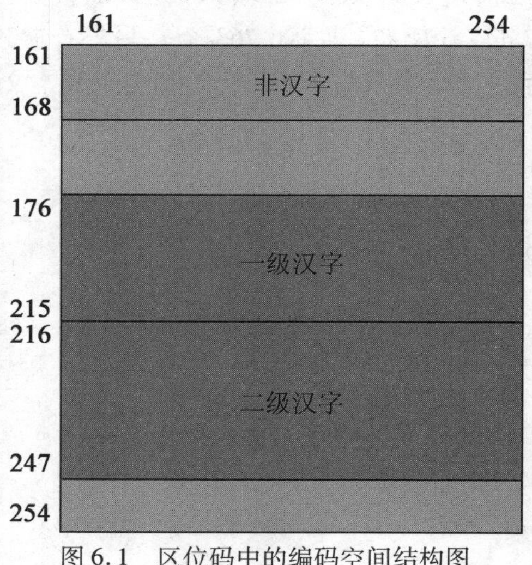

图 6.1 区位码中的编码空间结构图

图 6.2 给出了部分一级汉字的区位码,例如,"爸"的区位码为 1655(它的前两位叫作区

码，后两位叫作位码）。二级汉字和非汉字区的区位码如图6.3和图6.4所示。

16区		1	2	3	4	5	6	7	8	9
0		啊	阿	埃	挨	哎	唉	哀	皑	癌
1	蔼	矮	艾	碍	爱	隘	鞍	氨	安	俺
2	按	暗	岸	胺	案	肮	昂	盎	凹	敖
3	熬	翱	袄	傲	奥	懊	澳	芭	捌	扒
4	叭	吧	笆	八	疤	巴	拔	跋	靶	把
5	耙	坝	霸	罢	爸	白	柏	百	摆	佰
6	败	拜	稗	斑	班	搬	扳	般	颁	板
7	版	扮	拌	伴	瓣	半	办	绊	邦	帮
8	梆	榜	膀	绑	棒	磅	蚌	镑	傍	谤
9	苞	胞	包	褒	剥					

17区		1	2	3	4	5	6	7	8	9
0		薄	雹	保	堡	饱	宝	抱	报	暴
1	豹	鲍	爆	杯	碑	悲	卑	北	辈	背
2	贝	钡	倍	狈	备	惫	焙	被	奔	苯
3	本	笨	崩	绷	甭	泵	蹦	迸	逼	鼻
4	比	鄙	笔	彼	碧	蓖	蔽	毕	毙	毖
5	币	庇	痹	闭	敝	弊	必	辟	壁	臂
6	避	陛	鞭	边	编	贬	扁	便	变	卞
7	辨	辩	辫	遍	标	彪	膘	表	鳖	憋
8	别	瘪	彬	斌	濒	滨	宾	摈	兵	冰
9	柄	丙	秉	饼	炳					

图6.2　一级汉字的区位码举例

56区		1	2	3	4	5	6	7	8	9
0		亍	丌	兀	丐	廿	卅	丕	亘	丞
1	鬲	孬	噩	丨	禺	丿	匕	乇	夭	爻
2	卮	氐	囟	胤	馗	毓	睾	鼗	丶	亟
3	鼐	乜	乩	亓	芈	孛	啬	嘏	仄	厍
4	厝	厣	厥	厮	靥	赝	匚	叵	匦	匮
5	匾	赜	卦	卣	刂	刈	刎	刭	刳	刿
6	剀	剌	剞	剡	剜	蒯	剽	劂	劁	劐
7	劓	冂	罔	亻	仃	仉	仂	仨	仡	仫
8	仞	伛	仳	伢	佤	仵	伥	伧	伉	伫
9	佞	佧	攸	佚	佝					

57区		1	2	3	4	5	6	7	8	9
0		佟	佗	伲	伽	佶	佴	侑	侉	侃
1	侏	佾	佻	侪	佼	侬	侔	俦	俨	俪
2	俅	俚	俣	俜	俑	俟	俸	倩	偌	俳
3	倬	倏	倮	倭	俾	倜	倌	倥	倨	偾
4	偃	偕	偈	偎	偬	偻	傥	傧	傩	傺
5	僖	儆	僭	僬	僦	僮	儇	儋	仝	氽
6	佘	佥	俎	龠	汆	籴	兮	巽	黉	馘
7	冁	夔	勹	匍	訇	匐	凫	夙	兕	亠
8	兖	亳	衮	袤	亵	脔	裒	禀	嬴	蠃
9	羸	冫	冱	冽	冼					

图6.3　二级汉字的区位码举例

01区		1	2	3	4	5	6	7	8	9
0			、	。	·	ˉ	ˇ	¨	〃	々
1	—	～	‖	…	‘	’	“	”	〔	〕
2	〈	〉	《	》	「	」	『	』	〖	〗
3	【	】	±	×	÷	∶	∧	∨	∑	∏
4	∪	∩	∈	∷	√	⊥	∥	∠	⌒	⊙
5	∫	∮	≡	≌	≈	∽	∝	≠	≮	≯
6	≤	≥	∞	∵	∴	♂	♀	°	′	″
7	℃	＄	¤	￠	￡	‰	§	№	☆	★
8	○	●	◎	◇	◆	□	■	△	▲	※
9	→	←	↑	↓	〓					

02区		1	2	3	4	5	6	7	8	9
0		ⅰ	ⅱ	ⅲ	ⅳ	ⅴ	ⅵ	ⅶ	ⅷ	ⅸ
1	ⅹ							⒈	⒉	⒊
2	⒋	⒌	⒍	⒎	⒏	⒐	⒑	⒒	⒓	⒔
3	⒕	⒖	⒗	⒘	⒙	⒚	⒛	⑴	⑵	⑶
4	⑷	⑸	⑹	⑺	⑻	⑼	⑽	⑾	⑿	⒀
5	⒁	⒂	⒃	⒄	⒅	⒆	⒇	①	②	③
6	④	⑤	⑥	⑦	⑧	⑨	⑩			㈠
7	㈡	㈢	㈣	㈤	㈥	㈦	㈧	㈨	㈩	
8		Ⅰ	Ⅱ	Ⅲ	Ⅳ	Ⅴ	Ⅵ	Ⅶ	Ⅷ	Ⅸ
9	Ⅹ	Ⅺ	Ⅻ							

图6.4　非汉字区的区位码举例

国标码总共6 763个汉字，对于处理一般的现代汉语文本来说是够用了，但是有些人名、地名用字在国标码汉字中就没有，例如“镕”字（读者看到的这个字是用国标扩展码输入的）。至于处理古代汉语文本，国标码就更不够用了。

6.2.2　大五码

大五码是中国台湾地区标准汉字字符集（CNS11643）。Big5码的产生，是因为当时台湾地区不同厂商各自推出不同的编码，如倚天码、IBM PS55、王安码等，彼此不能兼容；另一方面，中国台湾当时尚未推出官方的汉字编码,而中国内地的 GB2312 编码亦未收录繁体中文字。1983 年 10 月,“国科会”“教育部国语推行委员会”“中央标准局”“行政院”等共同制定了《通用汉字标准交换码》,后经修订于 1992 年 5 月公布,更名为《中文标准交换码》,Big 5 是中国台湾资讯工业策进会和五间软件公司——宏碁(Acer)、神通(MiTAC)、佳佳、零壹(Zero One)、大众 (FIC)根据以上标准制定的编码方案。

大五码的编码空间见表 6.3。以图形坐标表示如图 6.5 所示。

表 6.3 大五码的码位范围分配图

	第一字节 ASCII 码	第二字节 ASCII 码
非汉字区	161 ~ 163	64 ~ 126
汉字区	164 ~ 249	64 ~ 126、161 ~ 254

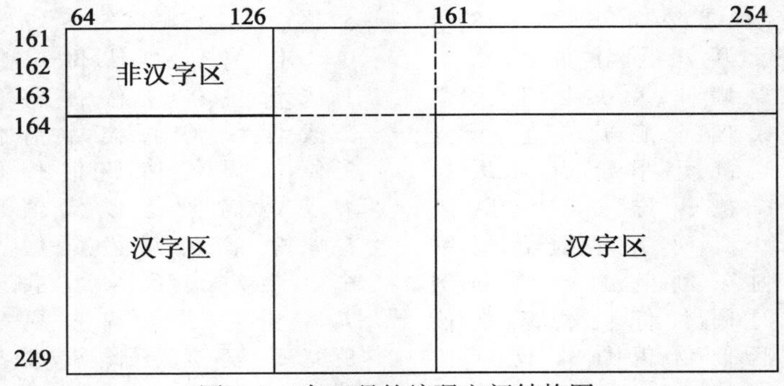

图 6.5 大五码的编码空间结构图

大五码有 13 053 个字符,其中常用汉字 5 401 个,次常用汉字 7 652 个,都是按笔画数和部首排列的。大五码能方便地处理现代汉语文本和一般的古代汉语文本。例如,分析中国台湾、中国香港的现代汉语文本,就不能不知道大五码的编码知识。

6.2.3 Unicode 与 ISO/IEC 10646

为了在电脑及电子装置内处理各地区本身的字符,世界各地采用了不同的编码标准。例如中国香港及中国台湾使用繁体字,通常采用“大五码”,中国内地使用简体字,通常采用“国标码”。可惜,各种不同的编码标准互不兼容,一个编码在不同的编码标准内可能代表不同的字符。当某台电脑上发出的电子资讯传到另一电脑上时,假若两台电脑采用了不同的编码标准,即使通过转码,也可能会出现乱码或某些字符不能正确地显示等问题。

为了提供一套统一的字符编码标准,包含世界上所有文字,使电子通信及资料交换不需转码,并且可以在一个电脑平台上处理多种语言文本,国际标准组织于 1984 年 4 月成立了ISO - 10646 工作组,针对各国文字、符号进行统一性编码。

20 世纪 80 年代末,美国的 HP、Microsoft、IBM、Apple 等大企业成立联盟集团 Unicode Consortium,该集团的宗旨也是要推进多文种的统一编码。Unicode 组织在 1991 年首次发布了 The Unicode Standard(ISBN 0 - 321 - 18578 - 1)。Unicode 组织认为,国际标准组织如果在统一编码方案中用 4 个字节表示每个字符,则占用太多存储空间,对于节约硬件资源不利。因此,Unicode 组织积极参加 ANSI X3L2 多字节编码委员会的工作,该委员会是美国负责 ISO 10646

的全国性机构，他们做此努力的目的是：

第一，保证 Unicode 能符合国际标准的规定；

第二，按 Unicode 的方向影响 ISO 10646 的设计形式（如果不行，则保证 ISO 10646 的设计不会妨碍与 Unicode 的代码转换）；

第三，促使其他国家和公司了解 Unicode 方式优于 ISO 10646 的方面。

Unicode 组织获得了 ANSI X3L2 委员会的批准，并把 Unicode 的主要原则写入 ISO 10646（文件号 X3L2/89—195，《ISO DP10646 修改提议》）。ANSI 支持这项提议的基本动机是要避免存在两个独立的多字节标准。

Unicode 标准（The Unicode Standard ）与 ISO 10646 国际编码标准从内容上来说是同步一致的。在 1991 年，Unicode 组织与 ISO 国际标准化组织决定共同制订一套适用于多种语言文本的通用编码标准。自此以后，两个组织便一直紧密合作，同步发展统一码（Unicode）及 ISO 10646 国际编码标准。国际标准化组织提供 ISO 10646 标准内的字符及编码资料，Unicode 组织则对这些字符及编码资料提出应用的方法以及语义资料进行补充。Unicode 3.0 版本与 ISO 10646 国际编码标准所包含的字符及使用的编码是相同的，包括东亚的汉字字符。Unicode 可被视为是 ISO/IEC 10646 的实践版，支援 Unicode 的产品，亦支援 ISO/IEC 10646 国际编码标准。

国际标准化组织于 1993 年发表 ISO 10646 国际编码标准的首个版本 ISO/IEC 10646 - 1：1993，该标准的全称为：Information Technology - Universal Multiple - Octet Coded Character Set（信息技术——通用多八位编码字符集），简称 UCS，亦称大字符集。

“ISO/IEC 10646”的体系结构如图 6.6 所示，采用四维的编码空间。根据最高位为 0 的最高字节分成 $2^7=128$ 个组（Group），每个组再根据次高字节分为 256 个平面（Plane），每个平面根据第 3 个字节分为 256 行（Row），每行有 256 个码位（Cell）。Group 0 的 Plane 0 被称作基本多文种平面（Basic Multilingual Plane，BMP），是目前实际应用的 Unicode 版本（2 字节）。

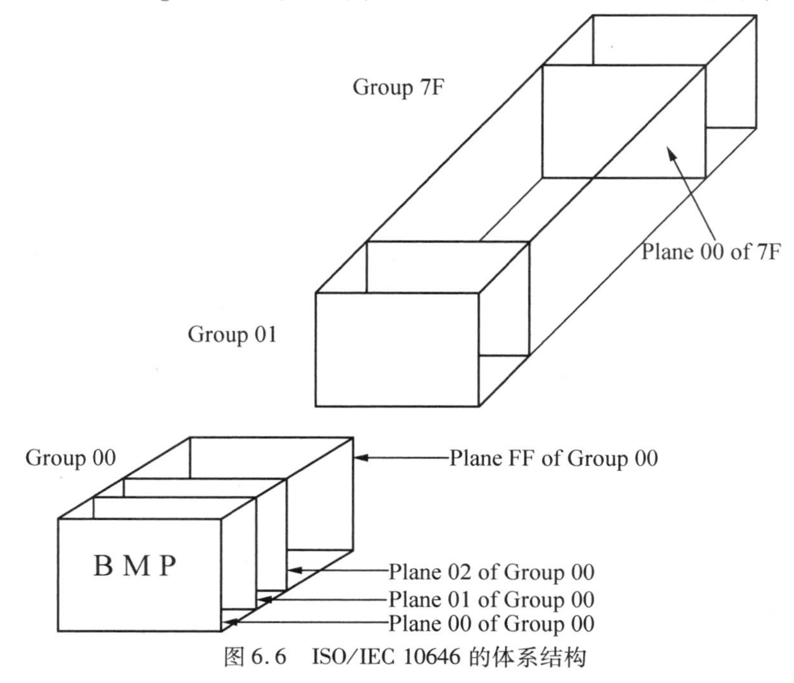

图 6.6　ISO/IEC 10646 的体系结构

BMP 概貌如图 6.7 所示。其中的中日韩统一表意文字（CJK Unified Ideographs）通过采用汉字认同规则,各国家/地区的汉字统一编码,既满足了各国家/地区对编码汉字数目的实际需求,又不至于由于汉字在 BMP 占据的码位过多而影响到其他文字的编码。

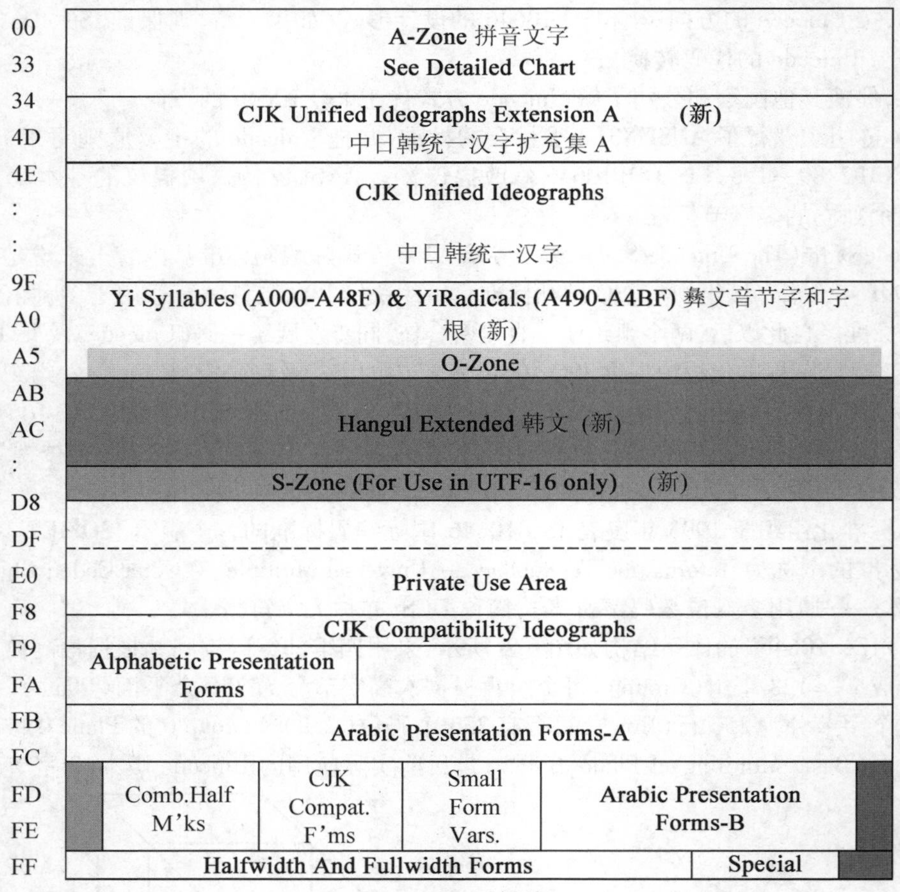

图 6.7 BMP 概貌

一个字符的 Unicode 编码是确定的。但是在实际传输过程中,由于不同系统平台的设计不一定一致,以及出于节省空间的目的,对 Unicode 编码的实现方式有所不同。Unicode 的实现方式称为 Unicode 转换格式(Unicode Translation Format,UTF),如 UTF-8、UTF-16 和 UTF-32 等。对于一个仅包含基本 7 位 ASCII 字符的 Unicode 文件,如果每个字符都使用 2 字节的原 Unicode 编码传输,其第一字节的 8 位始终为 0,这就造成了比较大的浪费。对于这种情况,可以使用 UTF-8编码,这是一种变长编码,它将基本 7 位 ASCII 字符仍用 7 位编码表示,占用一个字节(首位补 0)。而遇到与其他 Unicode 字符混合的情况,将按一定算法转换,每个字符使用 1~3 个字节编码,并利用首位为 0 或 1 进行识别。具体来说,从 Unicode 到 UTF-8 的编码方式见表 6.4。

表 6.4 从 Unicode 到 UTF-8 的编码方式

Unicode 编码(16 进制)	UTF-8 字节流(二进制)
000000 - 00007F	0xxxxxxx
000080 - 0007FF	110xxxxx 10xxxxxx

续表 6.4

Unicode 编码(16 进制)	UTF-8 字节流(二进制)
000800 - 00FFFF	1110xxxx 10xxxxxx 10xxxxxx
010000 - 10FFFF	11110xxx 10xxxxxx 10xxxxxx 10xxxxxx

例如,“汉”字的 Unicode 编码是 0x6C49。0x6C49 在 0x0800 ~ 0xFFFF 之间,因此使用 3 字节模板:1110xxxx 10xxxxxx 10xxxxxx。将 0x6C49 写成二进制是:0110 1100 0100 1001,用这个比特流依次代替模板中的 x,得到:11100110 10110001 10001001,即 E6 B1 89。

这样对以 7 位 ASCII 字符为主的西文文档就大大节省了编码长度。类似地,对未来会出现的需要 4 个字节的辅助平面字符和其他 UCS-4 扩充字符,2 字节编码的 UTF-16 也需要通过一定的算法进行转换。

中国也派出了工作组参与 ISO/IEC 10646 标准的制定,中国相应于 ISO/IEC 10646 的国家标准是 GB 13000.1—93,全称为《信息技术　通用多八位编码字符集(UCS) 第一部分:体系结构与基本多文种平面》。此标准等同采用国际标准 ISO/IEC 10646.1:1993《信息技术　通用多八位编码字符集(UCS) 第一部分:体系结构与基本多文种平面》。GB 13000 的字符集包含 20 902 个汉字。

6.2.4　国标扩展码

为了推进 Unicode 的实施,同时也是为了向下兼容,由电子部与国家技术监督局于 1995 年 12 月 1 日联合颁布国标扩展码(GBK,全称:汉字内码扩展规范)。GBK 向下与 GB 2312 完全兼容,向上支持 ISO 10646 国际标准,在前者向后者过渡过程中起到了承上启下的作用。在保持 GB 2312原貌的基础上,将其字汇扩充至与 ISO 10646 中的 CJK 等量,同时也包容了台湾的工业标准 Big5 码汉字,以上合计 20 902 个汉字,此外还为用户留了 1 894 个码位的自定义区。

GBK 的编码空间如下:第一字节 ASCII 码 129 ~ 254,第二字节 ASCII 码 64 ~ 254(127 除外),共 20 982 个字符(20 902 个汉字)。码位分配如图 6.8 所示。

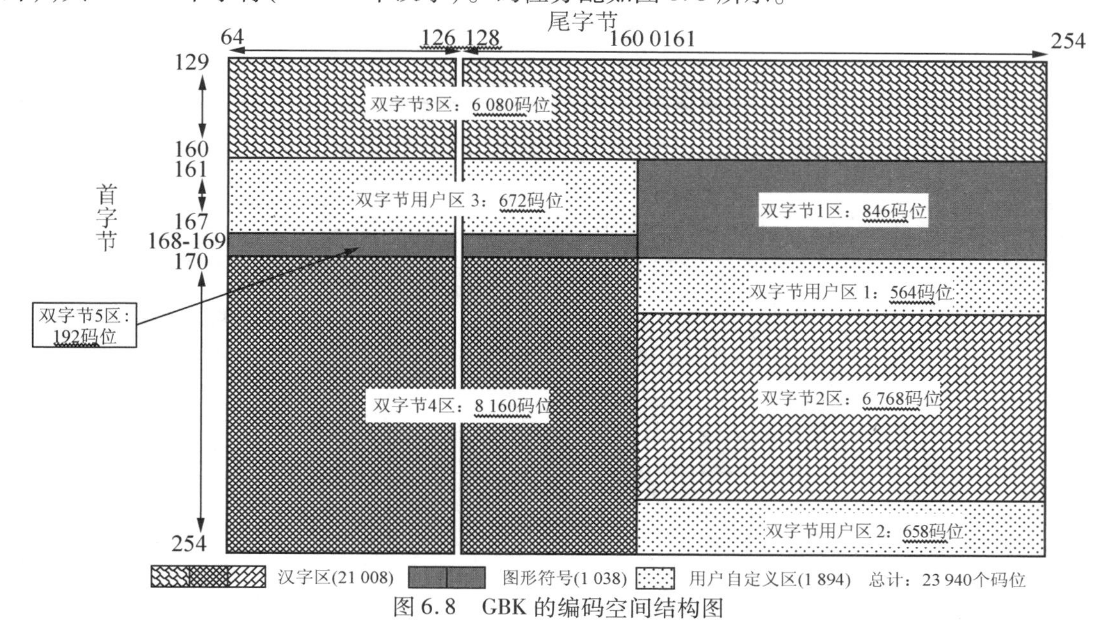

图 6.8　GBK 的编码空间结构图

GBK 不仅汉字多,而且具有以下两个特点:

第一,兼容国标码。图 6.8 中的双字节 2 区即对应国标码,也就是说,国标码中的字符,在国标扩展码中也能找到,而且编码完全相同。所增加的字符主要是现代汉语中不常用的汉字,还有一些汉字偏旁。

第二,汉字的简体与繁体共存。例如,“东”的 ASCII 码为(182,171);“東”的 ASCII 码为(150,124)。这样在同一个文本(例如,关于繁简汉字对照的文章)里可以同时使用简体汉字和繁体汉字。

6.2.5 GB 18030

GB 18030—2000 是我国继 GB 2312—1980 和 GB 13000—1993 之后最重要的汉字编码标准,全称是 GB 18030—2000《信息技术 信息交换用汉字编码字符集基本集的扩充》。它向下兼容 GBK 和GB 2312 标准。目前,GB 18030 有两个版本:GB 18030—2000 和 GB 18030—2005。GB 18030—2000 是 GBK 的取代版本,它的主要特点是在 GBK 基础上增加了 CJK 统一汉字扩充 A 的汉字。GB 18030—2005的主要特点是在 GB 18030—2000 基础上增加了 CJK 统一汉字扩充 B 的汉字。

GB 18030 采用一二四字节变长编码方式,见表 6.5。单字节部分使用 0x00 至 0x80 码位,与 ASCII 编码兼容;双字节部分采用两个八位二进制位串表示一个字符,其首字节码位从 0x81 至 0xFE,尾字节码位分别是 0x40 至 0x7E 和 0x80 至 0xFE,与 GBK 标准基本兼容;四字节部分采用 0x30 到 0x39 作为对双字节编码扩充的后缀,这样扩充的四字节编码,其范围为 0x81308130 到 0xFE39FE39。四字节部分覆盖了从 0x0080 开始,除去二字节部分已经覆盖的所有 Unicode 3.1 码位。也就是说,GB 18030 编码在码位空间上做到了与 Unicode 标准一一对应。GB 18030 的总体结构如图 6.9 所示。

表 6.5 GB 18030 的码位范围分配图

字节数	码位空间				码位数目
	第一字节	第二字节	第三字节	第四字节	
单字节	0 ~ 127				128
双字节	129 ~ 254	64 ~ 126 128 ~ 254			23 940
四字节	129 ~ 254	48 ~ 57	129 ~ 254	48 ~ 57	1 587 600

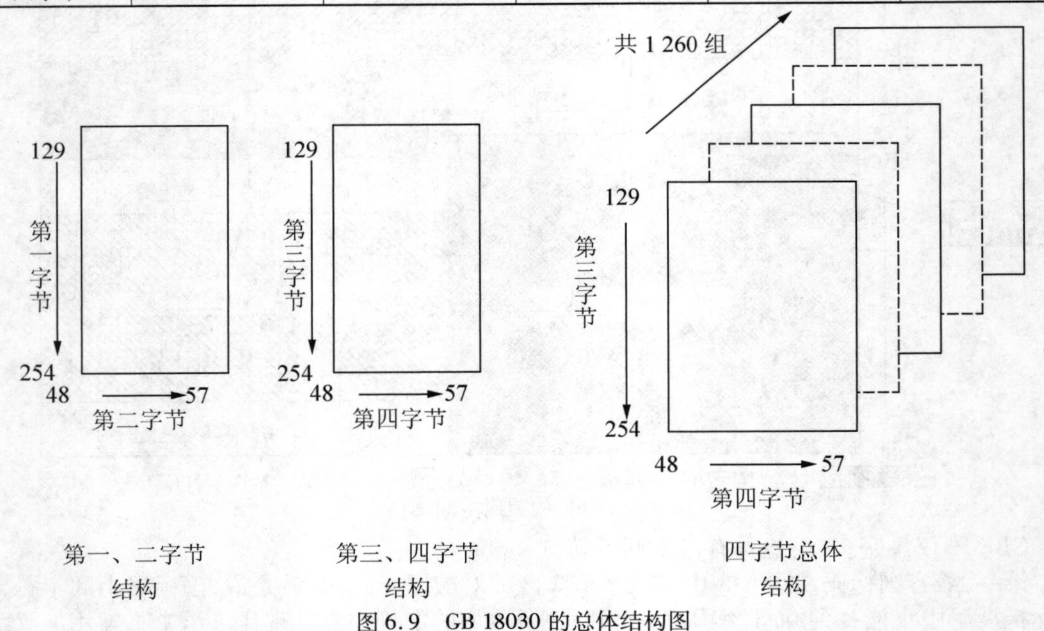

图 6.9 GB 18030 的总体结构图

几种主要的中文字符编码体系之间的关系及颁布时间如图6.10所示。

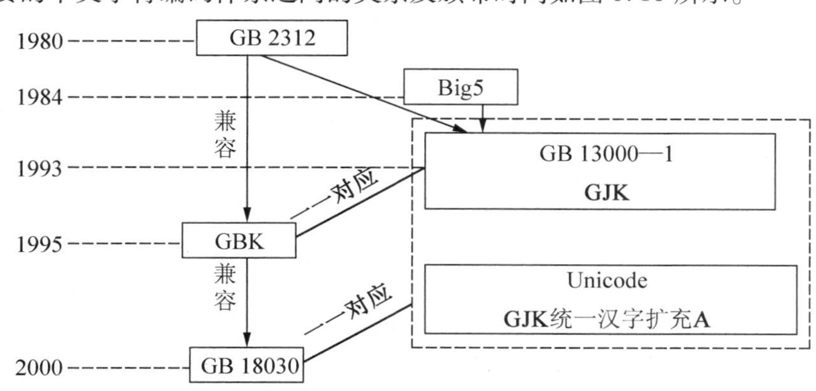

图6.10　几种主要的中文字符编码体系之间的关系

6.3　字符编码知识的作用

计算机上的一切信息都是用二进制数字来存储的,文本信息也不例外。文本文件中存储的其实并不是我们在编辑器里看到的一个个的字符,而是字符的内码。文本文件的显示则取决于当前环境:是西文环境还是中文环境;是国标码、大五码还是国标扩展码中文环境等。了解字符编码知识,对于文本自动分析编程是很重要的。这主要体现在以下两个方面(陈小荷,2000):

第一,便于表示控制字符。一般的编程语言中,控制字符无法用字符常量来表示,这时,就可以用ASCII码来表示。例如,判断一个字符ch是不是换行符,就可以写:

```
if( ch = =10 ) ……
```

第二,便于在编程中对字符进行分类。假定我们处理的文本主要是由国标码字符组成的,这时我们可以把文本中的字符分成三类:单字节西文字符(如西文标点、数字以及未经翻译的外国人名等)、汉字和其他国标码字符(如中文标点等)。下面的一个函数就起这种分类作用:

```
int charType( unsinged char * s)
{
if ( * s <128)
  return 0;  //单字节西文字符
else if ( * s > =176)
  return 1;  //汉字
else
  return 2;  //其他国标码字符
}
```

6.4　字频统计

传统语言学中经常运用统计数据对语言现象进行定量描写;计算语言学中也运用统计数据,目的在于支持语言的自动分析,其中字频和词频是最基本的统计数据。我们常常需要知道语言现象(事件)的概率,但概率往往无法直接观察到,需要从频率来估计。

6.4.1 字频统计的应用

字频统计数据可用于汉字输入、汉字识别、中文文本校对和词汇获取等许多方面。

1. 汉字输入

设计一个汉字输入系统需要对汉字进行编码,这里指汉字的外码,即输入码。一个汉字的输入码的长度,通常需要考虑这个汉字的频率,例如频率较高的输入码短些,频率较低的输入码长些,这样就能减少平均击键次数,从而缩短输入时间。

现在汉字输入系统主流是采用以词为单位的输入方式,有的甚至是以句子为单位进行输入。但是不管怎样,现代汉语文本中单字词的出现频率很高,用户输入时仍然在选择单字上花了很多工夫。如果输入系统充分利用了字与字的连续同现频率,就会尽可能地减少用户选择单字的时间。

2. 汉字识别

汉字识别包括印刷体汉字识别和手写体汉字识别,两种识别难度不同。该领域有一些特殊技术,例如抽取汉字的笔画特征,根据待识别汉字的特征来猜测它最像哪一个汉字。但是,汉语文本并不是由随机抽取的一些汉字组成的序列,字与字之间是有联系的。考虑字与字的同现关系能大大提高汉字识别的正确率。例如,单纯从字形上看,某个待识别的汉字很像是“由”、“申”或“田”,但是如果它后边一个字可以确定为“于”,就几乎可以断定它是“由”字。又如,某个字既像“这”,又像“过”,如果前一个字可确定为“把”,那么这个字是“这”的可能性大于是“过”的可能性。后一个例子表明,字频统计数据中还包含了许多非语言学的知识(“把这”不属于任何一种语法单位),而这种知识在汉字识别时也是非常有用的。

3. 中文文本校对

文本校对系统的任务是检查文本中的语法、词汇和文字方面可能存在的错误,报告给用户并提出修改建议。由于自然语言处理技术的限制,目前的文本校对系统所能做的主要集中在词汇和文字方面。就文字方面来说,中文文本校对跟汉字识别有相似的问题,它需要根据上下文来判断某个汉字是否使用正确,查出可能的“别字”。

如果所校对的文本是汉字识别的结果,或者是用基于字形的方法(如“五笔字型”)输入的,那么别字和正字往往在字形上相似,如:

【例6.1】 罢龙江与俄罗斯边培贸易一度出现繁荣局面。(黑龙江、边境)

【例6.2】 文稿形成过积中由于作者疏忽而邢成的错该叫原稿错误。(过程、形成、错误)

如果是用基于拼音的方法输入的,那么别字和正字往往在语音上相似,如:

【例6.3】 这种形为是错误的。(行为)

不管怎样,文本中的别字都跟相应的正字有着显著不同的出现规律。从正常语料中统计出来的字频数据刻画的是正字的出现规律,可以用来帮助识别别字。

4. 词汇获取

自动分词是汉语文本处理的一个首要课题。一般来说,自动分词需要一个词表,但是无法把所有的词都收进词表,那些在词表外的词就是所谓的“未登录词”。当然,未登录词中有许多是人名、地名等专有名词,研究单个的专有名词一般没有多大的语言学意义;但是未登录词中也有许多是一般词典没有收录的普通词语,以及新词、方言词、行业词等。陈小荷等曾对50万字的已经分词的现代汉语文本进行词汇统计,得到15 000多个不同的词。其中,未见于《现代汉语词典》的竟有5 000多个,而且专有名词不到一半(陈小荷,1999)。由此可见,计算机自动词汇获取就很有意义了。

词汇获取的基本方法是:从大规模真实文本中统计双字、三字、四字……的连续同现频率,然后计算某种统计量(如互信息、χ^2 量等),把统计量在某个阈值之上的双字、三字、四字……作为候选词,再利用其他方法(如人工检查)对候选词进行甄别。所以,字频统计是词汇获取的基础工作。

6.4.2 单字字频统计

单字字频统计是最简单的,其任务是:给定一批语料,统计出其中有多少个不同的汉字,每个汉字各出现多少次。用任何一个汉字在语料中出现的次数,除以所有汉字出现的总次数,就可以得到这个汉字的频率。如果语料规模充分大并且分布均匀,就可以根据字频来估计每个汉字的出现概率。有了字符编码的知识,对文本进行字频统计是很容易的事情。我们可以从文件中循环读入每一个字节,根据ASCII码判断它是不是汉字的左半边:如果不是,就不需要处理;如果是,就再读入一个字节,凑成一个汉字,然后查一查字表中有无该字,如果有,将其字频加1,否则就在字表中加上它,并且置出现次数为1(陈小荷,2000)。算法流程如图6.11所示。

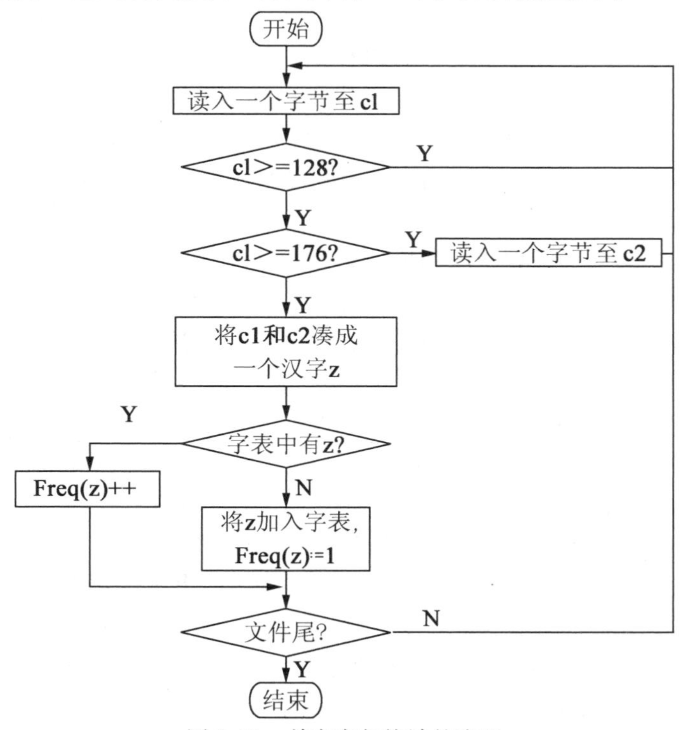

图6.11 单字字频统计的流程

字表的结构是一个需要斟酌的问题。字表可以用数组来存放。按照刚才描述的算法,字表中必须有单字和字频两个域,也就是说,数组的元素是一个结构,而且每次从语料中读到一个汉字,都必须查找它在字表中是否已经存在。有没有更简单的方法呢?有。这个办法的关键就是让汉字通过它本身两个字节的ASCII码跟数组元素下标建立对应关系。假定字表数组为 int HZFreq[HZ_NUM],我们可以把第一个汉字的字频放在 HZFreq[0]中,把第二个汉字的字频放在 HZFreq[1]中,……,把最后一个汉字的字频放在 HZFreq[HZ_NUM - 1]中。这样,我们就不必在数组中存放汉字本身,元素下标就代表着特定的汉字,从而节约了空间。而且只要根据 ASCII 码就可以确定汉字在数组中的位置,无须进行查找,从而也节约了时间。

那么,怎样在汉字的 ASCII 码跟数组元素下标之间建立对应关系呢?我们知道,国标码汉字的编码空间是 B0A1 ~ F7FE,共有 72 × 94 = 6 768 个码位,实有 6 763 个汉字。其中一级汉字 3 755 个,接着是 5 个空位,后面是 3 008 个二级汉字。因此计算公式为

$$id = (c_1 - 176) \times 94 + (c_2 - 161) \tag{6.1}$$

式中,id 是汉字对应的下标,c_1 和 c_2 是汉字的两个字节的 ASCII 码。按照这个公式,“啊”的 ASCII 码为 $c_1 = 176, c_2 = 161$,下标计算得 0;“阿”的 ASCII 码为 $c_1 = 176, c_2 = 162$,下标计算得 1;……;最后一个汉字“齄”的 ASCII 码为 $c_1 = 247, c_2 = 254$,下标计算得 6 767。数组长度刚好是 6 768。

根据这个公式,从下标求对应的汉字也很容易:

$c_1 = id/94 + 176$ (求商,只取整数部分,再加 176)

$c_2 = id\%94 + 161$ (求下标除以 94 所得的余数,再加 161)

6.4.3 双字字频统计

双字字频统计的任务是:统计给定语料中有多少个不同的字对(Character Pair),每个字对各出现多少次。例如,“发展中国家的”这个汉字串中就有“发展”、“展中”、“中国”、“国家”、“家的”共 5 个字对,每个字对各出现 1 次。字对不一定是双字词,例如“展中”、“家的”不是词。“中国”虽然是词,但在这个汉字串中不是词。用任一字对在语料中出现的次数,除以所有字对出现的总次数,就可以得到这个字对的频率,即双字同现频率。如果语料规模充分大并且分布均匀,就可以根据双字同现频率和单字频率来估计其中某个汉字的条件概率。例如,用字对“中国”的频率除以汉字“中”的频率,可以得到条件概率 $P(z_2 = \text{国} | z_1 = \text{中})$,即当前面一个字已确定为“中”字时,后一字为“国”的可能性有多大。类似地,用字对“中国”的频率除以汉字“国”的频率,可以得到条件概率 $P(z_1 = \text{中} | z_2 = \text{国})$,即当后一字已确定为“国”字时,前一字为“中”的可能性有多大。

双字字频统计一般是为了计算单字出现的条件概率或者双字的相关性,计算中必然要用到单字出现的概率,因此做双字字频统计往往同时做单字字频统计,除非单字字频已经统计过。对一个文件进行双字字频统计,仍然是循环地读出文件中的每一个汉字,登记其出现次数,然后查它和前面一个汉字是否在双字字表中出现过:如果已经出现,同现次数加 1;否则,在双字字表中插入这对汉字,并置同现次数为 1。算法流程如图 6.12 所示。

双字字表的结构是一个更需要斟酌的问题。国标码汉字 6 763 个,那么所有可能的双字有 6 763 × 6 763 = 45 738 169(种)。如果全部存放在内存中,每种用 2 个字节表示同现次数,大约需要占用 87 M 内存。事实上,语料中实际出现的双字种数并不多。据统计,1 500 万字语料中实际出现的双字大约只有 50 多万种。在 6 763 × 6 763 个元素中有 1 - 500 000 ÷ 45 738 169 ≈ 99% 的元素值为 0。即使只统计一级汉字的同现次数,在 3 755 × 3 755 = 14 100 025 个元素中有 1 - 500 000 ÷ 14 100 025 ≈ 96% 的元素值为 0。因此可以考虑用动态数组来存放双字字表。

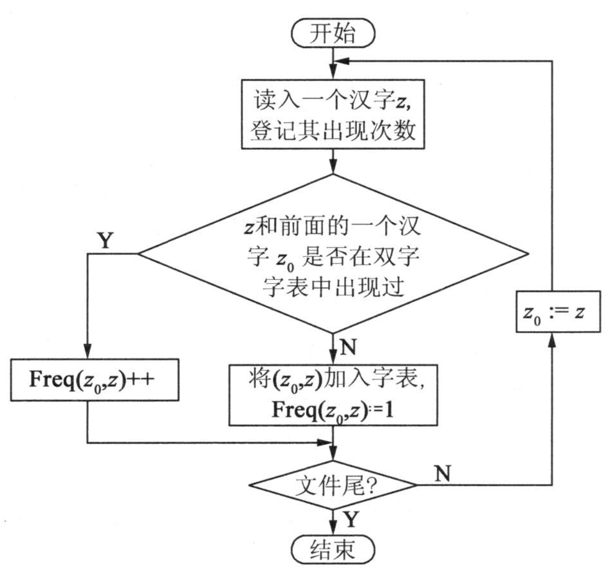

图 6.12　双字字频统计的流程

本章小结

本章首先介绍了字符编码方面的知识,重点介绍了中文字符编码中的国标码、大五码、国标扩展码、GB18030 以及 Unicode。在此基础上,介绍了字频统计的方法及意义。字频统计数据可用于汉字输入、汉字识别、中文文本校对和词汇获取等许多方面。

思考练习

1. 设计一个算法,同时实现单字和双字字频统计。
2. 在建立字表的数据结构时,如何在汉字的 ASCII 码跟数组元素下标之间建立对应关系?
3. 对一个中文文本文件,能自动判别该文本文件的汉字编码吗?
4. 对图 6.11 所示的算法流程进行改进,使之可以处理 GBK 码的汉字。

第7章 词法分析

词法分析(Morphological Analysis)是一个宽泛的概念,泛指NLP系统从接收输入字符串开始到对输入字符串进行句法层面的分析之前,对输入字符串进行的词一级的处理,包括汉语自动分词、英语形态还原以及不论是哪一种语言都要进行的词性标注等。

7.1 汉语自动分词及其基本问题

西方语言的书写习惯是词与词之间用空格隔开。汉语不实行按词连写,而词又是语言中能自由运用的基本单位,因此分词成了汉语自动分析必不可少的第一道工序。分词可以由人工完成,也可以由计算机根据事先编好的程序来自动完成。人工分词工作量大,难以处理大规模语料。计算机自动分词速度快、一致性好,但是难以运用人的各种分词知识,一般来说正确率比人工分词低。

自动分词对于中文信息处理的很多相关应用具有重要意义。

1. 汉语语音合成

汉语的语音合成也需要分词的帮助。例如,“校、行、重、乐、率”等都是多音字。无论是拼音自动标注还是语音合成都需要识别出正确的拼音。而多音字的辨识可以利用词以及句子中前后词语境,即上下文来实现。如以上几个多音字都可以在以下几组词中得以定音:学校(xiao)/校(jiao)对、行(hang)列/行(xing)进、重(zhong)量/重(chong)新、快乐(le)/音乐(yue)、率(shuai)领/效率(lv)。

2. 汉字输入

据统计,汉语中同音字现象非常严重。以6 763个汉字为例,没有同音字的只有16个,其他汉字都有同音字,其中最多的有116个同音字。所幸的是,汉语词的同音现象有很大的改善。因此,大多数同音字可以依靠词来确定(李东 等,2000)。例如,“yi”对应的同音字“以,一,易,已,意”,分别可以在“以为,一定,容易,已经,意义”中来确定。对于词语(包括单字词)的同音现象,则需要运用词语之间的合理搭配以及词语在句子中的合法运用来确定。由此可见,如果能够以句子为单位进行汉字输入,由计算机来自动判断多音字所在的词从而确定用户想要输入的汉字,能够在很大程度上改善输入法的性能,提高输入速度。

3. 汉字的简体/繁体转换

我们知道,简体/繁体之间的转换,在单字一级,会有一个简体汉字对应多个繁体汉字的情况,例如,“发”对应繁体的“發”和“髮”。那么,简体/繁体转换应该将“发”转为“發”还是“髮”呢?这就引入了如何解决简/繁歧义的问题。简体/繁体转换系统可以运用分词模块切分词语,根据词语以及上下文来决定最可能的转换结果。

【例7.1】

迅速发展的计算机技术。

迅速發展的電腦技術。

【例7.2】

她有一头黑亮的头发。

她有一頭黑亮的頭髮。

4. **聪明选词**

MSWord 2000中,当用户双击鼠标左键时,如果是英文文本,英文单词会被高亮选中,如果是中文文本,中文词语也会高亮选中。例如,当用户在“计算机”文本段内任意位置双击鼠标左键时,“计算机”将作为词被选中。用户可以对选中的词语做进一步的编辑行为。这一功能同样是运用分词系统来实现的。

通过以上应用可以看出,汉语自动分词是手段而不是目的,任何分词系统产生的结果都是为某个具体的应用服务的。

无论是人工分词还是计算机自动分词,都需要有一个标准或规范,以说明怎样分词才是正确的。不过,即使贯彻了这个规范,分词结果也未必都是正确的。自动分词存在两大难题:一是歧义切分问题,二是未登录词识别问题。

7.1.1　分词规范与词表

正如刘开瑛(2000)指出的,“词”这个概念一直是汉语语言学界纠缠不清而又挥之不去的问题。“词是什么”(词的抽象定义)及“什么是词”(词的具体界定)这两个基本问题有点飘忽不定,迄今拿不出一个公认的、具有权威性的词表来。主要困难出自两个方面:一方面是单字词与词素之间的划界;另一方面是词与短语之间的划界。此外,关于汉语“词”的认识,普通人和语言学家的标准也有较大的差异。

1992年,国家标准局颁布了作为国家标准的《信息处理用现代汉语分词规范》(以下简称《规范》)(刘源 等,1994)。该标准从信息处理的实际需要出发,根据现代汉语的特点和规律确定了现代汉语的分词原则,并制订了一系列具体规则。在这个规范中,大部分规定都是通过举例和定性描述来体现的。例如,规范4.2规定:“二字或三字词,以及结合紧密、使用稳定的二字或三字词组,一律为分词单位(如发展、可爱、红旗、对不起、自行车、青霉素)。”但是,何谓“紧密”?何谓“稳定”?人们在实际操作中都很难界定。《规范》并没有从根本上统一国人对汉语词的认识,哪怕只是在信息处理界。

自动分词一般都需要有一个词表,分词时主要根据这个词表来决定一个字符串是不是一个分词单位。《规范》中许多规定可以而且应该落实在词表中,例如,规范规定:“惯用语和有转义的词或词组,在转义的语言环境下,一律为分词单位。”因此,“白菜”和“小媳妇”应该收入词表(其中的“白”和“小”有转义),而“白花”和“小床”不应该收入词表。当然,还有许多规定无法或难以在词表中落实,比如说人名、地名、机构名等专有名词,无法都收入词表。自动分词算法中应该有专名的识别机制。

汉语自动分词规范必须支持各种不同目标的应用,但不同目标的应用对词的要求是不同的,有的甚至是矛盾的。

1. **校对系统**

校对系统将含有易错字的词和词组作为词单位,如许多人“作”“做”分不清。计算机自动判别时,若把它们当作单字词也不好区分,但在同前后文构成的词或词组中往往可以有确定的选择,故应把有关的词和词组都收进词库,如“敢做”“敢作敢为”“叫作”“做出”“看作”“作为”等。校对系统要求分词单位较大。例如,把“勇斗”“力擒”“智取”等分别作为一个分词单位并划归及物动词参与上下文检查;“张老师”“五分之三”“北京中医学院”也应分别作为分词单位,并分别归类作为人、数字、机构名,再参与上下文检查。

2. 简繁转换系统

例如,“干”的繁体形式有“乾”和“幹”,它的简繁转换是非确定的。但在词和词组的层面上,它的转换常常是确定的,比如“幹部”“幹事”“乾净”“乾燥”等。为了提高简繁转换的正确率,简繁转换系统把这类词或词组收进词表。

3. 语音合成系统

语音合成系统收集多音字所组成的词和词组作为分词单位,如“补给”“给水”,因为在这些词或词组中,多音字“给”的音是确定的。

4. 检索系统

检索系统的词库注重术语和专名,并且一些检索系统倾向于分词单位较小化。例如,把“并行计算机”切成“并行/计算机”,“计算语言学”应切成“计算/语言学”,使得无论用“并行计算机”还是用“计算机”“计算语言学”或是“语言学”检索,都能查到。分词单位的粒度大小需要考虑到查全率和查准率的矛盾。

5. 以词为单位的键盘输入系统

为了提高输入速度,一些互现频率高的相互邻接的几个字也常作为输入的单位,如,“这是”“每一”“再不”“不多”“不在”“这就是”“也就”等。

7.1.2 切分歧义问题

切分歧义是汉语自动分词的主要难题之一。梁南元(1987)最早对歧义字段进行了比较系统的考察。他定义了两种切分歧义类型:交集型切分歧义和组合型切分歧义。

1. 交集型切分歧义

交集型切分歧义是指:一个汉字串包含 A、B、C 三个子串,AB 和 BC 都是词,到底应该切成 AB/C 还是切成 A/BC。例如,“使用户”中,“使用”和“用户”都是词,其中“用”是这两个词的相交点,所以切成“使用/户”还是“使/用户”便是一个交集型切分歧义问题。

【例 7.3】 乒乓球拍卖完了

切法 1　乒乓球/拍卖/完/了

切法 2　乒乓球拍/卖/完/了

刘开瑛(2000)以含有约 77 000 个词条的词库作为切分词库,对 510 万字从网上随机下载的新闻语料进行了加工,从中统计出各种交集型歧义字段,次数共约 7.8 万余次,其中不同的歧义字段词语约 2.4 万条组成交集型歧义字段库,每 100 字平均有 1.6 次交集歧义字段出现。

2. 组合型切分歧义

组合型切分歧义是指包含至少两个汉字的汉字串,它本身是词,切开来也分别是词。试比较以下几个例子:

【例 7.4】 马上

切法 1　他/从/马/上/跳/下/来

切法2 我/马上/就/来

【例7.5】 将来

切法1 他/将/来/我/校/参观

切法2 将来/我/校/会/有/很/大/的/发展

【例7.6】 个人

切法1 屋子/里/只/有/一/个/人

切法2 这/是/我/个人/的/意见

如果不利用句法以及更高层面上的知识,组合型歧义切分是很难解决的。若是在词处理的相应阶段,结合对分词阶段未解决的歧义字段进行处理,则会起到事半功倍的效果,因此不必在分词阶段花费巨大的开销来处理它们。

交集型切分歧义的问题是切在哪里,组合型切分歧义的问题是该不该切。据统计,汉语真实文本中,交集型切分歧义现象占86%(陈小荷,2000),因此,这种歧义切分应该作为重点来加以处理。

3.“真歧义”和“伪歧义”

孙茂松、左正平(1998)指出,切分歧义应进一步区别真歧义和伪歧义。真歧义指存在两种或两种以上的可实现的切分形式,如句子“必须/加强/企业/中/国有/资产/的/管理/”和“中国/有/能力/解决/香港/问题/”中的字段“中国有”是一种真歧义;伪歧义一般只有一种正确的切分形式,如“建设/有”“中国/人民”“各/地方”“本/地区”等。

7.1.3 未登录词识别问题

汉语未登录词主要包括以下几类:

(1)专有名词。专有名词包括人名、地名、机构名、译名等。

(2)实体名词。实体名词包括数字、日期、时间、货币、百分数、温度、长度、面积、体积、重量、地址、电话号码、传真号码、电子邮件地址等。

(3)衍生词。衍生词包括以下几个方面:

①重叠形式。动词、形容词、量词的重叠形式(如打牌—打打牌、散步—散散步、高兴—高高兴兴、忙碌—忙忙碌碌、一个—一个个、一堆—一堆堆),原则上可以都收入词表,但是这样一来,词表会显得特别庞大,既占据空间,又降低处理速度。而且,具体到哪些词可以有重叠形式,需要大量的人工来鉴别。

②派生词。派生词包括以下几个类:前缀派生(如“非党员”、“非教师”、“非工人”)、后缀派生(如“成功者”、“开发者”、“开发中国第一个操作系统软件者”)、中缀派生(如“看见—看得见—看不见—看没看见”、“相信—相不相信”、“洗澡—洗了澡—洗过澡”)。《规范》指出,名词性分词单位里的前加成分和后加成分都不切开。问题是,在大规模文本中,派生词的出现是难以预测的,就是说,很难事先把全部或绝大多数派生词都收进词表,而需要在处理过程中根据规则进行个别鉴定。

③离合词。如“打架—打了一场架”、“睡觉—睡了一个觉”。

(4)新涌现的普通词汇或专业术语。例如,“超女”、“恶搞”、“博客”、“禽流感”等。

以上几类未登录词中,专有名词和实体名词统称为命名实体(Named Entity)。命名实体识别(Named Entity Recognition,NER)的处理效果直接影响到信息抽取、信息检索、机器翻译和文摘自动生成等应用系统的性能。命名实体引起的分词错误已经成为影响汉语自动分词系统性能的主要因素。例如,以下几个句子均是有切分歧义的:

【例7.7】 他还兼任何应钦在福州办的东陆军军官学校的政治教官。

【例7.8】 林徽因此时已离开了那里。

【例7.9】 赵微笑着走了。

【例7.10】 南京市长江大桥。

未录词引入的分词错误往往比单纯的词表切分歧义还要严重。尽管这类词汇在通常的文本中出现的次数仅占文本总词次的大约8.7%,但它们引起的分词错误却占分词错误总数的59.2%(黄昌宁 等,2003)。

对于新词的处理,正如我们在5.4节中介绍的那样,一般是在大规模语料库的支持下,先由机器根据某种算法自动生成一张候选词表(无监督的机器学习策略),由人工筛选出其中的新词并补充到词表中。

对于实体名词、衍生词以及专有名词,它们在构成形式上有一定的规律可循,例如,可以根据地名中的一些关键词(如省、开发区、沙滩、瀑布等)和机构名中的一些关键词(如公司、学校、基金会等)构造如下的识别模板(吴友政,2006):

(1)地名识别模板:

LN→LN D * LocKeyWord
LN→PN D * LocKeyWord
LN:地名
PN:人名
D:地名中间词
LocKeyWord:地名关键词

(2)机构名识别模板:

N→LN D * OrgKeyWord
ON→PN D * OrgKeyWord
ON→ON OrgKeyWord
ON:机构名
LN:地名
PN:人名
D:机构名中间词
OrgKeyWord:机构名关键词

本章将在后面重点介绍中文人名的识别。

7.2 基本分词方法

自从汉语自动分词问题被提出以来,经过众多专家的不懈努力,人们提出了很多分词方法。包括最大匹配法、最大概率法(最短加权路径法)、最少分词法(最短路径法)、基于HMM的分词方法、基于互现信息的分词方法、基于字符标注的方法和基于实例的汉语分词方法等。

7.2.1 最大匹配法

最大匹配法(Maximum Match Method)需要一个词表,分词过程中用文本中的候选词去跟词表中的词匹配。如果匹配成功，则认为候选词是词，予以切分；否则就认为不是词。所谓“最大匹配”，就是尽可能地用最长的词来匹配句子中的汉字串。例如，“社会”和“社会主义”都是词，但是，当我们在句子中遇到“社会主义”这个汉字串的时候，就用“社会主义”这个词去匹配它，使得切出来的词尽可能长，词数尽可能少。当然，这样做也会引起一些问题。例如，“他从马上跳下来”中的“马上”就不应该认为是一个词。单纯用最大匹配法不可能解决这个问题，但就大多数情况而言，最大匹配法的原则是适用的（陈小荷，2000）。

设词表中最大词长（汉字个数乘以2）为 MaxWordLength，最大匹配算法可描述如下：

（1）待切分的汉字串 s_1，已切分的汉字串 s_2（s_2 初始为空串）；

（2）如果 s_1 为空串，转（6）；

（3）从 s_1 的左边复制一个子串 w 作为候选词，w 尽可能长，但长度不超过 MaxWordLength；

（4）如果在词表中能找到 w，或者 w 的长度为 2，那么将 w 和一个词界标记（如空格）一起加到 s_2 的右边，并从 s_1 的左边去掉 w，转（2）；

（5）去掉 w 中最后一个汉字，转（4）；

（6）结束。

算法流程图如图 7.1 所示（图中 MWL 表示 MaxWordLength）。

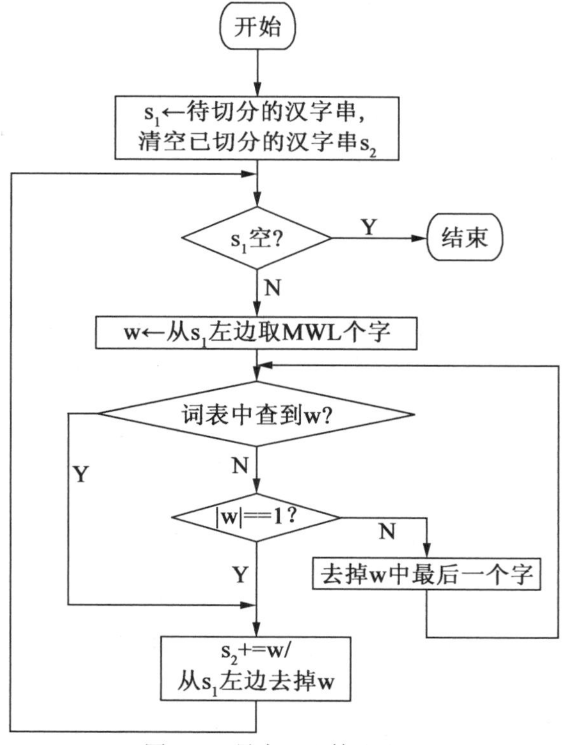

图 7.1 最大匹配算法流程

这个算法包含两重循环：外循环是从输入串 s_1 中复制候选词 w，w 尽可能长，是为了进行“最大匹配”。只要每次都能切掉 s_1 左边的若干个字，就一定能够经过有限次操作，使输入串变为空串；内循环是用 w 去匹配词表中的词，最好的情况是一次就匹配成功，最坏的情况是每次匹配均不成功，这时为了使输入串变短，就把剩下的一个汉字看作是词，不管它能否在词表中匹配上。

例如,假定最大词长为8(即4个汉字),输入的汉字串 s_1 为"时间就是生命",s_2 初始为空串,分词过程如图7.2所示。

步骤	s_1	s_2	w
1	时间就是生命	null	时间就是
2	时间就是生命	null	时间就
3	时间就是生命	null	时间
4	就是生命	时间/	
5	就是生命	时间/	就是生命
6	就是生命	时间/	就是生
7	就是生命	时间/	就是
8	就是生命	时间/	就
9	是生命	时间/就/	
10	是生命	时间/就/	是生命
11	是生命	时间/就/	是生
12	是生命	时间/就/	是
13	生命	时间/就/是/	
14	生命	时间/就/是/	生命
15	null	时间/就/是/生命/	

图7.2 最大匹配算法举例

最大匹配法的优点是程序简单易行,开发周期短。而且仅需要很少的语言资源(词表),不需要任何词法、句法、语义资源,但缺点是切分歧义消解的能力差。例如,对汉字串"使用户满意"采用最大匹配法将误切为"使用/户/满意"。

7.2.2 最少分词法

最少分词法的基本思想是使每一句中切出的词数最少。可以将最少分词问题看成是最短路径搜索问题:根据词典,找出字串中所有可能的词,构造词语切分的无环有向图(Derected Acyclic Gragh,DAG),每个词对应图中的一条有向边,边长设为1。然后,针对该切分图,在起点到终点的所有路径中,寻找长度最短(即边最少)的路径。例如,对汉语句子"提高人民生活水平"构造的词语切分的无环有向图如图7.3所示。其中,实线部分给出了长度最短的路径。

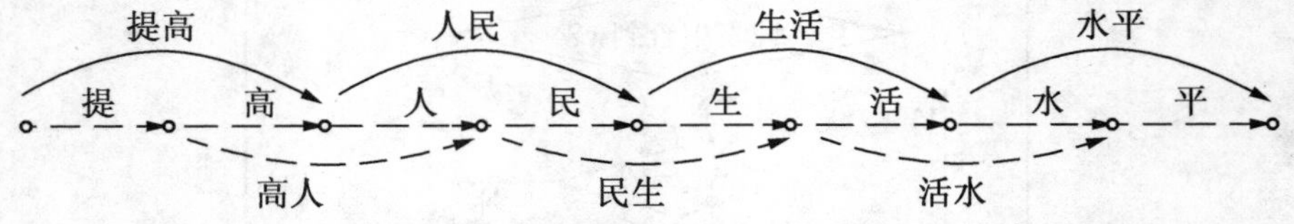

图7.3 句子"提高人民生活水平"的词语切分无环有向图

最短路径搜索问题可以采用4.3.2中介绍的动态规划算法逐段计算最短子路径。每增加一个词,都把它跟前面计算的最短路径连接起来,到最后一段时,只要看看作为终点的词谁的累积距离最短即可。这样我们甚至不需要把所有的可能路径都列出来再寻找最短路径了。

在实际应用中,人们通常需要不只一条最短路径,有时有可能需要最短的前 N 条路径(例如,考虑到汉语自动分词中存在切分歧义消解和未登录词识别两个问题,有专家将分词过程分成两个阶段:首先采用切分算法对句子词语进行初步切分,得到一些相对较好的粗分结果,然后,再进行歧义排除和未登录词识别)。为了实现这一点,通常需要存储一个节点的前 N 个最短路径,并记录相应路径上当前节点的前趋。如果同一长度对应多条路径,必须同时记录这些路径上当前节点的前趋,最后通过回溯即可求出前 N 个最短路径。这种方法称为 N-最短路径法。图7.4以句子“他说的确实在理”为例，给出了3－最短路径的求解过程（宗成庆，2000）。

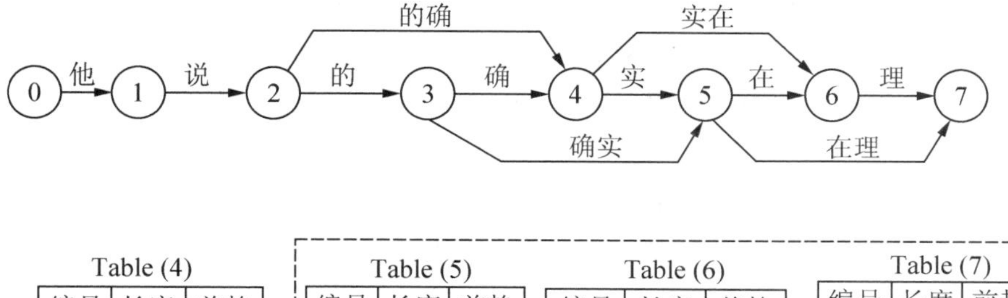

Table (4)

编号	长度	前趋
1	3	(2,1)
2	4	(3,1)

Table (5)

编号	长度	前趋
1	4	(3,1) (4,1)
2	5	(4,2)

Table (6)

编号	长度	前趋
1	4	(4,1)
2	5	(4,2) (5,1)
3	6	(5,2)

Table (7)

编号	长度	前趋
1	5	(5,1) (6,1)
2	6	(5,2) (6,2)
3	7	(6,3)

Table (2)

(1,0)

Table (3)

(2,0)

图7.4　句子“他说的确实在理”的3－最短路径求解过程

图7.4中，虚线是回溯出的是第一条最短路径，对应的粗分结果为：“他/说/的/确实/在理/”。Table(2)，Table(3)，…，Table(7)分别为节点2，3，…，7对应的信息记录表，Table(0)和Table(1)的信息记录表没有给出。每个节点的信息记录表里的编号为路径不同长度的编号，按由小到大的顺序排列，编号最大不超过N。如Table(5)表示从节点0出发到达节点5有两条长度为4的路径（分别为0—1—2—3—5和0—1—2—4—5）和一条长度为5的路径（0—1—2—3—4—5）。前趋(i,j)表示沿着当前路径到达当前节点的最后一条边的出发节点为i，即当前节点的前一个节点为i，相应的边为节点i的信息记录表中编号为j的路径。如果$j=0$，表示没有其他的候选路径。如节点7对应的信息记录表Table(7)中编号为1的路径前趋(5,1)表示前一条边为节点5的信息表中第1条路径。类似地，Table(5)中的前趋(3,1)表示前趋为节点3的信息记录表中的第1条路径。Table(3)中的(2,0)表示前趋边的出发点为节点2，没有其他候选路径。信息记录表为系统回溯找出所有可选路径提供依据。

同最大匹配法类似，最少分词法也只需要很少的语言资源（词表），不需要任何词法、句法、语义资源。但缺点是当最短路径有多条时，选择最终的输出结果缺乏应有的标准。随着字符串长度n和最短路径数N的增大，长度相同的路径数急剧增加。例如，当$N=2$时，句子“江泽民在北京人民大会堂会见参加全国法院工作会议和全国法院系统打击经济犯罪先进集体表彰大会代表时要求大家充分认识打击经济犯罪工作的艰巨性和长期性”的粗分结果居然有138种之多。这样，大量的切分结果对后期处理以及整个分词系统性能的提高非常不利。

7.2.3　最大概率法

假设$Z=z_1z_2\cdots z_n$是输入的汉字串，$W=w_1w_2\cdots w_m$是与之对应的可能的词串，那么，汉语自动分词可以看作是求解使条件概率$p(W|Z)$最大的词串，即

$$\hat{W}=\underset{W}{\operatorname{argmax}}\, p(W|Z) \tag{7.1}$$

由贝叶斯公式知

$$\hat{W} = \underset{W}{\operatorname{argmax}}\, p(W|Z) = \underset{W}{\operatorname{argmax}} \frac{p(W)p(Z|W)}{p(Z)} \tag{7.2}$$

式中，$p(Z)$是汉字串的概率，它对于各个候选词串都是一样的，不必考虑。$p(Z|W)$是词串到汉字串的条件概率，显然，在已知词串的条件下，出现相应汉字串的概率是1，也不用考虑。仅仅需要考虑的是$p(W)$，即词串的概率。因此，上述公式可简化为

$$\hat{W} = \underset{W}{\operatorname{argmax}}\, p(W) \tag{7.3}$$

这就是说，概率最大的词串，便是最佳的词串（白拴虎，1995）。

词串概率可以用n元语法来求。如果用二元语法，则

$$p(W) = \prod_{i=1}^{m} p(w_i | w_{i-1}) \tag{7.4}$$

式中，w_i为第i个词；w_0为虚设的串首词。如果用一元语法，则

$$p(W) = \prod_{i=1}^{m} p(w_i) \tag{7.5}$$

以一元语法为例，算法的基本思想是：根据词表把输入串中的所有可能的词都找出来，然后把所有可能的切分路径（词串）都找出来，并且从这些路径中找出一条最佳（即概率最大的）路径作为输出结果。

计算词串概率时，有一个纯技术的问题要考虑：因为每个词的概率都是一个很小的正数，如果汉字串较长，最后得到各种可能的词串的概率都接近于0，无法在机器上表示，当然也就无法比较大小。解决这个问题的办法是：对式(7.5)中等号两侧取负对数，即

$$-\log p(W) = -\log \prod_{i=1}^{m} p(w_i) = \sum_{i=1}^{m} -\log p(w_i) \tag{7.6}$$

这样，求每词概率的对数之和，把乘法变成加法。词的概率的对数都是负数，取反则变为正数，我们把这个正数$-\log p(w_i)$称作该词的“费用”，记为$Fee(w_i)$，而把正数$-\log p(W)$称作词串W的“费用”，记为$Fee(W)$。这样，式(7.6)可以改写为

$$Fee(W) = \sum_{i=1}^{m} Fee(w_i) \tag{7.7}$$

显然，对于单个的词或者整个词串来说，都是概率越高则费用越低。这样，我们的任务就是要从各种可能的切分路径里挑选一条总费用最小的切分路径（陈小荷，2000）。

如果将费用最小路径搜索问题看成是最短路径搜索问题，可以采用前文中介绍的动态规划算法逐段计算最佳子路径。每增加一个词，都把它跟前面计算的最佳路径连接起来，到最后一段时，只要看看作为终点的词谁的累积费用最小即可。这样我们甚至不需要把所有的可能路径都列出来再寻找最佳路径了。这里，我们先建立“前趋词”和“最佳前趋词”两个概念。如果在输入串中，候选词w_i紧挨着出现在另一个候选词w_{i+1}的左边，则将w_i称为w_{i+1}的前趋词。位于输入串最左边的词没有前趋词，其他词有一个或多个前趋词。如果某个词有若干个前趋词，那么其中累积费用最小的前趋词称为最佳前趋词。例如，“结合成分子时”这个输入串，“结”和“结合”都没有前趋词，当然也就没有最佳前趋词；“合”与“合成”都只有“结”作为前趋词，“结”同时也是它们的最佳前趋词；“成”与“成分”都有两个前趋词（“结合”与“合”）。假设，根据某个语料库，各个候选词的费用见表7.1，那么，在“成”与“成分”的两个前趋词中，“结合”的累积费用最小（3.543），是最佳前趋词；“合”的累积费用等于它本身的费用加上

“结”的费用(3.573 +3.518),不是最佳前趋词。

表7.1 从某语料库统计得到的若干候选词费用

序号	词	费用
1	结	3.573
2	结合	3.543
3	合	3.518
4	合成	4.194
5	成	2.800
6	成分	3.908
7	分	2.862
8	分子	3.465
9	子	3.304
10	子时	6.000
11	时	2.478

我们首先根据在句子中的出现顺序列出全部候选词,计算每个候选词的费用,找出它的最佳前趋词(累积费用最小),计算它的累积费用(最佳前趋词的累积费用 + 当前词的费用)。如果当前词是终点词,且累积费用最小,则以它为终点词的路径是最小费用路径,通过最佳前趋词的连接可以输出这条路径上的各个词。对于“结合成分子时”这个输入串,采用动态规划算法搜索最佳路径的过程见表7.2。

表7.2 采用最大概率法切分句子“结合成分子时”的计算过程

序号	词	费用	前趋词	最佳前趋词	累积费用
1	结	3.573	Null	Null	0 +3.573 =3.573
2	结合	3.543	Null	Null	0 +3.543 =3.543
3	合	3.518	结	结	3.573 +3.518 =7.091
4	合成	4.194	结	结	3.573 +4.194 =7.767
5	成	2.800	合、结合	结合	3.543 +2.800 =6.343
6	成分	3.908	合、结合	结合	3.543 +3.908 =7.451
7	分	2.862	成、合成	成	6.343 +2.862 =9.205
8	分子	3.465	成、合成	成	6.343 +3.465 =9.808
9	子	3.304	分、成分	成分	7.451 +3.304 =10.755
10	子时	6.000	分、成分	成分	7.451 +6.000 =13.451
11	时	2.478	子、分子	分子	9.808 +2.478 =12.286

最大概率法可以发现所有的切分歧义。它很大程度上取决于统计语言模型的精度和决策算法,而且需要大量的标注语料。

7.2.4 与词性标注相结合的分词方法

这种方法的基本思想是:将分词和词类标注结合起来,利用丰富的词类信息对分词决策提供帮助,并且在标注过程中又反过来对分词结果进行检验、调整,从而极大地提高切分的准确率。在本书第7章中将介绍基于HMM的词性标注方法。分词与词性标注一体化的处理方法将自动分词和基于HMM的词性自动标注技术结合起来,利用从人工标注语料库中提取出的词性二元统计规律来消解切分歧义。例如,对于句子"他俩谈恋爱是从头年元月开始的。"有以下两种切分方式:

方式1. … 是 | 从头 | 年 | 元月 | …
动词 副词 时间量词 时间词

方式2. … 是 | 从 | 头年 | 元月 | …
动词 介词 时间词 时间词

虽然"从头"、"年"的词频之积大于"从"、"头年"的词频之积,但词性序列"动词 + 副词 + 时间量词 + 时间词"的概率远小于"动词 + 介词 + 时间词 + 时间词"的概率,所以选择切分方式2作为结果。至于如何在HMM框架下同时完成汉语自动分词和词性标注,本书将在第7章中将介绍完基于HMM的词性标注之后给出。初步实验(Lai et al. 1997)表明,同"先做最大匹配分词,再作词性自动标注"(词性标注对分词无反馈作用,两者串行)相比,这种做法的分词精度和词性标注精度分别提高了1.3%和1.4%。

7.2.5 基于互现信息的分词方法

从形式上看,词是稳定的字的组合,因此在上下文中,相邻的字同时出现的次数越多,就越有可能构成一个词。字与字相邻共现的频率或概率能够较好地反映成词的可信度(杨超,2004)。可以对语料中相邻共现的各个字的组合的频度进行统计,计算它们的互现信息。设x和y是两个汉字,则定义x和y之间的互现信息$M(x, y)$为

$$M(x,y) = \log \frac{p(x,y)}{p(x)p(y)} \tag{7.8}$$

互现信息体现了汉字之间结合关系的紧密程度。当紧密程度高于某一个阈值时,便可认为此字组可能构成了一个词。这种方法只需对语料中的字组频度进行统计,不需要切分词典,因而又叫作无词典分词法或统计取词方法。但这种方法也有一定的局限性,会经常抽出一些共现频度高,但并不是词的常用字组,例如"这一"、"之一"、"有的"、"我的"、"许多的"等,并且对常用词的识别精度差,时空开销大。实际应用的统计分词系统都要使用一部基本的分词词典(常用词词典)进行串匹配分词,同时使用统计方法识别一些新的词,即将串匹配和串频统计结合起来,既发挥匹配分词切分速度快、效率高的特点,又利用了无词典分词结合上下文识别生词,自动消除歧义的优点。

7.2.6 基于字分类的分词方法

这种方法的基本思想是:将分词过程看作是字的分类问题(Xue et al. ,2002)。该方法认为每个字在构造一个特定的词语时都占据着一个确定的构词位置(即词位)。假如规定每个字有4种词位:词首(B)、词中(M)、词尾(E)和单独成词(S),那么如图7.5所示,句子切分结果①可以直接表示成如②所示的字标注形式(黄昌宁等,2006)。

① 上海/ 计划/ 到/ 本/ 世纪/ 末/ 实现/ 人均/ 国内/ 生产/ 总值/ 五千美元/ 。

② 上 海 计 划 到 本 世 纪 末 实 现 人 均 国 内 生 产 总 值 五 千 美 元 。
B E B E S S B E S B E B E B E B E B E B M M E S

图7.5 基于字分类的分词方法举例

需要说明的是，这里的字符不仅限于汉字，也可以是标点符号、外文字母、注音符号和阿拉伯数字等任何可能出现在汉语文本中的文字符号。

如图7.6所示，在字标注过程中，对所有的字根据预定义的特征进行词位特征学习，获得一个概率模型，然后在待切分字串上，根据字与字之间的结合紧密程度，得到一个词位的分类结果，最后根据词位定义直接获得最终的分词结果。

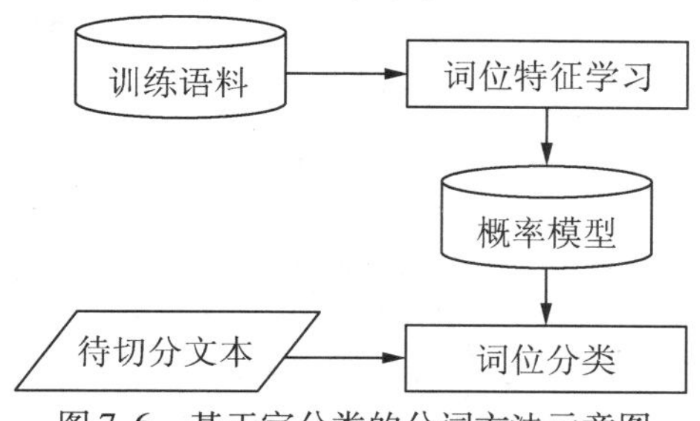

图7.6　基于字分类的分词方法示意图

在整个字分类过程中，没有显式地考虑词表知识，大大简化了分词系统的设计（宗成庆，2000）。很多机器学习方法，包括支持向量机（SVM）、条件随机场（CRF）等，都已经被应用于基于字分类的分词学习中。

7.2.7　基于实例的汉语分词方法

这种方法的基本思想是：在训练语料中存放事先切分好的汉字串为以后输入的待切分句子提供可靠的实例。在分词的时候，根据输入句子和训练语料，找到所有切分片段的实例和可能的词汇，依据某些优化原则和概率信息寻求最优词序列。

各种分词方法对语言学资源的利用情况见表7.3。

表7.3　各种分词方法对语言学资源的利用情况

序号	分词方法	词典	语料库
1	最大匹配法	√	
2	最少分词法	√	
3	最大概率法	√	√
4	基于HMM的分词方法	√	√
5	基于互现信息的分词方法		√
6	基于字分类的分词方法		√

其中最大匹配法只需利用词典资源，基于互现信息的分词方法和基于字分类的分词方法只需利用语料库资源，而最大概率法和与词性标注相结合的分词方法需要同时利用词典和语料库，由于利用的语言学资源比较多，因此分词效果也比较好。

7.3　中文姓名识别

经过初步分词的句子里一般会包括一些“分词碎片”，即由单字词构成的词串，例如“李/袁/沁/明/不/明白/?”因为绝大部分中文姓名都出现在这种分词碎片中，因此，分词系统通常是从这些分词碎片中识别中文姓名。

中文姓名识别大致有两类方法:一是基于规则的方法,二是基于统计的方法。不管是哪类方法,都需要有一个姓氏用字表,以触发姓名识别机制。

7.3.1 基于规则的方法

基于规则的方法一般建立一些姓名识别规则。例如,山西大学的郑家恒教授将姓氏用字分为四类(郑家恒 等,1993),见表7.4,并以此制定一些姓名识别规则,见表7.5。

表7.4 姓氏用字分类表

序号	类别	举例
1	只能或几乎总是用作姓氏的字	陈、丁、邓、蒋……
2	偶然用作姓氏的字	曾、都、向、于
3	机会几乎相等	马、黄、张……
4	待定,因语料规模有限而难以归入前三类的	任、房、方……

表7.5 姓名识别规则

序号	条件	识别结果	举例
1	“老/小”+姓氏用字	是	小王、老李
2	姓氏用字+“工/总”	是	张工、陈总
3	数词+可作量词的姓氏用字	否	一周、第七章
4	“多/各”+”方/项/章/段”等	否	多方筹备、各项准备
5	只能或几乎总是用作姓氏的字+双字词	是	罗胜利、陈建国
6	只能或几乎总是用作姓氏的字+单字+“标点符号/的/了/是/动词/非单字词”	是	瑞金医院的陈柯 主治医师毛羽说
7	只能或几乎总是用作姓氏的字+单字+~“标点符号/的/了/是/在/动词”的单字	是	顾筑胜、吴俊洲

由表7.5可见,这些规则主要是利用了上下文中的一些词或词性信息。

宋柔等人(1993)指出,“在日常见到的语料,尤其是新闻语料中,首次提到一个不见经传的人名时,一般要在其人名前后加一些限制性成分,作为读者对这个陌生人认识的出发点。”限制性成分主要包括以下几种:

(1)身份词(称谓)。如用于人名之前的“工人”“教师”“影星”“犯人”等,用于人名之后的“同志”“女士”等,用于人名之前或之后的“教授”“总理”“小姐”等。另外还可维护一个称谓前缀表,如“副”“总”“代”“代理”“助理”“常务”“名誉”“荣誉”等 。

(2)指界词。如动词“说”“是”“指出”“认为”“表示”“参加”等;介词“在”“之”“的”“被”“以”等,以及“正在”“今天”“本人”“先后”“的”等词。

(3)标点符号。由于人名出现在句首或句尾(包括分句)的机会比较大,因此,标点符号可用来帮助判断人名的边界。另外顿号一边如果是人名,那么另一边的候选人名的可靠性也较高。

7.3.2 基于统计的方法

基于统计的方法一般是建立人名识别的统计模型。例如,对于已经经过初步分词的句子“李/袁/沁/明/不/明白/?”,通过查姓氏用字表,发现“李”和“袁”都可以作为姓氏用字,因此,可以列出这句话中的所有候选姓名，如“李袁”、“李袁沁”、“袁沁”、“袁沁明”，由于这几个候选姓名之间在用字上是有重叠的，因此它们之间最多只能有一个被确认为姓名。于是我们分别计算每个候选姓名的概率，选择概率最大的作为最终的姓名。首先给出一个最简单的统计模型：

p(姓名|李袁) = p(X|李) p(M|袁) p(XM)

p(姓名|李袁沁) = p(X|李) p(M|袁) p(M|沁) p(XMM)

p(姓名|袁沁) = p(X|袁) p(M|沁) p(XM)

p(姓名|袁沁明) = p(X|袁) p(M|沁) p(M|明) p(XMM)

其中 X 代表姓，M 代表名，$p(XM)$ 表示单姓单名的概率，$p(XMM)$ 表示单姓双名的概率。据统计，单名和双名所占比例分别为37.2%和62.8%（孙茂松，1995）。

当然我们可以构造更精细一些的统计模型，如：

p(姓名|李袁) = p(X|李) p(M|袁) p(XM)

p(姓名|李袁沁) = p(X|李) p(M_1|袁) p(M_2|沁) p(XM_1M_2)

p(姓名|袁沁) = p(X|袁) p(M|沁) p(XM)

p(姓名|袁沁明) = p(X|袁) p(M_1|沁) p(M_2|明) p(XM_1M_2)

其中 M 代表单名用字，M_1 代表名双名首字，M_2 代表名双名末字。

更复杂一点的模型如：

p(姓名|李袁) = p(X|李) p(M|袁，李) p(XM)

p(姓名|李袁沁) = p(X|李) p(M_1|袁，李) p(M_2|沁，袁) p(XM_1M_2)

p(姓名|袁沁) = p(X|袁) p(M|沁，袁) p(XM)

p(姓名|袁沁明) = p(X|袁) p(M_1|沁，袁) p(M_2|明，沁) p(XM_1M_2)

其中，p(M|袁，李)表示“袁”作为单名并且紧跟在“李”字后面的概率，其他项含义类似。

对于中文文本中的外国人名（译名），也可以建立类似的识别模型。例如，对于候选译名“奥特洛夫斯基”，其概率计算如下：

p(译名|奥特洛夫斯基) = p(B|奥) p(M|特，奥) p(M|洛，特) p(M|夫，洛) p(M|斯，夫) p(E|基，斯)

其中 B 代表译名首字，M 代表译名中间字，E 代表译名尾字。为了提高译名的识别性能，吴友郑(2006)又把外国人名进一步划分为日本人名、欧美人名和苏俄人名三个子类。因为这三类人名的内部特征存在较大差异，欧美人名常用朗、鲁、伦、曼等汉字，苏俄人名常用斯、基、娃等汉字。

最后，将中文姓名识别中基于规则的方法与基于统计的方法进行一下比较，见表7.6。

表7.6 中文姓名识别中基于规则的方法与基于统计的方法之间的比较

	基于规则的识别方法	基于统计的识别方法
特点	利用语言规则来进行人名识别	仅从字、词本身来考虑，通过计算字、词作人名用的概率来实现
优点	准确率较高	占用的资源少速度快、效率高
缺点	①系统庞大、复杂，耗费资源多但效率却不高 ②很难列举所有规则 ③规则之间往往会顾此失彼，产生冲突	①准确率较低 ②其合理性、科学性及所用统计源的可靠性、代表性、合理性难以保证 ③搜集合理的有代表性的统计源的工作本身也较难

7.4 汉语自动分词系统的评价

系统评测是推动整个领域的科学研究和技术进步的重要手段,其主要意义有如下几点:

①提供科学的、统一的测试方法和共同的数据集合,在公开公正的基础上进行评测。

②节省各个研究者重复采集数据而造成的重复劳动。

③为大家提供一个交流研究开发经验的平台。

汉语自动分词的主要评测指标包括准确率、召回率和 F - 测度等。具体定义如下。

准确率:

$$P=\frac{\text{系统输出正确词的个数}}{\text{系统输出词的个数}}\times 100\% \tag{7.9}$$

召回率:

$$R=\frac{\text{系统输出正确词的个数}}{\text{标准答案中词的个数}}\times 100\% \tag{7.10}$$

F - 测度:

$$F=\frac{(\beta^2+1)\times P\times R}{\beta^2\times P+R}\overset{\beta=1}{=\!=}\frac{2\times P\times R}{P+R} \tag{7.11}$$

为了比较不同方法和分词系统的性能,第 41 届 ACL 国际会议(41st Annual Meeting of the Association for Computational Linguistics,国际计算语言联合会)下设的汉语特别兴趣研究组 SIGHAN(the ACL Special Interest Group on Chinese Language Processing)于 2003 年 4 月 22 日至 25 日举办了第一届国际汉语分词评测大赛(First International Chinese Word Segmentation Bakeoff)(Sproat et al.,2003)。报名参赛的分别是来自于中国内地、中国台湾地区、美国等 6 个国家和地区,共计 19 家研究机构,最终提交结果的是 12 家参赛队伍。大赛采取大规模语料库测试,进行综合打分的方法,语料库和标准分别来自北京大学(简体版)、宾州树库(简体版)、香港城市大学(繁体版),台湾"中央院"(繁体版)。每家标准分两个任务(Track):受限训练任务(Close Track)和非受限训练任务(Open Track)。

从 20 世纪 90 年代起,我国 863 计划"中文信息处理与智能人机接口技术评测组"多次组织汉语分词与词性标注系统评测。以 2003 年 10 月为例,评测内容包括分词测试(包括歧义切分专项测试)、名实体识别测试(人名、地名、机构名、其他)和分词与词性标注一体化测试(包括歧义切分专项测试)。

7.5 英语形态还原

英语单词总数虽没有汉字组词的个数多,但其具有丰富词形变化,如动词的现在进行时、过去时、过去完成时,名词的复数形式,形容词和副词的比较级、最高级等。如果把这些带有词形变化的词都放在词典中,就会使词典规模过大,造成资源不必要的浪费。我们可以根据词形变化的规律,利用形态还原(Stemming)把具有词形变化的单词还原成词干形式,然后再查词典获取单词的基本信息。同时,在词形还原的过程中还可以获得丰富的词法信息,这也为句法分析的后续处理提供了重要依据。表 7.7 给出了一个形态分析结果的例子。其中,SG 表示单数

(Singular),PL 表示复数(Plural),PAST 表示过去式,PAST - PART 表示过去分词,PRES - PART 表示现在分词。

表 7.7 形态分析结果举例

输入	输出
cat	cat + N + SG
cats	cat + N + PL
cities	city + N + PL
goose	goose + N + SG goose + V
geese	goose + N + PL
gooses	goose + V + 3SG
merging	merge + V + PRES - PART
caught	catch + V + PAST - PART catch + V + PAST

形态还原的方法大体上可以分为两类:一类是基于规则的方法,另一类是基于统计的方法。基于规则的方法中,最著名的是 Porter 算法(Porter,1980);基于统计的方法中,比较有代表性的是 Hafer 提出的后继变化数(Successor Variety)法(Hafer,1974)。

1. Porter **算法**

在 Porter 算法中,v 表示一个元音字母(vowel),c 表示一个辅音字母(consonant),C 表示连续的辅音字母串,V 表示连续的元音字母串。一个英文单词可以表示为如下形式:

$$[C](VC)^m[V]$$

其中,圆括号表示必选项,方括号表示可选项,m 表示括号内成分的重复次数。算法中每条规则表示形式为

$$(\text{condition})S_1 \rightarrow S_2$$

其含义为,在 condition 条件下,后缀 S_1 替换为 S_2。S_2 可以为空串,条件 condition 也可以为空(NULL)。在表达条件时,定义了如下几种形式:

· *S:词干以字母 S 结尾(S 也可以替换为其他字母)。

· *v*:词干含有一个元音字母。

· *d:词干以连续两个相同辅音字母结尾。

· *o:词干以 cvc 形式结尾,其中第二个辅音不是 W、X 或 Y。例如,- WIL、- HOP。

字符串匹配时,优先匹配规则左端最长的字符串。比如有以下两条规则:

sses→ss

s→NULL

单词 caresses 优先匹配第一条规则,转化成 caress。

Porter 算法的词干提取过程共分为 5 个步骤。第 1 步包括 4 组规则,共 13 条;第 2 步包括 20 条规则;第 3 步包括 7 条规则;第 4 步包括 19 条规则;第 5 步包括 3 条规则。表 7.8 列出第 1 个步骤的 4 部分规则,其余步骤的规则见参考文献(Porter,1980)。

表 7.8 Porter 算法中第一步的规则

	规则	例子	备注
规则 1	sses→ss ies→i ss→ss s→NULL	caresses→caress ties→ti caress→caress cats→cat	
规则 2	(m>0)eed→ee (* v *)ed→NULL (* v *)ing→NULL	feed→feed agreed→agree plastered→plaster bled→bled motoring→motor sing→sing	如果匹配上后两条规则之一，则进一步匹配规则 3；否则，直接匹配规则 4
规则 3	at→ate bl→ble iz→ize (* d and not(* l or * s or * z))→single letter (m=1 and * o)→e	conflat(ed)→conflate troubl(ed)→trouble siz(ed)→size hopp(ing)→hop tann(ed)→tan fall(ing)→fall hiss(ing)→hiss fail(ing)→fail fil(ing)→file	
规则 4	(* v *)y→i	happy→happi sky→sky	

按照以上步骤，对输入的单词依次匹配每条规则，如匹配成功，则去除相应的后缀。例如，单词 generalizations 的处理过程为：

generalizations→generalization(步骤 1)→generalize(步骤 2)→general(步骤 3)→gener(步骤 4)

根据需求的不同，可以控制词干提取的程度，对 generalizations 进行轻度的提取(Weak Stemming)可以得到 generalization，对其做深度提取(Strong Stemming)将得到 gener。

2. 后继变化数法

后继变化数法根据语料库中单词的分布情况，提取单词的词干。所谓后继变化数是指语料库中跟在某个字符串后的不同字符的个数。后继变化数法的原理如图 7.7 所示。对于出现在语料库中的每一个单词(例如 READABLE)，首先统计该单词的各个前缀字符串对应的后继变化数，然后在后继变化数比前后都大、出现尖峰的位置切开。如果切出来的词可以从词表中查到，那么就可以将它作为形态还原的结果予以输出。后继变化数法需要一个大型的语料库，优点是不需要人工干预，不需要人工制定后缀变化表。

Corpus
ABLE,APE
BEATABLE
FIXABLE
READ
READABLE
READING
READS
RED
ROPE,RIPE

Prefix	Successor Variety	Letters
R	3	E,I,O
RE	2	A,D
REA	1	D
READ	3	A,I,S
READA	1	B
READAB	1	L
READABL	1	E
READABLE	1	BLANK

在后继变化数比前后都大、出现尖峰位置切开

图 7.7 后继变化数法原理图

7.6 词 性 标 注

词性标注是自然语言处理中一项非常重要的基础性工作。所谓词性标注,是指根据一个词在某个特定句子中的上下文,为这个词标注正确的词性。词性信息对于自然语言处理具有重要的意义,例如在语音合成中,词性可以提供关于词发音的信息(如"object"作名词和作动词时的发音是不一样的,"查"作动词和作姓氏时的发音也是不一样的);在信息检索中,词性信息可以帮助我们从文献中选择出名词或其他重要的单词;在机器翻译中,词性可以缩小译文选择的范围(如"打"的译文有很多,例如,"buy/买"、"weave/织"、"beat/敲击"、"since/从"、"from/从"、"dozen/十二个"等,但是如果能够确定"打"在当前文本中的词性是介词,那么就可以从"since/从"、"from/从"等译文中选择,从而缩小了译文选择的范围)。

目前采用的词性标注方法主要有基于规则的方法和基于统计的方法。

7.6.1 词性标记集

要进行词性标注,首先要确定词性标记集(POS Tagset)。标记集的定义是词性标注的前提。在不同语言的语法中,各个词类已经约定俗成,似乎只要将传统语法中的词类符号借用过来即可。但是,因为自然语言处理对符号表示要求比较精细,并且是标注在真实文本之上的,所以其标记集与之不尽相同,甚至与机器词典中的定义也不完全相同。例如,英语句子中的词形变化信息应该在标记中表现出来,所以仅仅给出动词标记 V 是不够的,还要给出其形态,如第三人称单数、过去时、现在分词、过去分词等不同的动词形式(这些信息可以用来辅助计算机进行自动分析),因此在符号上必须加以区别。

历史上最有影响的标注集是美国 Brown 语料库使用的标注集(Brown 标注集)。通行的英语标记集有几种,多数都是从 Brown 语料库所用的 87 个标记的标记集发展而来的。如 Penn Tree Bank 标注集,它是 Brown 标注集的一个简化版本(包含 45 个标记),再如用于标注英国国家语料库(the British National Corpus, BNC)的 CLAWS(the Constituent Likelihood Automatic Word-tagging System,成分似然性自动词性标注系统)所采用的标注集 c5(包含 62 个标记)。

不同标注集的根本差别在于如何对某些词进行分类,如图 7.8、图 7.9 所示。表 7.9 是使用几种不同的标注集对一个例句进行标注的结果。

类别	例子	Claws c5	Brown	Penn
Adjective	happy, bad	AJ0	JJ	JJ
Adjective, ordinal number	sixth, 72nd, last	ORD	OD	JJ
Adjective, comparative	happier, worse	AJC	JJR	JJR
Adjective, superlative	happiest, worst	AJS	JJT	JJS
Adjective, superlative, semantically	chief, topf	AJ0	JJS	JJ
Adjective, cardinal number	3, fifteen	CRD	CD	CD
Adjective, cardinal number, one	one	PNI	CD	CD
Adverb	often, particularly	AV0	RB	RB
Adverb, negative	not, n't	XX0	*	RB
Adverb, comparative	faster	AV0	RBR	RBR
Adverb, superlative	fastest	AV0	RBT	RBS
Adverb, particle	up, off, out	AVP	RP	RP
Adverb, question	when, how, why	AVQ	WRB	WRB
Adverb, degree & question	how, however	AVQ	WQL	WRB
Adverb, degree	very, so, too	AV0	QL	RB
Adverb, degree, postposed	enough, indeed	AV0	QLP	RB
Adverb, nominal	here, there, now	AV0	RN	RB
Conjunction, coordination	and, or	CJC	CC	CC
Conjunction, subordinating	although, when	CJS	CS	IN
Conjunction, complementizer *that*	that	CJT	CS	IN
Determiner	this, each, another	DT0	DT	DT
Determiner, pronoun	any, some	DT0	DTI	DT
Determiner, pronoun, plural	these, those	DT0	DTS	DT
Determiner, prequalifier	quite	DT0	ABL	PDT
Determiner, prequantifier	all, half	DT0	ABN	PDT
Determiner, pronoun or double conj.	both	DT0	ABX	DT(CC)
Determiner, pronoun or double conj.	either, neither	DT0	DTX	DT(CC)
Determiner, article	the, a, an	AT0	AT	DT
Determiner, post determiner	many, same	DT0	AP	JJ
Determiner, possessive	their, your	DPS	PP$	PRP$
Determiner, possessive, second	mine, yours	DPS	PP$$	PRP
Determiner, question	which, whatever	DTQ	WDT	WDT
Determiner, possessive & question	whose	DTQ	WP$	WP$
Noun	aircraft, data	NN0	NN	NN
Noun, singular	woman, book	NN1	NN	NN
Noun, plural	women, books	NN2	NNS	NNS
Noun, proper, singular	London, Michael	NP0	NP	NNP
Noun, proper, plural	Australians, Methodists	NP0	NPS	NNPS
Noun, adverbial	tomorrow, home	NN0	NR	NN
Noun, adverbial, plural	Sundays, weekdays	NN2	NRS	NNS
Pronoun, nominal (indefinite)	none, everything, one	PNI	PN	NN
Pronoun, personal, subject	you, we	PNP	PPSS	PRP
Pronoun, personal, subject, 3SG	she, he, it	PNP	PPS	PRP
Pronoun, personal, object	you, them, me	PNP	PPO	PRP
Pronoun, reflexive	herself, myself	PNX	PPL	PRP
Pronoun, reflexive, plural	themselves, oursclves	PNX	PPLS	PRP
Pronoun, question, subject	who, whoever	PNQ	WPS	WP
Pronoun, question, object	who, whoever	PNQ	WPO	WP
Pronoun, existential there	there	EX0	EX	EX

图 7.8　不同标注集的比较:形容词、副词、连词、限定词、名词和代词

类别	例子	Claws c5	Brown	Penn
Verb, base present form (not infinitive)	take,live	VVB	VB	VBP
Verb, infinitive	take,live	VVI	VB	VB
Verb, past tense	take,lived	VVD	VBD	VBD
Verb, present participle	taking,living	VVG	VBG	VBG
Verb, past/passive participle	taken,lived	VVN	VBN	VBN
Verb, present 3SG-s form	takes,lives	VVZ	VBZ	VBZ
Verb, auxiliary *do*, base	do	VDB	DO	VBP
Verb, auxiliary *do*, infinitive	do	VDB	DO	VB
Verb, auxiliary *do*, past	did	VDD	DOD	VBD
Verb, auxiliary *do*, present part,	doing	VDG	VBG	VBG
Verb, auxiliary *do*, past part,	done	VDN	VBN	VBN
Verb, auxiliary *do*, present 3SG	does	VDZ	DOZ	VBZ
Verb, auxiliary *have*, base	have	VHB	HV	VBP
Verb, auxiliary *have*, infinitive	have	VHI	HV	VB
Verb, auxiliary *have*, past	had	VHD	HVD	VBD
Verb, auxiliary *have*, present part,	having	VHG	HVG	VBG
Verb, auxiliary *have*, past part,	had	VHN	HVN	VBN
Verb, auxiliary *have*, present 3SG	has	VHZ	HVZ	VBZ
Verb, auxiliary *be*, infinitive	be	VBI	BE	VB
Verb, auxiliary *be*, past	were	VBD	BED	VBD
Verb, auxiliary *be*, past, 3SG	was	VBD	BEDZ	VBD
Verb, auxiliary *be*, present part,	being	VBG	BEG	VBG
Verb, auxiliary *be*, past part,	been	VBN	BEN	VBN
Verb, auxiliary *be*, present, 3SG	is,'s	VBZ	BEZ	VBZ
Verb, auxiliary *be*, present, 1SG	am,'m	VBB	BEM	VBP
Verb, auxiliary *be*, present	are,'re	VBB	BER	VBP
Verb, modal	can,could,'ll	VM0	MD	MD
Infinitive marker	to	TO0	TO	TO
Preposition to	to	PRP	IN	TO
Preposition	for,above	PRP	IN	IN
Preposition, of	of	PRF	IN	IN
Possessive	's,'	POS	$	POS
Interjection(or other isolate)	oh,yes,mmm	ITJ	UH	UH
Punctuation, sentence ender	. ! ?	PUN	.	.
Punctuation, semicolon	;	PUN	.	:
Punctuation, colon or ellipsis	: ...	PUN	:	:
Punctuation, comma	,	PUN	,	,
Punctuation, dash	-	PUN	-	-
Punctuation, dollar sign	$	PUN	not	$
Punctuation, left bracket	([{	PUL	(	(
Punctuation, right bracket	)] }	PUR	)	)
Punctuation, quotation mark, left	' "	PUQ	not	"
Punctuation, quotation mark, right	' "	PUQ	not	"
Foreign words(not in English lexicon)		UNC	(FW-)	FW
Symbol	[fj] *		not	SYM
Symbol, alphabetical	A,B,c,d	ZZ0		
Symbol, list item	A A.First			LS

图7.9　不同标注集的比较:动词、介词、标点和符号

表 7.9　按几种不同的标注集对一个例句进行标注

句子	CLAWS c5	Brown	Penn Treebank	ICE
she	PNP	PPS	PRP	PRON(pers,sing)
was	VBD	BEDZ	VBD	AUX(pass,past)
told	VVN	VBN	VBN	V(ditr,edp)
that	CJT	CS	IN	CONJUNC(subord)
the	AT0	AT	DT	ART(def)
journey	NN1	NN	NN	N(com,sing)
might	VM0	MD	MD	AUX(modal,past)
kill	VVI	VB	VB	V(montr,infin)
her	PNP	PPO	PRP	PRON(poss,sing)
.	PUN	.	.	PUNC(per)

词性标记集结合了一种特定语言的形态学特性，所以不能直接应用于其他的语言，然而一些设计思路通常是可以应用的。应该使用什么样的特征来指导标注集的设计？一方面要考虑分类目标特征，即告诉用户关于一个词的语法类别的有用信息；另一方面，要考虑预测特征，即对预测上下文中其他词语特性有用的特征。

7.6.2　基于规则的词性标注方法

基于规则的词性标注方法是人们提出较早的一种词性标注方法，其基本思想是按照兼类词搭配关系和上下文语境建立词性消歧规则。首先使用一部词典给每个单词指派一个潜在词性表，然后使用歧义消解规则表来筛选原来的潜在词性表，使每个单词得到一个单独的词性标记。

早期的词类标注规则一般由人工构造，如美国布朗大学于 1971 年开发的 TAGGIT 词类标注系统（Church et al,1991）。整个系统使用了 3 300 多条上下文结构有关的规则。规则的左部是一个首尾由两个词类唯一的词定界、中间由一到三个兼类词组成的模式，右部是在左部模式限制下可能产生的标记串集。当语料中出现了某种和左部规则相匹配的模式时，则利用所有可能的标注作为一个集合，和规则的右部作交集。如果只剩下一个元素，则认为歧义消除成功，这个元素也就作为标注结果。图 7.10 给出了这种方法的一个直观例子。图中各符号含义如下："q"表示量词（quantifier），"a"表示形容词（adjective），"n"表示名词（noun），"v"表示动词（verb），"r"表示代词（pronoun），"p"表示介词（preposition）。

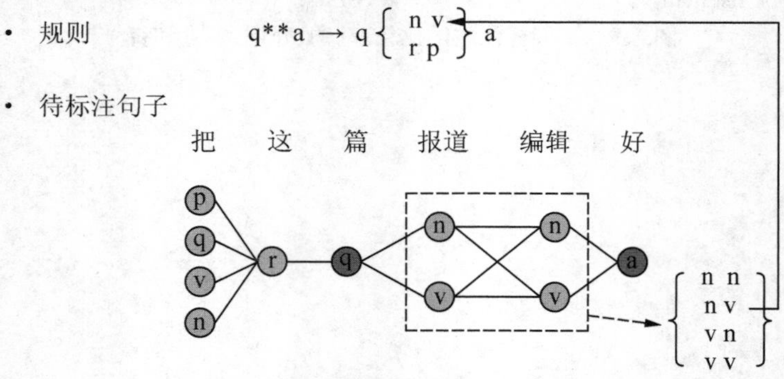

图 7.10　TAGGIT 系统词类标注原理示例

TAGGIT 利用这种方法对百万词次的语料进行标注,正确率大约为77%。

不同的系统所采用的规则的形式略有不同,从是否直接使用词汇信息的角度,规则又可分为个性规则(直接使用词汇信息)和通用规则(只使用词类或短语信息)。有关规则形式举例如下:

1. 个性规则

例如,对"为"(p/v)的词性确定规则如下(其中,F1 和 F2 分别表示当前节点0前面1个节点和前面2个节点,B1 和 B2 分别表示当前节点0后面1个节点和后面2个节点,Cate 表示词性,NP 表示名词短语)。

F2:Word = 以 + F1:Cate = n/NP + 0:Word = 为 → 0:Cate = v(以/河/为/分界线)

0:Word = 为 + B1:Cate = n/NP + B2:Word = 所 → 0:Cate = p(为/大洋/所/包围)

2. 通用规则

例如,对"深"(a/n)的词性确定规则如下。

F1:Cate = n + B1:Cate = v → 0:Cate = n else 0:Cate = a

马里亚纳/海沟/深(n)/达/11 034/米/,/是/世界/上/最/深(a)/的/地方。

随着标注语料库规模的逐步增大,可利用资源越来越多,以人工提取规则的方式显然是不现实的。于是,人们提出了基于机器学习的规则自动提取方法。E. Brill 于1992年提出了基于转换的错误驱动(Transformation Based and Error Driven)学习(Brill,1992),它是机器学习中基于转换的学习方法(Transformation Based Learning,TBL)的一个实例。其基本思想如图7.11所示。给定一个标注好的语料库和词典,首先用初始标注器(或最常用的标记)标注训练语料中的每个词。接下来将其与正确的标注文本(参考答案)进行比较,可以学习到一些转换规则,在所有可能的转换规则中,搜索那些使已标注文本中的错误减少最多的规则加入到规则集,并用这些规则调整已标注的文本,然后重新与正确的标注文本进行比较,重复此过程,直到没有新的转换规则能够使已标注的语料错误减少为止。最终的转换规则集就是学习得到的转换规则结果。

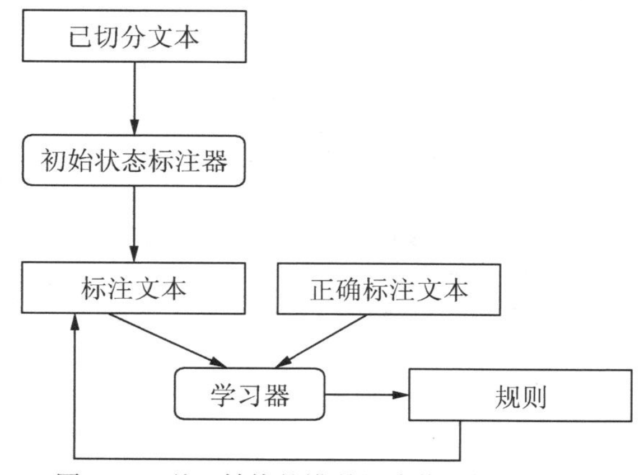

图7.11 基于转换的错误驱动学习方法示意图

表7.10给出了一些学习得到的规则的例子。

表 7.10 在基于转换的标注中学习到的一些转换的例子

源标记	目标标记	触发环境
NN	VB	前一词性为 TO
VBP	VB	前 3 个词性之一为 MD
JJR	RBR	下一词性为 JJ
VBP	VB	前 2 个词之一是"n't"

Brill 制定了图 7.12 所示的触发环境(Brill,1995),图中的 p_i 表示第 i 个位置(Position)。表 7.10 的前 3 个转换是由词性触发的,第 4 个是由词来触发的。当然也可以由词性和词来联合触发。

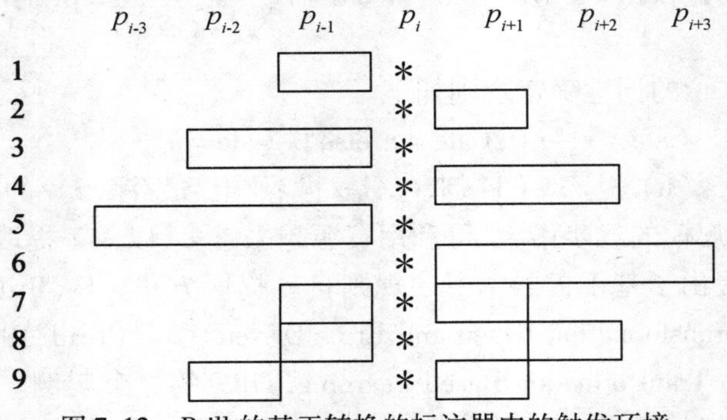

图 7.12 Brill 的基于转换的标注器中的触发环境

例如,给定一个汉语句子"把/这/篇/报道/编辑/一/下",正确的标注文本应该是"p r q n v m q",初始标注器给出的标注结果为"p r q v v m q",见表 7.11。

表 7.11 句子"把/这/篇/报道/编辑/一/下"的初始标注结果和正确标注结果

源句子	把	这	篇	报道	编辑	一	下
初始标注结果	p	r	q	v	v	m	q
正确的标注结果	p	r	q	n	v	m	q

根据表 7.11 中的信息,可以学习得到表 7.12 所示的规则。

表 7.12 根据表 7.3 学习得到的规则

源标记	目标标记	触发环境
v	n	$t_{i-1}=q$
		$t_{i+1}=v$
		t_{i-1} or $t_{i-2}=q$
		t_{i-1} or $t_{i-2}=r$
		t_{i+1} or $t_{i+2}=v$
		t_{i+1} or $t_{i+2}=m$
		……
		$w_{i-1}=$篇
		$w_{i+1}=$编辑
		w_{i-1} or $w_{i-2}=$篇

续表 7.12

源标记	目标标记	触发环境
v	n	w_{i-1} or w_{i-2} = 这
		w_{i+1} or w_{i+2} = 编辑
		w_{i+1} or w_{i+2} = 一
		……
		p_{i-1} = 篇(q)
		p_{i+1} = 编辑(v)
		p_{i-1} or p_{i-2} = 篇(q)
		p_{i-1} or p_{i-2} = 这(r)
		p_{i+1} or p_{i+2} = 编辑(v)
		p_{i+1} or p_{i+2} = 一(m)
		……

式中,p_i 表示第 i 个位置,w_i 表示第 i 个位置的词形,t_i 表示第 i 个位置的词性。例如,“p_{i-1} = 篇(q)”表示前一个位置是词“篇”,其词性为 q。

基于转换的标注学习算法具体如图 7.13 所示。

```
1 C_0 := corpus with each word tagged with its most frequent tag
3 for k := 0 step 1 do
4     v := the transformation u_i that minimzes E(u_i(C_K))
6     if (E(C_K) - E(v(C_K))) <  ε then break
7      C_{k+1} := v(C_K)
8      τ_{k+1} := v
9 end
10 Output sequence:τ_1, . . . ,  τ_k
```

图 7.13 基于转换的标注学习算法

7.6.3 基于统计的词性标注方法

1983 年,I. Marshall 建立的 LOB 语料库词性标注系统 CLAWS(Constitute Likelihood Automatic Word-tagging System)是基于统计模型的词性标注方法的典型代表(Marshall,1983),该系统采用 n 元语法与一阶马尔科夫转移矩阵,早期版本的准确率已超过 96%(利用 100 万词的 Brown 英语语料库测试)。

如果我们希望标注一个特定领域内的文本,这个领域内的词语生成概率与可获得的训练文本是不一样的,或者我们需要标注一个外国语言文本,但是根本就没有训练语料存在,这时,我们也可以采用 HMM 来进行词性标注(Merialdo,1994)。根据在第 4 章中的介绍可知,HMM 包含如下元素:状态集合、观察值集合、初始状态概率、状态转移概率和发射概率。将词性标注问题映射到 HMM 上是非常容易的,其中观察值对应于词语,状态对应于词性标记。我们在第 4 章中曾经提到,HMM 参数训练的重估过程只能保证我们找到一个局部极值。如果我们想要找到全局极值,则要尽量使得 HMM 在全局极值附近的参数空间开始,粗略估计一下参数的最佳值(而不是随机设定)。通常情况下词典信息被用来限制模型参数。如果一个词性标记没有出现在词典的某个词语中,那么把这个词性到这个词语的发射概率设成 0。

本书在前文中曾经提到,可以在 HMM 框架下同时完成汉语自动分词和词性标注。假设 $Z = z_1z_2\cdots z_n$ 是输入的汉字串,$W = w_1w_2\cdots w_m$ 和 $Q = q_1q_2\cdots q_m$ 是与之对应的可能的词串和词性

串，那么汉语自动分词与词性标注一体化过程可以看作是求解使条件概率 $p(Q,W|Z)$ 最大的词串和词性串，即

$$\hat{Q}\hat{W} = \underset{Q,W}{\operatorname{argmax}}\, p(Q,W|Z) = \underset{Q,W}{\operatorname{argmax}}\, p(Q|W,Z)p(W|Z) = \underset{Q,W}{\operatorname{argmax}}\, p(Q|W)\frac{p(W,Z)}{p(Z)} = \underset{Q,W}{\operatorname{argmax}}\, p(Q|W)p(W) = \underset{Q,W}{\operatorname{argmax}}\, p(WQ) = \underset{Q,W}{\operatorname{argmax}}\, p(Q)p(W|Q) \tag{7.12}$$

式(7.12)的推导过程中用到了概率乘法公式 $p(a,b|c)=p(a|b,c)p(b|c)$ 和贝叶斯定理 $p(a|b)=\frac{p(b|a)p(a)}{p(b)}$。另外，$p(Q|W,Z)$ 简化为 $p(Q|W)$，$p(W,Z)$ 简化为 $p(W)$，$p(Z)$ 则被忽略不计，因为词串 W 涵盖字串 Z，而 $p(Z)$ 在识别过程中是常值。式(7.12)最终由两部分组成，一部分是 $p(Q)$，另一部分是 $p(W|Q)$，与词性标注模型是类似的，只是这里要考虑 W 的所有可能情况。

本章小结

本章介绍了词法分析方面的知识，包括汉语自动分词、英语形态分析以及词性标注。其中重点介绍了汉语自动分词的基本问题以及基本方法，包括最大匹配法、最少分词法、最大概率法、与词性标注相结合的分词方法、基于互现信息的方法、基于字分类的方法以及基于实例的汉语分词方法等。接下来还介绍了汉语未登录词识别中的重点问题，即中文姓名识别的方法。另外还介绍了汉语自动分词系统评价方面的问题。在英语形态还原方面，分别介绍了基于规则方法中的 Porter 算法以及基于统计方法中的后继变化数法。在词性标注方面，首先介绍了词性标记集的相关知识，接下来分别介绍了基于规则的词性标注方法以及基于统计的词性标注方法。

思考练习

1. 汉语自动分词的一个主要评测指标就是 F 测度：$F=\frac{(\beta^2+1)\times P\times R}{\beta^2\times P+R}\overset{\beta=1}{=\!=}\frac{2\times P\times R}{P+R}$，其中 P 为准确率，R 为召回率，β 为调节因子。试分析 β 如何调节 P 与 R 在评价中所占的比例？

2. 用双向最大匹配法对汉语句子进行切分，找出其中的歧义字段，并统计其分布情况。

3. 隐马尔科夫模型对应到词性标注中都有哪些参数？这些参数如何获得？

4. 试参考前人的工作，提出消除汉语自动分词中组合歧义的几点设想。

5. 了解目前常见的几种汉语词性标注集，比较它们的差异，并阐述你个人的观点。

6. 编写程序实现汉语逆向最大分词算法（可采用有限词表），并利用该程序对一段中文文本进行分词实验，校对切分结果，计算该程序分词的正确率、召回率及 F－测度。

第8章

句法分析

语言本身并不是由随机抽取的一些单词组成的序列,词与词之间是有联系的。人们说话的方式(即使是醉酒之后的胡言乱语)都存在一些结构和规则。所谓句法,是指描述词语排列的方法。排列的方式或者直接基于词,或者基于词类。语法必须描述词语是如何聚集的。n 元语法模型和 HMM 模型都属于线性模型。然而句法不仅仅意味着线性词语之间的简单顺序。例如,Kupiec(1992)提出,HMM 在对如下结构进行词性标注时会出现问题。

The velocity of the seismic waves rises to...(震波的速率上升到……)

式中,waves 是名词复数形式,而 rises 是动词第三人称单数形式,根据 LM 或是 HMM,放在一起显然是有问题的。解决这个问题的主要方法是为每个句子构造一个树结构,如图 8.1 所示,其中"DT"表示限定词(Determiner),"PP"表示介词短语(Preposition Phrase),"sg"表示单数(Singular),"pl"表示复数(Plural)。这样,动词在数上和它之前的名词短语的中心词 velocity 一致,而不是和它之前的名词一致。

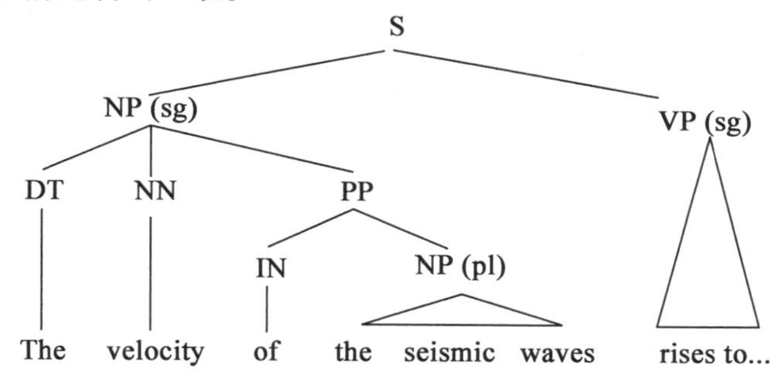

图 8.1 句子"The velocity of the seismic waves rises to..."的分析树

所谓句法分析(Syntactic Parsing),是指对输入的单词序列(一般为句子)判断其构成是否合乎给定的语法,分析出合乎语法的句子的句法结构。有时,句法分析也称为句子识别。句法结构一般用树状数据结构表示,通常称之为句法分析树,简称分析树(Parsing Tree)。完成句法分析过程的程序模块称为句法分析器(Syntactic Parser)。

句法分析是自然语言理解的关键步骤。一般来说,获得句子的句法结构并不是 NLP 任务的最终目标,但是,它往往是实现具体目标的重要环节。可以在句法分析的基础上进行语义分析,从而达到对一个句子的理解(使用句法结构进行语义解释)。例如,汉语"打"这个词的语义(如"敲击""买""织" "从" "十二个"……)是根据它的宾语来确定的,因此需要根据句法分析的结果找到"打"的宾语。

一般来说,构造一个句法分析器需要考虑两部分工作。首先,是句法的形式化表示。目前的句法分析器一般都依赖于上下文无关文法(Context Free Grammar,CFG),即分析算法使用 CFG 规则对自然语言句子进行分析。其次,有了这些规则,还需要有使用这些规则来达成分析的算法。与程序设计语言类似,自然语言的句法分析从分析树的生成方向上来讲也分为自顶向下和自底向上两类方法。但是由于自然语言的歧义性,使得程序设计语言中的 LL 和 LR 等分析技术在这里并不太适用。因此,自然语言处理有它特有的一些句法分析方法。在过去的几十年里,人们先后提出了若干有影响力的句法分析算法,如 CYK 分析法(Cocke-Younger - Kasami Parsing)(Kasami,1965;Younger,1967)、欧雷分析法(Earley Parsing)(Earley,1970)、线图分析法(Chart Parsing)(Kay,1982;Allen,1995)、移近 - 归约分析法(Shift-reduction Parsing)(Aho et al.,1972,1986)、GLR 分析法(Generalized LR Parsing)(Tomita,1985)和左角分析法(Left-corner Parsing)等。人们对这些算法作了大量的改进工作,并将其应用于 NLP 的相关研究和开发任务。

8.1 文法的表示

一种语言的文法可以表示为一个四元组:

$$G = <T,N,P,S>$$

式中,T 为终结符(用来表示词类)集合;N 为非终结符(用来表示语法成分)集合;P 为产生式(用来表示句法规则)集合;S 为起始符,它是 N 的一个元素。

一条"产生式"就是一条句法规则。不同类型的文法对规则的形式有不同的限制。句法分析前首先要确定使用什么类型的文法。

1. 无约束短语结构文法

无约束短语结构文法又叫 0 型文法。对于该文法中的每一条产生式 $\alpha \to \beta$ 没有任何限制。由 0 型文法生成的语言称为 0 型语言。由于它生成能力太强,因此无法设计一个程序来判别输入的符号串是不是 0 型语言中的一个句子。

2. 上下文有关文法

如果文法中的每一条产生式 $\alpha \to \beta$ 都满足 $|\alpha| \leq |\beta|$,即规则左部的符号个数少于或等于规则右部的符号个数(例如,$xYz \to xyz$),这种文法就称为上下文有关文法或 1 型文法。由 1 型文法生成的语言称为 1 型语言。

3. 上下文无关文法

如果文法中的每一条产生式都是 $A \to \beta$ 的形式,其中 A 是一个非终结符,β 是终结符和/或非终结符组合(例如,$Y \to y$),那么这种文法就称为上下文无关文法或 2 型文法。由 2 型文法生成的语言称为 2 型语言。

4. 正则文法

如果文法中的每一条产生式都是 $A \to \beta B$ 或 $A \to \beta$ 的形式,那么这种文法就称为右线性文法;如果文法中的每一条产生式都是 $A \to \beta B$ 或 $A \to \beta$ 的形式,那么这种文法就称为左线性文法。这里 A 和 B 是非终结符,β 是终结符组合。右线性文法和左线性文法都是正则文法,并且二者是等价的。

以上四种形式文法:0 型文法生成能力太强;正则文法(3 型)通常用于词法分析;上下文有关文法(1 型)的分析算法过于复杂,不便于实际应用;上下文无关文法(2 型)的规则体系便于构造,是研究得最多的一种文法。

8.2 自顶向下的句法分析

自顶向下的分析是从树根开始推导的。它作用于如下形式的推导:

$$S \Rightarrow z_1 \Rightarrow z_2 \Rightarrow \cdots \Rightarrow z_n$$

开始时,这个推导只包含起始符 S,并且 $n = 0$。所用到的规则放在一个先进后出的堆栈里，开始时堆栈为空。这个堆栈的作用是记录最近所用到的规则。假定左部符号为 A 的规则的排列顺序是 $P_{A.1}$，$P_{A.2}$，$P_{A.3}$，…，算法如下：

(1) 设 z_n 中最左边的非终结符为 B，用 $P_{B.1}$ 展开 B。此时推导中增加了一个元素，即 $n = n+1$；将规则 $P_{B.1}$ 入栈。

(2) 设 z_n 中最左边的非终结符的位置为 i（如果 z_n 中没有非终结符，则 $i = z_n$ 的长度 $+1$）；如果 z_n 的前 $i-1$ 个终结符跟输入串的前 $i-1$ 个符号不匹配，转至(5)。

(3) 如果 z_n 中仍含有非终结符，转至(1)。

(4) 如果 z_n 与输入串匹配，把当前推导作为输入串的一个推导记下。

(5) 设栈顶规则为 $P_{B.i}$，如果存在规则 $P_{B.i+1}$，则用 $P_{B.i+1}$ 的应用结果去取代推导的上一步，并且将 $P_{B.i}$ 弹出堆栈，将 $P_{B.i+1}$ 压入堆栈，然后转至(2)。

(6) 从推导中删除最后一个元素，即 $n = n-1$；同时将栈顶规则出栈。

(7) 如果 $n = 0$ 则结束，否则转至(5)。

算法流程如图 8.2 所示。

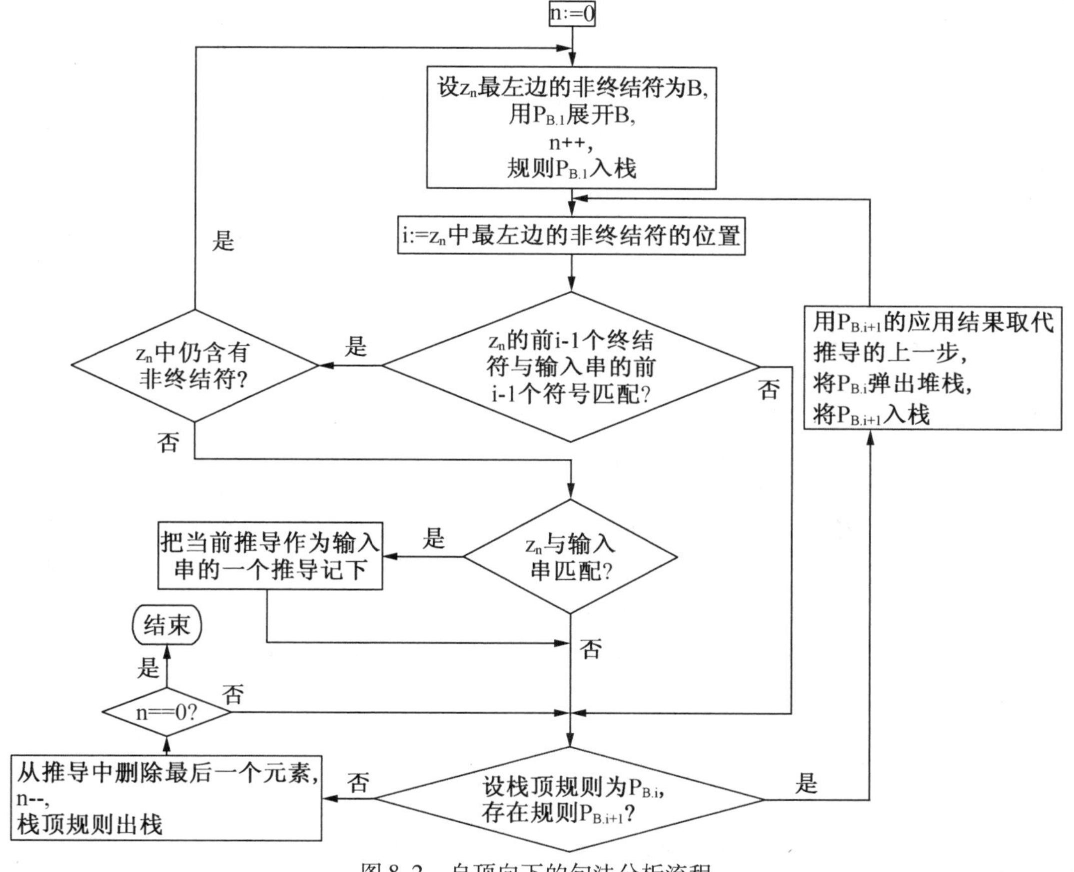

图 8.2 自顶向下的句法分析流程

假定我们有以下的句法规则：

(1.1) S→NP VP
(1.2) S→VP
(2.1) NP→n (文法 8.1)
(2.2) NP→a n
(3.1) VP→v NP

其中,"NP"表示名词短语(Noun Phrase),"VP"表示动词短语(Verb Phrase)。假如输入串为"孩子/n 喜欢/v 狗/n",表 8.1 给出了相应的推导过程。

表 8.1 句子"孩子/n 喜欢/v 狗/n"的自顶向下分析过程

推导	栈	备 注
z_0 = S		
z_1 = NP VP	(1.1)	
z_2 = n VP	(1.1)(2.1)	
z_3 = n v NP	(1.1)(2.1)(3.1)	
z_4 = n v n	(1.1)(2.1)(3.1)(2.1)	所有终结符都与输入串匹配,记录下当前推导
z_4 = n v a n	(1.1)(2.1)(3.1)(2.2)	
z_3 = n v NP	(1.1)(2.1)(3.1)	
z_2 = n VP	(1.1)(2.1)	
z_2 = a n VP	(1.1)(2.2)	
z_1 = NP VP	(1.1)	
z_1 = VP	(1.2)	
z_2 = v NP	(1.2)(3.1)	
z_1 = VP	(1.2)	
z_0 = S		

自顶向下的分析,优点是节约空间,它自始至终只需存储一棵树的结构。虽然处理的是上下文无关语法,但是由于随时检查前面所有的终结符是否跟输入串相匹配,因此受到"上文"的有力约束,避免了许多无谓的扩展。这种分析方法的一个主要缺陷是难以处理递归结构。形如"A→AB"的产生式叫作"左递归"的产生式。由于不检查"下文",将无限次地用这条产生式来扩展A,生成出"ABB…B"这样的串。自然语言中存在"左递归"结构,例如"VP→VP NP",即一个动词短语加上一个名词短语组成一个更大的动词短语。把对输入串的自左至右扫描改为自右至左扫描,这样可以随时检查"下文",解决左递归问题。但是自然语言中也存在"右递归"结构,例如"NP→AP NP",即一个形容词短语加上一个名词短语组成一个更大的形容词短语。由于不检查"上文",将无限次地用这条产生式来扩展 AP,生成出"AP AP AP…AP NP"这样的串。更麻烦的是,在汉语中还存在双向递归结构,如"NP→NP NP"。这种结构无论采取何种扫描方式都难以处理。在自顶向下的分析中,解决递归问题需要附加某种测试(陈小荷,2000)。

8.3 自底向上的句法分析

程序设计语言的自底向上句法分析一般采用 LR 分析法,该方法要求文法不含移进 - 归约冲突或归约 - 归约冲突。由于自然语言的歧义性,不可避免地会存在各种冲突,因此,程序设计语言中的自底向上分析法并不太适用于汉语句法分析。

8.3.1 移近-归约算法

移进-归约算法类似于下推自动机的 LR 分析算法。算法的基本数据结构是堆栈,算法中主要有四种操作:

(1)移进。从句子左端将一个终结符移到栈顶。

(2)归约。根据规则,将栈顶的若干个符号替换成一个符号。

(3)接收。句子中所有词语都已移进栈中,且栈中只剩下一个符号 S,分析成功,结束。

(4)拒绝。句子中所有词语都已移进栈中,栈中并非只有一个符号 S,也无法进行任何归约操作,分析失败,结束。

由于自然语言的歧义性,在移进归约的分析过程中可能出现移进-归约冲突(既可以移进,又可以归约)和归约-归约冲突(可以使用不同的规则归约)。因此,移进-归约算法采用了带回溯的分析策略,即允许在分析到某一时刻,发现无法进行下去时,就回退到前一步,然后继续这种分析。对于互相冲突的各项操作,需要给出一个选择顺序。例如,在移进-归约冲突中采取先归约,后移进的策略;在归约-归约冲突中支持最长规则,即尽可能地归约栈中最多的符号。

假定我们有如下的句法规则:

(1)S→NP VP
(2)NP→r
(3)NP→n
(4)NP→S' de　　　　(文法 8.2)
(5)VP→v NP
(6)S'→NP VP'
(7)VP'→v　v

其中,“de”为词语“的”的词性。假如输入串为“张三/n 是/v 县长/n 派/v 来/v 的”,分析过程见表 8.2。其中,“sh”表示移入(Shift),“r_i”表示用第 i 个产生式进行归约(Reduction)。

表 8.2　输入串“张三/N 是/V 县长/N 派/V 来/V 的”的分析过程

栈内位置	栈	输入	操作
1	#	r v n v v de	sh
2	# r	v n v v de	r_2
3	# NP	v n v v de	sh
4	# NP v	n v v de	sh
5	# NP v n	v v de	r_3
6	# NP v NP	v v de	r_5
7	# NP VP	v v de	sh
8	# NP VP v	v de	sh
9	# NP VP v v	de	r_7
10	# NP VP VP'	de	sh
11	# NP VP VP'		回溯
10	# NP VP VP'	de	回溯
9	# NP VP v v	de	sh

续表 8.2

栈内位置	栈	输入	操作
10	# NP VP v v		回溯
9	# NP VP v v	de	回溯
8	# NP VP v	v de	回溯
7	# NP VP	v v de	回溯
6	# NP v NP	v v de	sh
7	# NP v NP v	v de	sh
8	# NP v NP v v	de	r_7
9	# NP v NP VP'	de	r_6
10	# NP v S'	de	sh
11	# NP v S'		r_4
12	# NP v NP		r_5
13	# NP VP		r_1
14	# S		接收

可以看到,采用回溯算法将导致大量的冗余操作,效率非常低。

8.3.2 欧雷分析法

欧雷分析法的基本思想与 LR 分析法类似,即把每个句法成分的识别过程划分为若干状态。Earley 算法的一个重要贡献是引入了点规则。所谓点规则,是在规则右部的终结符或非终结符之间的某一个位置上加上一个圆点,表示规则右部被匹配的程度。例如,

VP→·v NP 表示这条规则还没有被匹配;

VP→v·NP 表示这条规则右部的 v 已经匹配成功,而 NP 还没有被匹配;

VP→v NP·表示这条规则已被完全匹配,并形成了一个短语 VP。

同属于一个产生式的点规则,但圆点的位置只相差一个符号,则称后者是前者的后继点规则。例如,VP → v · NP 是 VP → · v NP 的后继点规则,VP → v NP ·是 VP → v · NP 的后继点规则。

Earley 算法通过一个二维矩阵$\{\boldsymbol{E}(i,j)\}$来存放已经分析过的结果,其中每个元素是一个点规则的集合,用来存放句子中单词 i 到单词 j 这个跨度(Span)上所分析得到的所有点规则。如果我们把 i 和 j 分别看作是平面坐标系中的横纵坐标,那么,令横坐标 i 代表语法成分的起点,纵坐标 j 代表“点”所在的位置。

假定我们有如下的文法(詹卫东,2012):

(1)S→NP VP
(2)NP→n
(3)NP→CS de　　　　(文法 8.3)
(4)CS→NP V'
(5)VP→v NP
(6)V'→v v

图 8.3 显示了对一个输入串“张三/n 是/v 县长/n 派/v 来/v 的/de”的分析过程。

①首先,根据文法 8.3 可知,该文法的起始符号为“S”,也就是说,在分析开始的时候,我

们期待识别出一个句子 S，即处于状态“・ S”。根据规则(1)可知，在开始处期待 S 就相当于在开始处期待 NP，即处于状态“S→・ NP VP”；再由规则(2)和(3)可知，在开始处期待“NP”就相当于在开始处期待“n”或“CS”，即处于状态“NP→・ n”和“NP→・ CS de”；再由规则(4)可知，在开始处期待“CS”就相当于在开始处期待“NP”，即处于状态“CS→・ NP V’”。因此以下几个点规则是等价的：

S→・ NP VP

NP→・ n

NP→・ CS de

CS→・ NP V’

把它们放在 $\boldsymbol{E}(0,0)$ 里，表示当前期待的语法成分开始于句首，而且这些成分里的子成分还一个都未识别出来(因为点的位置当前在 0 处)，如图 8.3 所示。

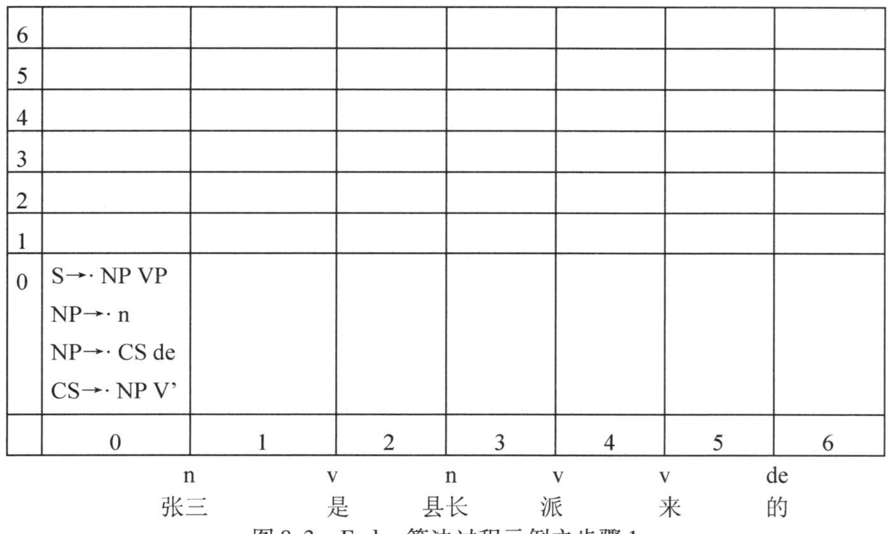

图 8.3　Earley 算法过程示例之步骤 1

②接下来，$\boldsymbol{E}(0,0)$ 中点规则“NP→・ n”在期待位置 0 后出现一个终结符号“n”，由图 8.3 的横轴方向可以看出，位置 0 后的终结符号正好是“n”，于是识别过程向前进展一步，由状态“NP→・ n”转入状态“NP→n ・”。“NP→n ・”是一个归约状态，表示可以将“n”归约为“NP”。将点规则“NP→n・”放入 $\boldsymbol{E}(0,1)$ 中，表示该成分(“NP”)的起点在位置 0，终点在位置 1，即对应位置 0 和 1 之间的句子片断“n”。归约出 0 和 1 之间的“NP”以后，接下来，在 $\boldsymbol{E}(i,0)$ 里查找是否有在位置 0 处期待“NP”的点规则，如果有，将其后继点规则放入相应的 $\boldsymbol{E}(i,1)$ 里，表示这些状态所期待的“NP”已经识别出来了，因此这些状态也可以相应地转入下一状态。这里，我们把 $\boldsymbol{E}(0,0)$ 中的“S→・ NP VP”和“CS→・ NP”(它们都在 0 处期待 NP 识别出来)的后继点规则“S→NP ・ VP”和“CS→NP・”也放入 $\boldsymbol{E}(0,1)$ 中，如图 8.4 所示。

③在图 8.3 的 $\boldsymbol{E}(0,1)$ 中，点规则“S→NP ・ VP”在位置 1 处期待能识别出一个“VP”，点规则“CS→NP ・ V’”在位置 1 处期待能识别出一个“V’”，于是，我们把以“VP”和“V’”为左部的点规则“VP→・ v NP”和“V’→・ v v”放入 $\boldsymbol{E}(1,1)$ 中，如图 8.5 所示。

④接下来，$\boldsymbol{E}(1,1)$ 中的两个点规则在期待位置 1 后出现终结符号“v”，由图 8.5 的横轴方向可以看出，位置 1 后的终结符号正好是“v”，于是识别过程向前进展一步，由状态“VP→・ v

NP”和“V’→·v v”转入状态“VP→v · NP”和“V’→ v · v”。将点规则“VP→v · NP”和“V’→ v · v”放入 ***E***(1,2)中,表示这两个成分(“VP”和“V’”)的起点在位置 1,当前已识别出了它们的第一个子成分“v”,如图 8.6 所示。

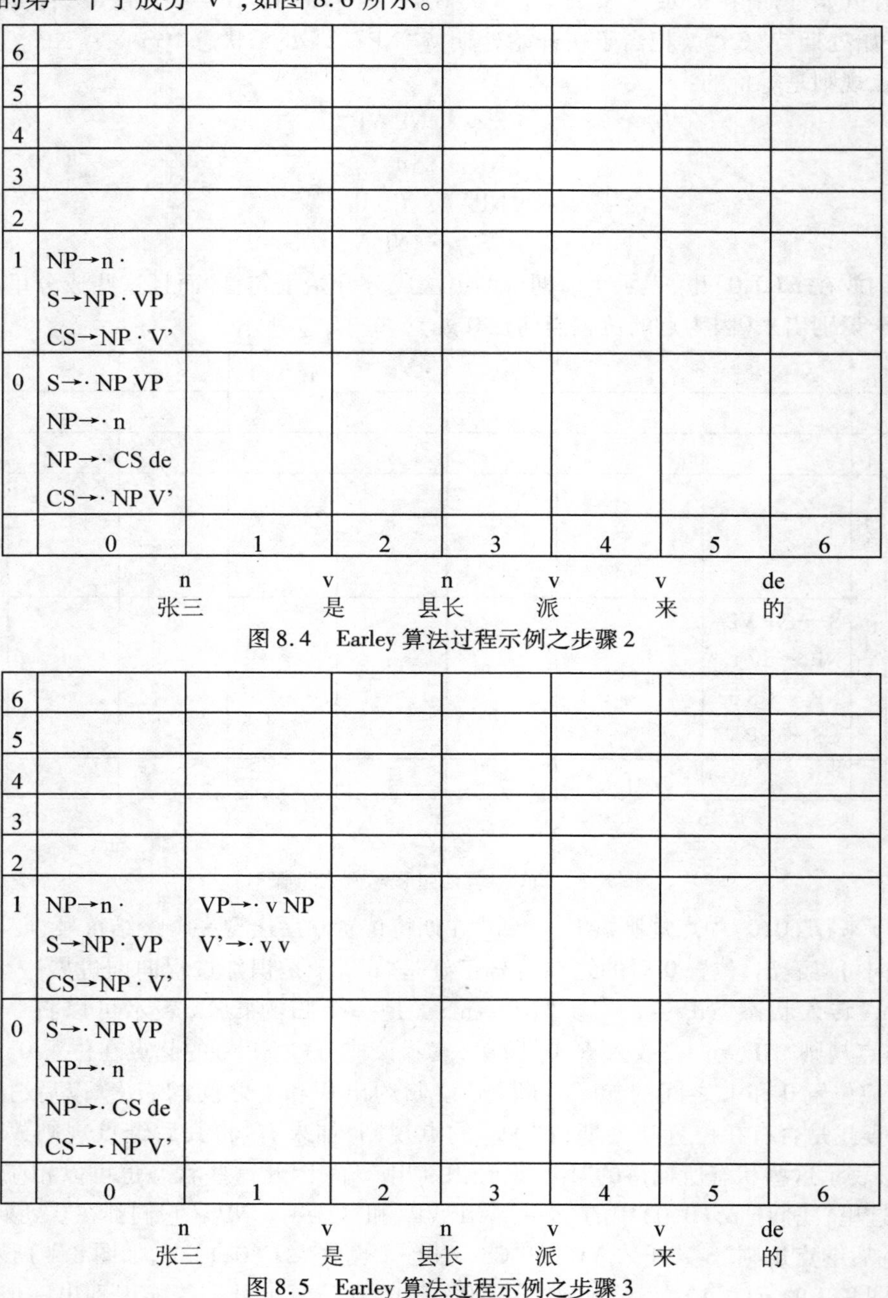

6							
5							
4							
3							
2							
1	NP→n· S→NP·VP CS→NP·V’						
0	S→·NP VP NP→·n NP→·CS de CS→·NP V’						
	0	1	2	3	4	5	6

n v n v v de

张三 是 县长 派 来 的

图 8.4 Earley 算法过程示例之步骤 2

6							
5							
4							
3							
2							
1	NP→n· S→NP·VP CS→NP·V’	VP→·v NP V’→·v v					
0	S→·NP VP NP→·n NP→·CS de CS→·NP V’						
	0	1	2	3	4	5	6

n v n v v de

张三 是 县长 派 来 的

图 8.5 Earley 算法过程示例之步骤 3

⑤按照以上的思路,可以将整个表填写完整,如图 8.7 所示。其中,***E***(1,2)中的“V’→ v · v”表示该状态期待位置 2 后出现终结符“v”,而实际上,由图 8.7 的横轴方向可知,位置 2 后的下一个终结符是“n”,所以该状态不可能再往下进展了,因此变成了一个“死”状态,故在其后标上符号“×”。同理,***E***(6,6)中的“V’→ v · v”也被标上符号“×”。***E***(0,3)中的“S→NP VP·”

表示在位置0和3之间识别出了开始符号“S”,由于在(文法8.3)中,“S”没有作为任何产生式的右部符号,因此,必须识别出一个横跨整个句子(在本例中为位置0到6)的“S”才是合理的,如 ***E***(0,6)中的“S→NP VP · ”。因此,***E***(0,3)中的“S→NP VP · ”也被标上符号“ × ”。

6							
5							
4							
3							
2		VP→v · NP V’→v · v					
1	NP→n · S→NP · VP CS→NP · V’	VP→· v NP V’→· v v					
0	S→· NP VP NP→· n NP→· CS de CS→· NP V’						
	0	1	2	3	4	5	6

n v n v v de
张三 是 县长 派 来 的

图 8.6　Earley 算法过程示例之步骤 4

6	S→NP VP·(√)	VP→v NP·	NP→CS de·				V’→v v·(×)
5			CS→NP V’· NP→CS·de	V’→v v·			
4				V’→v · v			
3	S→NP VP·(×)	VP→v NP ·	NP→n · CS→NP·V’	V’→· vv			
2		VP→v · NP V’→v · v(×)	NP→· n NP→·CS de CS→· NPV’				
1	NP→n· S→NP·VP CS→NP·V’	VP→·v NP V’→·v v					
0	S→NP · VP NP→·n NP→·CS de CS→· NPV’						
	0	1	2	3	4	5	6

n v n v v de
张三 是 县长 派 来 的

图 8.7　Earley 算法过程示例之步骤 5

根据图8.7中的表格,很容易构造输入句子的分析树,如图8.8所示。由于$\boldsymbol{E}(0,6)$中的“S→NP VP·”是接收状态(已标上符号“√”),因此,可以在矩阵中找到某个k,使得$\boldsymbol{E}(0,k)$中有“NP”的归约状态,$\boldsymbol{E}(k,6)$中有“VP”的归约状态(在本例中,k为1)。然后再按同样的方法,根据$\boldsymbol{E}(0,k)$和$\boldsymbol{E}(k,6)$来找到“NP”和“VP”的子成分,依此类推,直到生成整个分析树。

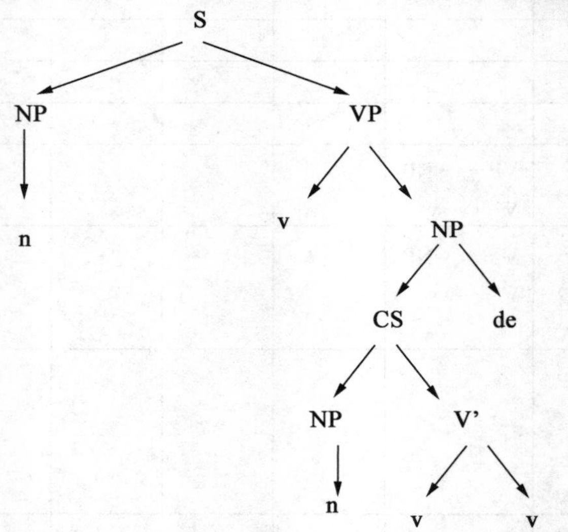

图8.8 句子“张三/n 是/v 县长/n 派/v 来/v 的/de”的分析树

Earley算法中涉及3项基本操作:

①预测(Predicator)。如果圆点右方是一个非终结符,那么以该非终结符为左部的规则都有匹配的希望,也就是说分析器需要为这些规则建立相应的点规则。

②扫描(Scanner)。如果圆点右方是一个终结符,就将圆点向右方扫描一个字符间隔,把匹配完的字符“让”到左方。

③归约(Completer)。如果圆点右方没有符号(即圆点已经在状态的结束位置),那么表示当前状态所做的预测已经实现,因而可以将当前状态(S_i)与已有的包含当前状态的状态(S_j)进行归约(合并),从而扩大S_j覆盖的子串范围。

Earley算法描述如下:

①初始化。对于规则集中所有左端为初始符S的规则“S→α”,把“S→·α”加入到$\boldsymbol{E}(0,0)$中。如果“B→·Aβ”在$\boldsymbol{E}(0,0)$中,那么对于所有左端为符号A的规则“A→α”,把“A→·α”加入到$\boldsymbol{E}(0,0)$中。

②循环执行以下步骤,直到分析成功或失败。

扫描:如果A→α·xβ在$\boldsymbol{E}(i,j)$中,并且终结符x与输入字符串中第j个字符匹配,那么把A→αx·β加入到$\boldsymbol{E}(i,j+1)$中;

归约:如果B→γ·在$\boldsymbol{E}(i,j)$中,并且在$\boldsymbol{E}(k,i)$中存在A→α·Bβ,那么把A→αB·β加入到$\boldsymbol{E}(k,j)$中;

预测:如果A→α·Bβ在$\boldsymbol{E}(i,j)$中,那么对所有左端为符号B的规则B→γ,把B→·γ加入到$\boldsymbol{E}(j,j)$中。

8.3.3 线图分析法

线图分析法的基本思想是:给定一个句子的词性序列$s=w_1w_2\cdots w_n$,构造一个线图(一组节点和边的集合,如图8.9(a)所示)。查看任意相邻几条边上的标记串是否与某条产生式规则的右部相同,如果相同,则增加一条新的边跨越原来相应的边,新增加边上的标记为这条产生式规则的头(左部)。重复这个过程,直到没有新的边产生,如图8.9(b)所示。

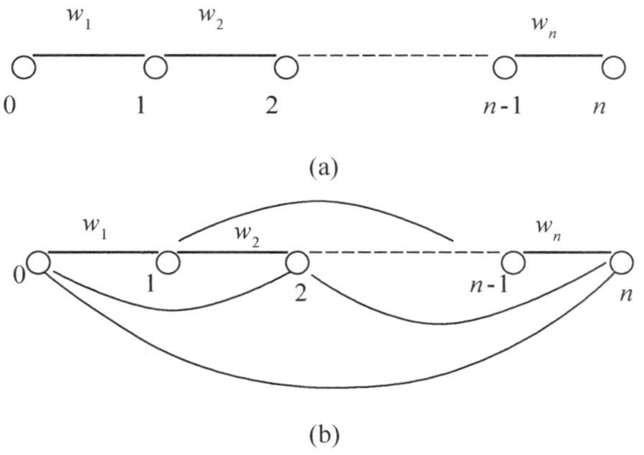

图8.9 线图示意图

与LR分析法类似,线图分析法也把每个句法成分的识别过程划分为若干状态。假定我们有如下的文法(宗成庆,2012):

(1) S→NP VP
(2) NP→det n
(3) VP→v NP　　　　(文法8.4)
(4) VP→VP PP
(5) PP→prep NP

图8.6显示了对一个输入串"the/det boy/n hits/v the/det dog/n with/prep a/det rod/n"的分析过程。

①初始的时候,由于输入串的第一个符号是"det",所以向图中节点0和节点1之间添加一条标记为"det"的边,记为"det(0,1)",同时,根据规则(2)生成点规则"NP→det · n (0, 1)",括号中的第一个分量"0"表示成分NP起始的位置,第二个分量"1"表示"点"所处的位置。该规则表示"NP"的第一个子成分"det"已识别出来,目前在期待识别出一个始于位置1的子成分"n"。这一步完成时的线图如图8.10所示。此时生成的边和点规则见表8.3。

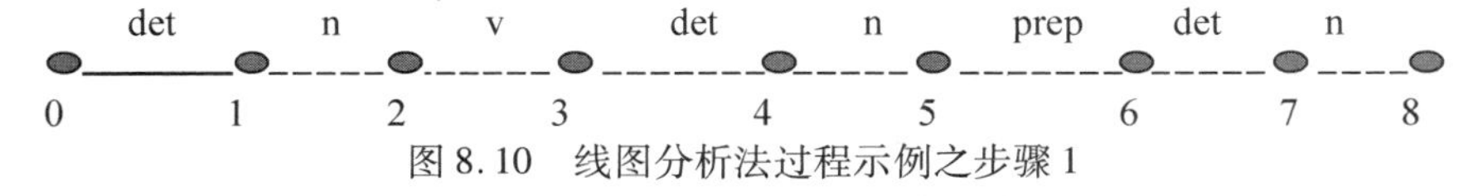

图8.10 线图分析法过程示例之步骤1

表8.3 线图分析法过程示例之步骤1生成的边和点规则

边	点规则
det(0,1)	NP→det · n (0, 1)

②接下来,根据输入串的第二个符号"n",向图中节点1和节点2之间添加一条标记为"n"的边,即"n(1,2)"。同时,在点规则集合里查找是否有期待"n(1,2)"的点规则。此时的"NP→det · n (0, 1)"正是这样一个点规则。于是根据"NP→det · n (0, 1)"和"n(1,2)"

生成新的点规则"NP→det n · (0, 2)",表示"NP"已完全识别出来了,由此,生成一条新的边"NP(0,2)"。由新生成的边"NP(0, 2)"和规则(1)可以生成新的点规则"S→NP · VP (0, 2)",表示"S"的第一个子成分"NP"已识别出来,目前在期待识别出一个始于位置2的子成分"VP"。这一步完成时的线图如图8.11所示。此时的生成的边和点规则见表8.4。

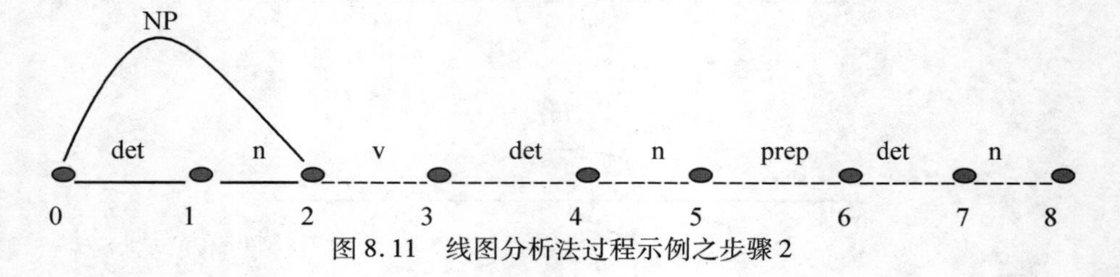

图8.11 线图分析法过程示例之步骤2

表8.4 线图分析法过程示例之步骤2生成的边和点规则

边	点规则
det(0,1)	NP→det · n (0, 1)
n(1,2) NP(0,2)	NP→det n · (0, 2) S→NP · VP (0, 2)

③接下来,根据输入串的第三个符号"v",向图中节点2和节点3之间添加一条标记为"v"的边,即"v(2,3)"。每添加一条新的边以后,分别执行两项工作:一是根据语法产生式规则看是否可以生成新的点规则(将右部以该边标记打头的规则以点规则的形式加入点规则集合);二是到点规则集合里查找是否有期待该边标记的点规则,如果有,要生成新的点规则。如果点规则的所有子成分都识别出来了,就将其对应的边添加到图中。此过程一直进行下去,直到整个句子分析完毕。最终生成的线图如图8.12所示。生成的边和点规则见表8.5。

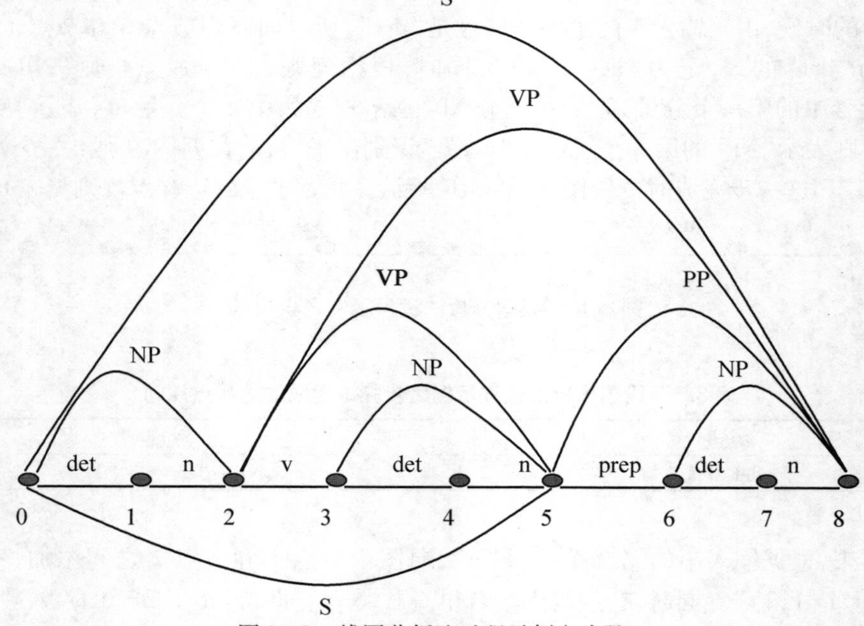

图8.12 线图分析法过程示例之步骤3

表8.5 线图分析法过程示例之步骤3生成的边和点规则

边	点规则
det(0,1)	NP→det · n (0, 1)
n(1,2)	NP→det n · (0, 2)
NP(0,2)	S→NP · VP (0, 2)
v(2,3)	VP→v · NP (2, 3)
det(3,4)	NP→det · n (3, 4)
n(4,5)	NP→det n · (3, 5)
NP(3,5)	S→NP · VP (3, 5) VP→v NP · (2, 5)
VP(2,5)	VP→VP · PP (2, 5) S→NP VP · (0, 5)
S(0,5)	
prep(5,6)	PP→prep · NP (5, 6)
det(6,7)	NP→det · n (6, 7)
n(7,8)	NP→det n · (6, 8)
NP(6,8)	S→NP · VP (6, 8) PP→prep NP · (5, 8)
PP(5,8)	VP→VP PP · (2, 8)
VP(2,8)	VP→VP · PP (2, 8) S→NP VP · (0, 8)
S(0,8)	

将图8.12中的边改为结点，将结点改为边，得到分析结果的直观图如图8.13所示。

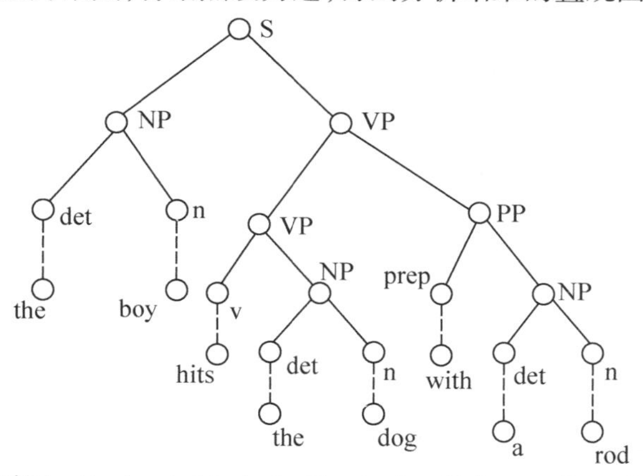

图8.13 句子“the/det boy/n hits/v the/det dog/n with/prep a/det rod/n”的分析树

线图分析法的数据结构包括3个部分：

①线图。保存分析过程中已经建立的成分(包括终结符和非终结符)、位置(包括起点和终点)。通常以 $n \times n$ 的数组表示(n 为句子包含的词数)。

②待处理表。记录刚刚得到的一些重写规则所代表的成分,这些重写规则的右端符号串与输入词性串或短语标志串中的一段完全匹配,通常以栈或线性队列表示。

③点规则集合。记录那些右端符号串与输入串的某一段相匹配,但还未完全匹配的重写

规则通常以数组或列表存储。

算法描述如下：

从输入串的起始位置到最后位置，循环执行如下步骤：

①如果待处理表为空，则找到下一个位置上的词，将该词对应的（所有）词类 X 附以 (i,j) 作为元素放到待处理表中，即 $X(i,j)$。其中，i,j 分别是该词的起始位置和终止位置，$i<j,j-i$ 为该词的长度。

②从待处理表中取出一个元素 $X(i,j)$。

③对于每条规则 $A\to X\gamma$，将 $A\to X\cdot\gamma\ (i,j)$ 加入点规则集合中，然后调用扩展弧子程序。

扩展弧子程序描述如下：

a. 将边 $X(i,j)$ 插入线图。

b. 对于点规则集合中每个位置为 (k,i) $(1\leqslant k<i)$ 的点规则，如果该规则具有如下形式：$A\to\alpha\cdot X$，如果 $A=S$，则把 $S(0,n)$ 加入到线图中，并给出一个完整的分析结果（这里要求"S"不出现在任何规则的右部中）；否则，则将 $A(k,j)$ 加入到待处理表中。

c. 对于每个位置为 (k,i) 的点规则：$A\to\alpha\cdot X\beta$，则将 $A\to\alpha X\cdot\beta(k,j)$ 加入到点规则集合中。

8.3.4 CYK 分析法

CYK 分析法首先需要对文法进行 Chomsky 范式化处理（如果规定右部必须是一个终结符，或者是两个非终结符，符合这种限制的产生式称为"桥姆斯基范式"）。分析过程中要填写一个分析表（parse table）。如果我们要处理的句子中有 n 个词，那么分析表就是一个 $(n+1)\times(n+1)$ 矩阵的上三角部分。下面以文法 8.3 为例，说明 CYK 分析法的实现过程。现将文法 8.3 重抄如下：

(1) S→NP VP
(2) NP→n
(3) NP→CS de　　　　（文法 8.3）
(4) CS→NP V'
(5) VP→v NP
(6) V'→v v

假设我们要分析输入串"张三/n 是/v 县长/n 派/v 来/v 的/de"。因为串中有 6 个词，那么分析表就是一个 7×7 矩阵的上三角部分。

①初始的时候，将句子中的各个词汇 t_i 填入数组元素 $\boldsymbol{P}[i-1,i]$，表示这些词的起始位置为 $i-1$，终止位置为 i，如图 8.14 所示。

②接下来，根据产生式规则(2)可知，可以将"NP"放入 $\boldsymbol{P}[0,1]$ 和 $\boldsymbol{P}[2,3]$ 中（如图 8.15 所示），表示这两个"NP"分别以第 1 个词和第 3 个词开始，且"NP"中都只包含 1 个词。这一步将"金字塔"最下面一行填完。

③接下来，将填写"金字塔"倒数第 2 行，如图 8.16 所示。

对于元素 $\boldsymbol{P}[0,2]$，$\boldsymbol{P}[0,2]$ 表示第一个词的位置为 0、包含 2－0＝2 个词的词串，那么需要查看 $\boldsymbol{P}[0,1]$ 与 $\boldsymbol{P}[1,2]$ 中的成分是否可以合成一个成分（$\boldsymbol{P}[0,1]$ 与 $\boldsymbol{P}[1,2]$ 显然对应着首尾相接的两个词串）。通过查找产生式规则集合，没发现满足条件的规则，因此，不必采取任何操作。

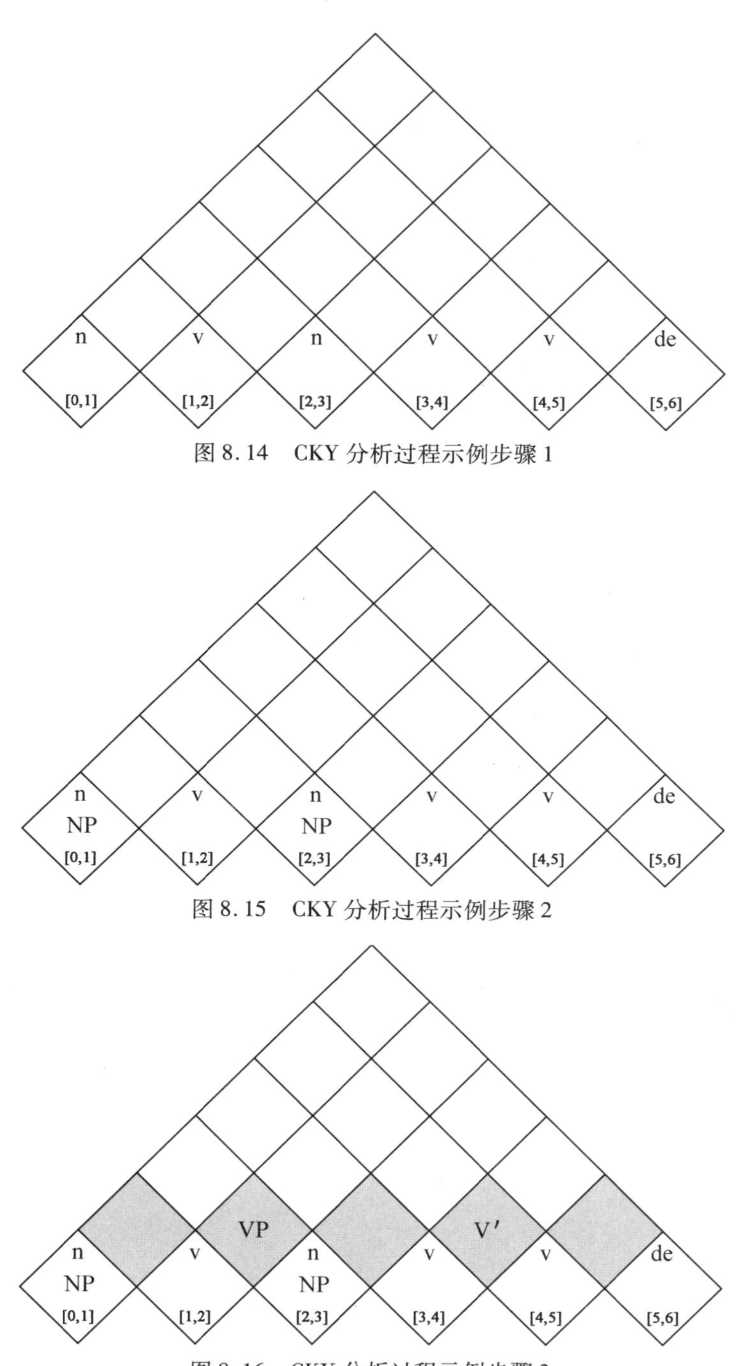

图 8.14　CKY 分析过程示例步骤 1

图 8.15　CKY 分析过程示例步骤 2

图 8.16　CKY 分析过程示例步骤 3

对于元素 $\boldsymbol{P}(1,\ 3)$，由于 $\boldsymbol{P}[1,\ 3]$ 表示第一个词的位置为 1、包含 $3-1=2$ 个词的词串，那么需要查看 $\boldsymbol{P}[1,\ 2]$ 与 $\boldsymbol{P}[2,\ 3]$ 中的成分是否可以合成一个成分（$\boldsymbol{P}[1,\ 2]$ 与 $\boldsymbol{P}[2,\ 3]$ 显然对应着首尾相接的两个词串）。根据产生式规则（5）可知，$\boldsymbol{P}[1,\ 2]$ 中的“v”与 $\boldsymbol{P}[2,\ 3]$ 中的“NP”构成一个“VP”，因此将“VP”放入 $\boldsymbol{P}[1,\ 3]$ 中。

同理，根据产生式规则（6）可知，$\boldsymbol{P}[3,\ 4]$ 中的“v”与 $\boldsymbol{P}[4,\ 5]$ 中的“v”构成一个“V’”，因

此将“V'”放入P[3, 5]中。而**P**[2, 4]与**P**[4, 6]通过查找产生式规则集合,没发现满足条件的规则,因此,不必采取任何操作。

④接下来,将填写“金字塔”倒数第3行,如图8.17所示。

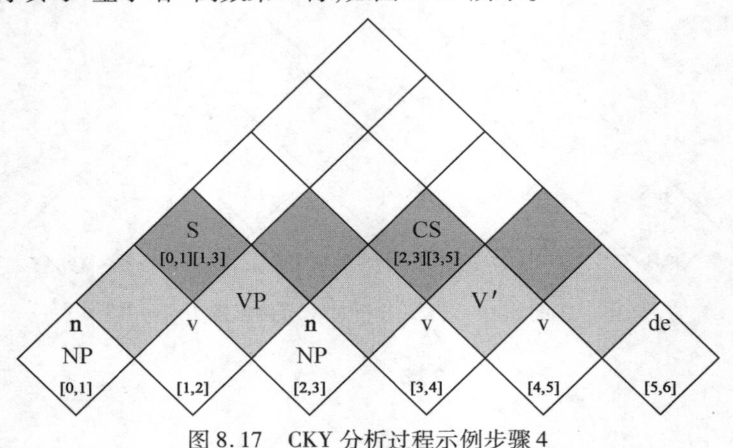

图8.17　CKY分析过程示例步骤4

对于元素**P**[0, 3],由于**P**[0, 3]表示第一个词的位置为0、包含3-0=3个词的词串,那么需要查看**P**[0, 1]与**P**[1, 3]中的成分是否可以合成一个成分,或者**P**[0, 2]与**P**[2, 3]中的成分是否可以合成一个成分。根据规则(1)可知,**P**[0, 1]中的“NP”与**P**[1, 3]中的“VP”可以合成一个“S”,因此将“S”填入P[0, 3]。

对于元素**P**[1, 4],由于**P**[1, 4]表示第一个词的位置为1、包含4-1=3个词的词串,那么需要查看**P**[1, 2]与**P**[2, 4]中的成分是否可以合成一个成分,或者**P**[1, 3]与**P**[3, 4]中的成分是否可以合成一个成分。通过查找产生式规则集合,没发现满足条件的规则,因此,不必采取任何操作。

同理,根据产生式规则(4)可知,**P**[2, 3]中的“NP”与**P**[3, 5]中的“V'”构成一个“CS”,因此将“CS”放入**P**[2, 5]中。而**P**[3, 6]通过查找产生式规则集合,没发现满足条件的规则,因此,不必采取任何操作。

⑤接下来,将填写“金字塔”倒数第4行,如图8.18所示。

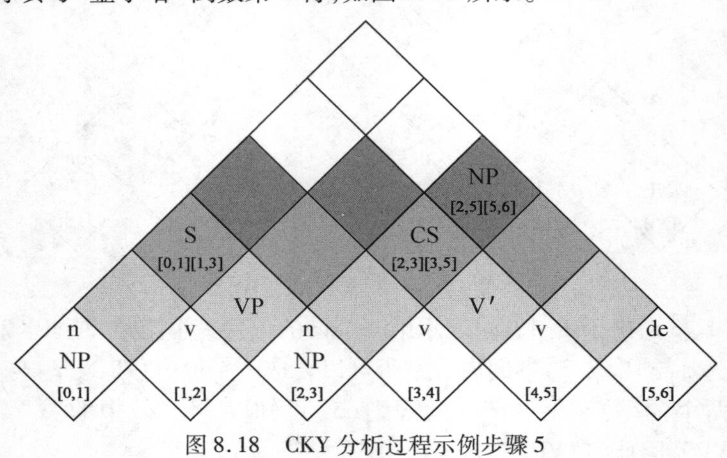

图8.18　CKY分析过程示例步骤5

对于元素**P**[0, 4],由于**P**[0, 4]表示第一个词的位置为0、包含4-0=4个词的词串,那

么需要查看 ***P***[0, 1]与 ***P***[1, 4]中的成分是否可以合成一个成分,或者 ***P***[0, 2]与 ***P***[2, 4]中的成分是否可以合成一个成分,或者 ***P***[0, 3]与 ***P***[3, 4]中的成分是否可以合成一个成分。通过查找产生式规则集合,没发现满足条件的规则,因此,不必采取任何操作。

对于元素 ***P***[1, 5],由于 ***P***[1, 5]表示第一个词的位置为1、包含5 - 1 =4 个词的词串,那么需要查看 ***P***[1, 2]与 ***P***[2, 5]中的成分是否可以合成一个成分,或者 ***P***[1, 3]与 ***P***[3, 5]中的成分是否可以合成一个成分,或者 ***P***[1, 4]与 ***P***[4, 5]中的成分是否可以合成一个成分。通过查找产生式规则集合,没发现满足条件的规则,因此,不必采取任何操作。

对于元素 ***P***[2, 6],由于 ***P***[2, 6]表示第一个词的位置为2、包含6 - 2 =4 个词的词串,那么需要查看 ***P***[2, 3]与 ***P***[3, 6]中的成分是否可以合成一个成分,或者 ***P***[2, 4]与 ***P***[4, 6]中的成分是否可以合成一个成分,或者 ***P***[2, 5]与 ***P***[5, 6]中的成分是否可以合成一个成分。根据规则(3)可知,***P***[2, 5]中的"CS"与 ***P***[5, 6]中的"de"可以合成一个"NP",因此将"NP"填入 ***P***[2, 6]。

⑥同理,可以填写"金字塔"倒数第5行和正数第1行。最终的结果如图8.19所示。

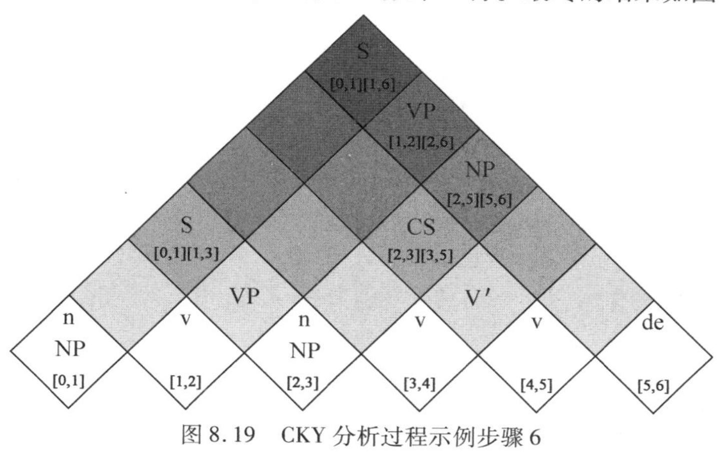

图8.19 CKY 分析过程示例步骤6

"S"在 ***P***[0,6]里说明整个句子可以构成一个"S",因此分析成功。由前面的计算过程可知:

P[0,6]的"S"是由 ***P***[0,1]的"NP"与 ***P***[1,6]的"VP"构成的;

P[0,1]的"NP"是由"n"构成的;

P[1,6]的"VP"是由 ***P***[1,2]的"v"与 ***P***[2,6]的"NP"构成的;

P[2,6]的"NP"是由 ***P***[2,5]中的"CS"与 ***P***[5,6]中的"de"构成的;

P[2,5]中的"CS"是由 ***P***[2,3]中的"NP"与 ***P***[3,5]中的"V'"构成的;

P[2,3]中的"NP"是由"n"构成的;

P[3,5]中的"V'" 是由 ***P***[3,4]中的"v"与 P[4,5]中的"v"构成的。

于是可以得到图8.8所示的句法分析树。

由于任何一个上下文无关文法 CFG 都可以转化成符合 Chomsky 范式的文法,因此 CYK 算法可以应用于任何一个上下文无关文法 CFG。

8.4 概率上下文无关文法

自然语言里存在着大量的歧义结构。假定我们有如下的句法规则：

(1) S→NP VP; 句子
(2) S→VP;
(3) S→NP;
(4) NP→n; 名词短语
(5) NP→a n;
(6) NP→DJ; (文法 8.5)
(7) NP→DJ NP;
(8) DJ→VP de; “的”字结构
(9) DJ→NP de;
(10) VP→VC NP; 动词短语
(11) VC→vt adj; 动补结构
(12) VC→VC utl;
(13) VC→v;

当输入句子为“咬/vt 死/adj 了/utl 猎人/n 的/de 狗/n” 时，我们用前面介绍的任何一种句法分析算法将生成如图 8.20 所示的两棵句法分析树。

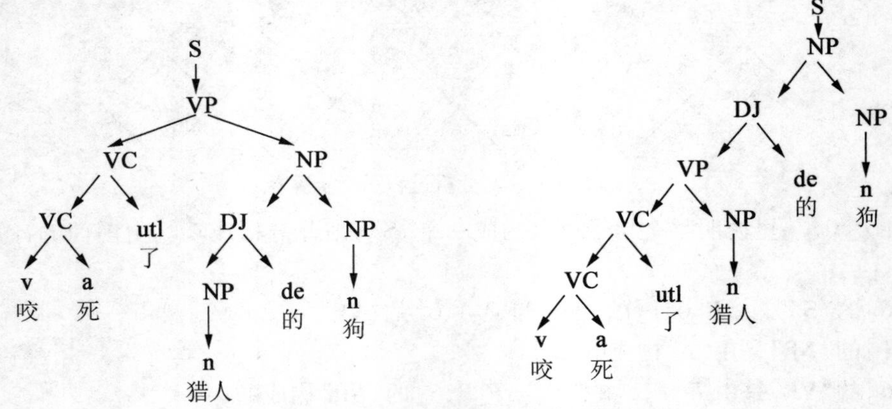

图 8.20 句子结构有歧义的句子举例

不能指望仅仅通过某种精心设计的算法来消除所有的句法歧义。要想从根本上解决歧义问题，必须给分析器提供语义知识和词语搭配等方面的知识（陈小荷，2000）。另外，通过计算推导过程中所用到每条句法规则的概率，也能在很大程度上减少句法歧义现象。概率上下文无关文法（Probabilistic Context Free Grammars, PCFG）是对上下文无关文法（CFG）的拓展。给每条句法规则加上一个概率值，便得到一部 PCFG，例如：

(1) S→NP VP; 0.7; 句子
(2) S→VP; 0.2;
(3) S→NP; 0.1;
(4) NP→n; 0.3; 名词短语

(5)	NP→adj n;	0.2;	
(6)	NP→DJ;	0.2;	
(7)	NP→DJ NP;	0.3;	
(8)	DJ→VP de;	0.4;	“的”字结构
(9)	DJ→NP de;	0.6;	
(10)	VP→VC NP;	1.0;	动词短语
(11)	VC→vt adj;	0.3;	动补结构
(12)	VC→VC utl;	0.5;	
(13)	VC→vt;	0.2;	

(文法 8.6)

所给的概率值可以是来自语感,或者来自语料统计。不管来源如何,都必须满足:左部符号相同的若干条规则,其概率之和等于1。例如,上面前三条规则的左部符号都是S,它们的概率之和为1;关于VP的规则只写了一条,因此概率为1。

跟非概率的上下文无关文法相比,PCFG的优点是:

①在一部有歧义的文法中,如果参数(规则的概率)选择适当,正确的分析一般会有较高的概率,因而有利于减少句法歧义。

②由于在分析过程中可以尽早删除那些概率较低的局部分析,因此能加快分析过程。

③可以用语料库来定量比较两个文法的性能。如果用文法 G_2 时语料库中句子的平均概率高于用文法 G_1 时句子的平均概率,就可以得到文法 G_2 优于 G_1 的结论。

一棵分析树的概率,等于推导出这棵分析树时所使用的各条规则的概率的乘积。例如,对于图8.21(a)所示的分析树,其概率为

$$0.3\times0.5\times0.3\times1.0\times0.4\times0.3\times0.3\times0.1=0.000\ 162$$

对于图8.21(b)所示的分析树,其概率为

$$0.3\times0.5\times0.3\times0.6\times0.3\times0.3\times1.0\times0.2=0.000\ 486$$

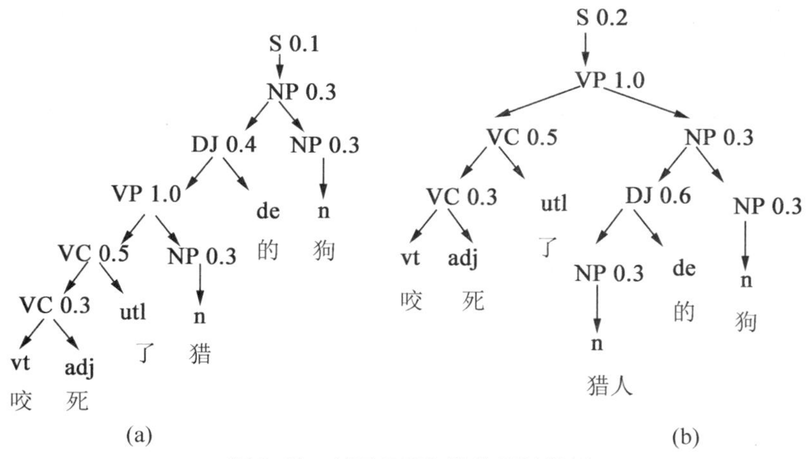

图8.21 基于PCFG的分析树举例

这一结论的推导过程如下:

我们先来看用文法G从非终结符 A 推导出词串 $w_i\cdots w_j$ 的概率 $p(w_i\cdots w_j|A)$。我们先假定文法G中所有规则都遵从乔姆斯基范式,即假定从 A 开始推导时所用的规则或者形如 $A\rightarrow B\ C$,或者形如 $A\rightarrow a$(A,B,C 是非终结符,a 是终结符)。当规则右部是一个终结符 a 时,有 $i=j$,

此时，$p(w_i \cdots w_j | A) = p(A \to a)$。当规则右部是两个非终结符时，$B$ 和 C 分割词串 $w_i \cdots w_j$，如图 8.22 所示。

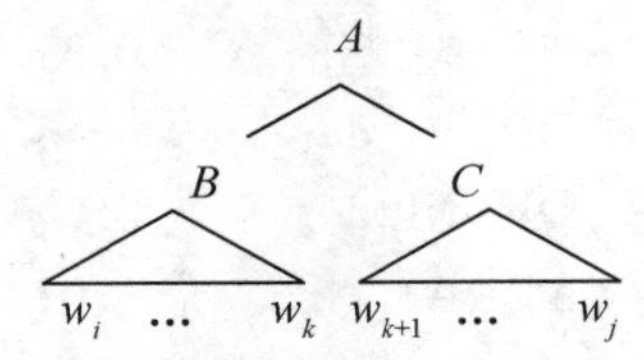

图 8.22 计算概率 $p(w_i \cdots w_j | A)$ 的示意图

式中，k 是一个下标变量，取值范围从 i 到 $j-1$。也就是说，B 和 C 对词串 $w_i \cdots w_j$ 有若干种不同的分割方式，都必须加以考虑。例如，“立刻写信”这个短语捆绑为一个 VP，但根据文法可能有内含式歧义（副词跟动词先组合，或者动词跟宾语先组合），此时对词串有两种不同的分割，不仅分割点不同，而且两个直接成分的符号也不相同。因此，当 $i<j$ 时，有

$$\begin{aligned} p(w_i \cdots w_j | A) = & \sum_{B\,C\,k} p(w_i \cdots w_k, B, w_{k+1} \cdots w_j, C | A) = \\ & \sum_{B\,C\,k} p(B, C | A) p(w_i \cdots w_k | A, B, C) p(w_{k+1} \cdots w_j | w_i \cdots w_k, A, B, C) \approx \\ & \sum_{B\,C\,k} p(B, C | A) p(w_i \cdots w_k | B) p(w_{k+1} \cdots w_j | C) = \\ & \sum_{B\,C\,k} p(A \to BC) p(w_i \cdots w_k | B) p(w_{k+1} \cdots w_j | C) \end{aligned} \tag{8.1}$$

现在我们把这个计算公式一般化，以便我们使用非乔姆斯基范式的句法规则时也能计算一个非终结符 A 推导出词串 $w_i \cdots w_j$ 的概率 $p(w_i \cdots w_j | A)$。

$$\alpha_{i,j}(A) = p(w_i \cdots w_j | A) = \sum_{e \in \varepsilon_{i,j}^{A}} p(rule(e)) \prod_{B \in rhs(e),p,q} \alpha_{p,q}(B) \tag{8.2}$$

式中，$\varepsilon_{i,j}^{A}$ 为所有以 A 为根，以 i 为起点，j 为终点的局部分析的集合；$rule(e)$ 为局部分析 e 所用的规则；$rhs(e)$ 为 $rule(e)$ 的右部；B 为局部分析中的一个构成成分，它的起点为 p，终点为 q。

根据这个递归公式很容易得到上面的结论，即一棵分析树的概率，等于推导出这棵分析树时所使用的各条规则的概率的乘积。

8.4.1 PCFG 的三个基本问题

与 HMM 类似，PCFG 也涉及三个基本问题：

(1) 给定文法 G，如何有效地计算句子 $w_1 \cdots w_n$ 的概率，即

$$p(w_1 \cdots w_n | \mathrm{G}) = ? \tag{8.3}$$

(2) 给定文法 G 和句子 $w_1 \cdots w_n$，如何有效地确定最优的分析结果，即

$$\operatorname*{argmax}_{t} p(t | w_1 \cdots w_n, \mathrm{G}) = ? \tag{8.4}$$

(3) 如何调节文法 G 的参数（即每条规则的概率），使得句子的概率最大化，即

$$\operatorname*{argmax}_{G} p(w_1 \cdots w_n | \mathrm{G}) = ? \tag{8.5}$$

这三个问题可以采用与 HMM 中三个问题类似的解决办法，有兴趣的读者可以参阅相关的文献（Manning et al.，1999）。

8.4.2 扩展的 CKY 分析法

假如给定的 PCFG（文法 8.7）由如下规则构成：

(1)	S → NP VP	0.9
(2)	S → VP	0.1
(3)	VP → V NP	0.5
(4)	VP → V	0.1
(5)	VP → V PP	0.4
(6)	NP → NP NP	0.1
(7)	NP → NP PP	0.2
(8)	NP → N	0.7
(9)	N → people	0.5
(10)	N → fish	0.2
(11)	N → tanks	0.2
(12)	N → rods	0.1
(13)	V → people	0.1
(14)	V → fish	0.6
(15)	V → tanks	0.3

(文法 8.7)

给定输入串“fish people fish tanks”。因为串中有 4 个词,那么分析表就是一个 5 ×5 的矩阵的上三角部分,如图 8.23 所示。

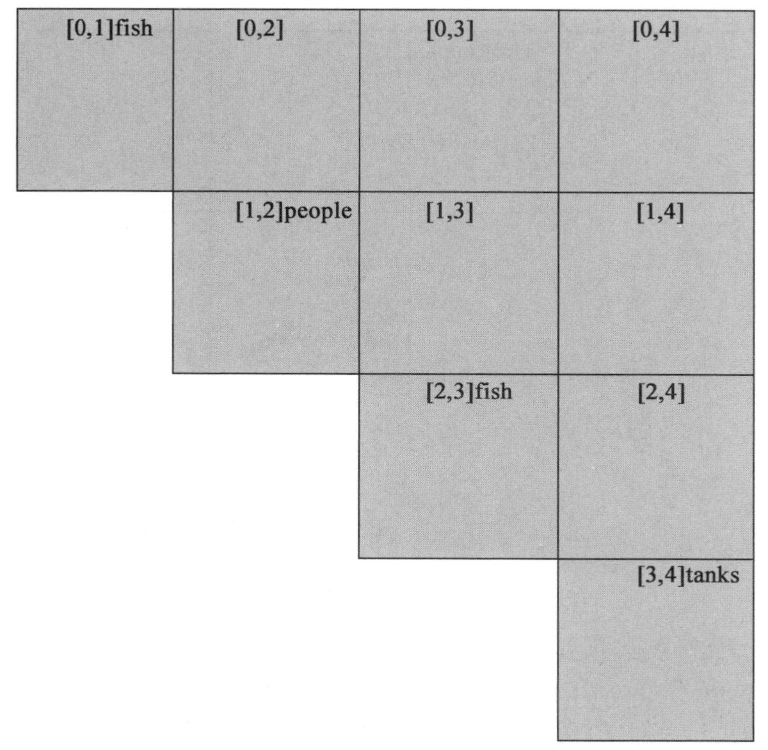

图 8.23 扩展的 CKY 分析过程示例 -1

①数组元素 ***P***[0, 1]对应着输入串中的第一个单词“fish”。

根据规则(10)可知,“fish”本身可以构成一个“N”,以这个“N”为根结点的子树的概率等于规则“N → fish”的概率，即为 0.2。因此将“N → fish 0.2”填入 ***P***[0, 1]。

根据规则(14)可知，“fish”本身可以构成一个“V”，以这个“V”为根结点的子树的概率等于规则“V → fish”的概率，即为 0.6。因此将“V → fish 0.6”也填入 ***P***[0, 1]。

根据规则(8)可知，“N”本身可以构成一个“NP”，以这个“NP”为根结点的子树的概率等于规则“NP → N”的概率乘上以“N” 为根结点的子树的概率，即 $0.7 \times 0.2 = 0.14$。因此将“NP →N 0.14”也填入 ***P***[0, 1]。

根据规则(4)可知，“V”本身可以构成一个“VP”，以这个“VP”为根结点的子树的概率等于规则“VP → V”的概率乘上以“V” 为根结点的子树的概率，即为 $0.1 \times 0.6 = 0.06$。因此将“VP →V 0.06”也填入 ***P***[0, 1]。

根据规则(2)可知，“VP”本身可以构成一个“S”，以这个“S”为根结点的子树的概率等于规则“S → VP”的概率乘上以“VP” 为根结点的子树的概率，即为 $0.1 \times 0.06 = 0.006$。因此将“S →VP 0.006”也填入 ***P***[0, 1]。

类似的，我们可以求出数组元素 ***P***[1, 2]、***P***[2, 3]、***P***[3, 4]中的内容，如图 8.24 所示。

[0,1]fish N→fish 0.2 V→fish 0.6 NP→N 0.14 VP→V 0.06 S→VP 0.006	[0,2]	[0,3]	[0,4]
	[1,2]people N→people 0.5 V→people 0.1 NP→N 0.35 VP→V 0.01 S→VP 0.001	[1,3]	[1,4]
		[2,3]fish N→fish 0.2 V→fish 0.6 NP→N 0.14 VP→V 0.06 S→VP 0.006	[2,4]
			[3,4]tanks N→tanks 0.2 V→tanks 0.3 NP→N 0.14 VP→V 0.03 S→VP 0.003

图 8.24 扩展的 CKY 分析过程示例 -2

②数组元素 ***P***[0, 2]表示第一个词的位置为 0、包含 2 个词的词串，那么需要查看 ***P***[0, 1]与 ***P***[1, 2]中的成分是否可以合成一个成分。

i）根据规则(3)可知，***P***[0, 1]中的“V”与 ***P***[1, 2]中的“NP”可以合成一个“VP”。以这个“VP”为根结点的子树的概率等于规则“VP → V”的概率乘上以“V” 为根结点的子树的概率，再乘上以“NP” 为根结点的子树的概率，即为 $0.5 \times 0.6 \times 0.35 = 0.105$。根据规则(2)可知，这个刚归约出的“VP”本身可以构成一个“S”。以这个“S”为根结点的子树的概率等于规则“S → VP”的概率乘上以“VP”为根结点的子树的概率,即为 0.1 ×0.105 =1.05e −2。

ⅱ)根据规则(6)可知,**P**[0, 1]中的“NP”与 **P**[1, 2]中的“NP”可以合成一个“NP”。以这个“NP”为根结点的子树的概率等于规则“NP → NP NP”的概率乘上以右部第一个“NP”为根结点的子树的概率,再乘上以右部第二个“NP”为根结点的子树的概率,即为 0.1 ×0.14 ×0.35 =4.9e −3。

ⅲ)根据规则(1)可知,**P**[0, 1]中的“NP”与 **P**[1, 2]中的“VP”可以合成一个“S”。以这个“S”为根结点的子树的概率等于规则“S → NP VP”的概率乘上以“NP”为根结点的子树的概率,再乘上以“VP”为根结点的子树的概率,即为 0.9 ×0.14 ×0.01 =1.26e −3。

可以看出,ⅰ)和ⅲ)中都生成了以 S 为根结点的子树。根据动态规划原则,我们只保留概率最大的子树。最终,将以下信息填入 **P**[0, 2](如图 8.25 所示):

VP → V NP 0.105

NP → NP NP 4.9e −3

S → VP 1.05e −2

同理,我们可以填写分析表中的剩余数组元素。

[0,1]fish	[0,2]	[0,3]	[0,4]
N→fish 0.2 V→fish 0.6 NP→N 0.14 VP→V 0.06 S→VP 0.006	VP→V NP 0.105 NP→NP NP 4.9e-3 S→VP 1.05e-2	S→NP VP 6.806e-5 NP→NP NP 1.47e-3 VP→V NP 8.82e-3	S→NP VP 1.8522e-4 NP→NP NP 9.604e-7 VP→V NP 2.058e-5
	[1,2]people N→people 0.5 V→people 0.1 NP→N 0.35 VP→V 0.01 S→VP 0.001	[1,3] VP→V NP 0.7e-2 NP→NP NP 4.9e-3 S→NP VP 1.89e-2	[1,4] VP→NP NP 6.86e-5 VP→V NP 9.8e-5 S→NP VP 1.323e-2
		[2,3]fish N→fish 0.2 V→fish 0.6 NP→N 0.14 VP→V 0.06 S→VP 0.006	[2,4] VP→V NP 0.042 NP→NP NP 1.96e-3 S→VP 4.2e-3
			[3,4]tanks N→tanks 0.2 V→tanks 0.3 NP→N 0.14 VP→V 0.03 S→VP 0.003

图 8.25 扩展的 CKY 分析过程示例 −3

扩展的 CKY 算法如下:

```
function CKY(words, grammar) returns most probable parse/prob
  score = new double[#(words) +1][#(words) + ][#(nonterms)]
  back = new Pair[#(words) +1][#(words) +1][#nonterms]]
  for i =0; i <#(words); i+ +
```

```
        for A in nonterms
          if A -> words[i] in grammar
            score[i][i+1][A] = P(A -> words[i])
        //handle unaries
        boolean added = true
        while added
          added = false
          for A, B in nonterms
            if score[i][i+1][B] > 0 && A->B in grammar
              prob = P(A->B) * score[i][i+1][B]
              if(prob > score[i][i+1][A])
                score[i][i+1][A] = prob
                back[i][i+1][A] = B
                added = true
      for span = 2 to #(words)
        for begin = 0 to #(words) - span
          end = begin + span
          for split = begin+1 to end-1
            for A,B,C in nonterms
              prob=score[begin][split][B] * score[split][end][C] * P(A->BC)
              if(prob > score[begin][end][A])
                score[begin]end][A] = prob
                back[begin][end][A] = new Triple(split,B,C)
            //handle unaries
            boolean added = true
            while added
              added = false
              for A, B in nonterms
                prob = P(A->B) * score[begin][end][B];
                if(prob > score[begin][end][A])
                  score[begin][end][A] = prob
                  back[begin][end][A] = B
                  added = true
    return buildTree(score, back)
```

8.5 浅层句法分析

8.5.1 问题的提出

浅层句法分析(Shallow Parsing)(Abney,1991),也叫部分句法分析(Partial Parsing)或语块分析(Chunk Parsing),是近年来自然语言处理领域出现的一种新的语言处理策略。它是与完全句法分析相对的。完全句法分析要求通过一系列分析过程,最终得到句子的完整的句法树。而浅层句法分析则不要求得到完全的句法分析树,它只要求识别其中的某些结构相对简单的成分,如非递归的名词短语、动词短语等。这些识别出来的结构通常被称作语块(Chunk),语块和短语这两个概念通常可以换用(孙宏林 等,2000)。

浅层句法分析的结果并不是一棵完整的句法树,但各个语块是完整句法树的一个子图(Subgraph),只要加上语块之间的依附关系(Attachment),就可以构成完整的句法树。所以浅层句法分析将句法分析分解为两个子任务:①语块的识别和分析;②语块之间的依附关系分析。浅层句法分析的主要任务是语块的识别和分析。

作为一种预处理手段,浅层句法分析识别出输入句子中的惯用短语和具有搭配特征的多词词组,把它们合并为输入句子链中的一个单元节点,从而减少句法分析时待处理的节点数,使句子的整个结构更加清晰,因而也就有助于句法分析器实现正确的分析。同时,浅层句法分析也利于句法分析技术在大规模真实文本处理系统中迅速得到利用,因为事实上很多 NLP 应用(如信息检索、文本分类等)并不像机器翻译那样需要对输入的句子作深层次的句法结构分析。

由于名词短语在句子中具有举足轻重的作用,因此,目前的浅层句法分析研究主要集中在基本名词短语(Base Noun Phrase,BNP)的识别分析问题上。

英语中基本名词短语定义为简单的、非嵌套的名词短语,即不含其他名词短语的名词短语。英语 BNP 可以分成以下两类:

(1)由序数词、基数词和限定词(包括冠词、指示形容词、指示代词、名词所有格、wh-限定词、数量限定词)修饰的名词短语。

(2)由形容词和名词修饰的名词短语。

在下面的英语句子中,括号内的部分即为 BNP:

When [anyone] opens [a current account] at [a bank], [he] is lending [the bank] [money], [repayment] of [which] [he] demand at [any time], either in [cash] or by drawing [a chenque] in [favour] of [another person].

赵军等人(1999)从限定性定语出发,给出了汉语 BNP 的形式化定义:

BNP::= <限定性定语> + {<限定性定语>} + 名词|名动词

式中,“::=”表示“定义为”,“<*a*>”表示“*a*”是一个终结符,“{*a*}”表示“*a*”可重复 0 到 *n* 次,“*a*|*b*”表示“*a*”和“*b*”具有“或”的关系。名词短语被分为 BNP 和 ~BNP(非 BNP),示例见表8.6。

表 8.6　汉语 BNP 示例

BNP	~BNP
甲级联赛	复杂的特征
产品结构	这台计算机
空中走廊	对于形势的估计
下岗女工	明朝的古董
促销手段	11 万职工
太空旅行	高速发展的经济
自然语言处理	很大成就
企业承包合同	研究与发展
第四次中东战争	老师写的评语

目前在自然语言处理的诸多基本问题中，词性标注已经取得了很大的成功。识别英语句子的 BNP 则有望成为另一个以高正确率解决的问题。

浅层句法分析的方法基本上可以分成两类：基于统计的方法和基于规则的方法。接下来两节分别对这两类方法进行介绍。其中有些方法虽然是面向完全句法分析的，但由于其对完全句法分析的任务进行了分解，所以其技术也可以归入浅层分析的范畴（孙宏林 等，2000）。

8.5.2　基于规则的方法

规则方法就是根据人工书写的或（半）自动获取的语法规则标注出短语的边界和短语的类型。

1. 有限状态层叠法

有限状态层叠法（Finite-state Cascades）（Abney，1991）包括多个层级，分析逐层进行。每一级上短语的建立都只能在前一级的基础之上进行，没有递归，即任何一个短语都不包含同一级的短语或高一级的短语。

分析过程包括一系列状态转换，用 T_i 表示。通常的状态转换操作的结果是在词串中插入句法标记，而有限状态层叠则在每一级转换上用单个的元素来替换输入串中的一个元素序列，就跟传统的自底向上的句法分析一样。每一个转换定义为一个模式的集合。每一个模式包括一个范畴符号和一个正则式。正则式转换为有限状态自动机，模式自动结合在一起就产生一个单一的、确定性的有限状态层级识别器（Level Recognizer）T_i，它以 L_{i-1} 级的输出为输入，并产生 L_i 作为输出。在模式匹配过程中，如遇到冲突（即两个或两个以上的模式都可以运用），则按最长匹配原则选择合适的模式。如果输入中的一个元素找不到相应的匹配模式，则把它直接输出，继续下一个元素的匹配。

例如，给定图 8.26 所示的规则，对输入句子“the woman in the lab coat thought you were sleeping.”的分析过程如图 8.27 所示。

识别器 T_1 从第 0 个词开始，在 L_0 级上进行匹配，在到达位置 2 时，得到一个与 NP 模式相匹配的状态序列，于是在 L_1 级上，从位置 0 到位置 2 输出一个 NP。然后从位置 2 重新开始，因为没有与之匹配的模式，所以把 P 直接输出。然后又从位置 3 开始，在位置 5 和位置 6 上分别有一个与 NP 模式相匹配的模式，这时采用最长匹配，于是在 L_1 级上从位置 3 到 6 输出一个

NP,然后又从位置6继续匹配。

T_1: { NP → (D) A* N⁺
VP → V-tns | Aux V-ing
NP → Pron }

T_2: { PP → P NP }

T_3: { S → PP* NP PP* VP PP* }

图 8.26 有限状态层叠法规则举例

```
L3   ------------------------------- S          ----------S   (T3)
L2   -----NP   -----------PP      VP        NP   ------VP  (T2)
L1   -----NP   P  --------NP      VP        NP   ------VP  (T1)
L0   D    N    P   D   N   N      V-tns     pron  Aux  V-tns
     the woman in the lab coat    thought   you   were sleeping
   0  1       2   3  4   5    6           7    8     9
```

图 8.27 有限状态层叠法分析过程举例

该技术虽然是面向完全句法分析的,但由于其对完全句法分析的任务进行了分解,所以其技术也可以归入浅层分析的范畴。

2. 基于转换的错误驱动的学习方法

基于转换的错误驱动的学习方法最早由 Eric Brill 于 1992 年提出(Brill,1992),这种方法首先被用于词性标注,得到的结果可以和统计方法相媲美。Ramshaw 和 Marcus(1995)把这种自学习方法用于识别英语中的基本名词短语。这种方法通过学习得到一组有序的识别基本名词短语的规则。

可以将 BNP 识别看作是对词性序列中的每一个词性给出一个 BNP 的标注符号,标注符号定义如下:

O——BNP 边界外部的单词;

I——处于 BNP 内部的单词;

L——左边界处的单词,对应于"[";

R——右边界处的单词,对应于"]";

S——独立成为一个 BNP 的单词,对应于"[ ]";

这样,对于句子"[he] puts [his dirty hand] in [the bag]",它与 BNP 标注符号的对应关系见表 8.7。

表 8.7 句子"[he] puts [his dirty hand] in [the bag]"与 BNP 标注符号的对应关系

输入句子	He	puts	his	dirty	hand	in	the	bag	.
词性序列	PRP	VBZ	PRP $	JJ	NN	IN	ART	NN	.
BaseNPs	S	O	L	I	R	O	L	R	O

如图 8.28,基于转换的学习方法以下列三部分资源为基础:①带标注的训练语料库。对于 BNP 识别任务来说,训练语料要标注出其中所有正确的 BNP(在此之前当然要先标注词性)。②规则模板集合。规则模板集合用于确定可能的转换规则空间。③一个初始标注程序。

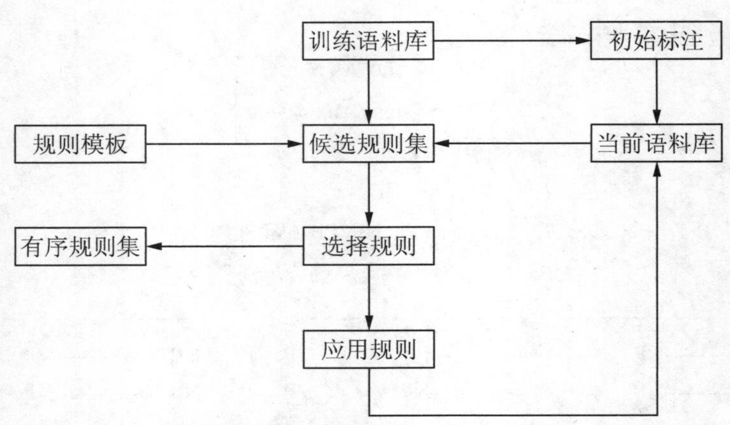

图 8.28 基于转换的学习方法示意图

基于转换的错误驱动的学习算法是:

(1)初始标注。把训练语料中所有的 BNP 标记去掉,用一个简单的初始标注程序标注出训练集中可能的 BNP。把这个结果作为系统的基线(Baseline)。

(2)生成候选规则集。在每个初始标注错误的地方,规则模板便用来生成候选规则,规则的条件就是词的上下文环境,动作就是改正错误标记所要做的动作。

(3)获取规则。把候选规则集中的每条规则分别运用于初始标注的结果,选出得分最高的规则(得分为正确的修改数减去错误的修改数得到的结果)。把这条规则运用于初始标注的结果作为下一轮循环的基础,并把这条规则作为规则序列中的第一条规则输出。重复以下过程直到得分最高的规则的得分为 0 或低于某个阈值为止:获取候选规则集,给其中每条规则打分,选择得分最高的规则输出到规则集中,并把这条规则作用于当前语料库。

通过以上的自动学习过程就可以得到一个有序的规则集。BNP 识别的过程是:首先运用初始标注程序标注出输入句中可能的 BNP,然后顺序运用规则集中的规则对初始标注的结果进行转换操作。

以下为几例规则,BZ 表示 BNP 符号定义。

①0:Cate = WP + 0:BZ = S + 1:Cate = NN → ChangeTo(L)

例:[What/WP] color/NN is/VBZ [it/PRP] ? /.

→[What/WP color/NN] is/VBZ [it/PRP] ? /.

②0:Cate = RB + 0:BZ = L + 1:Cate = NNS → ChangeTo(O)

例:[Those/DT] are/VBP [not/RB desks/NNS] ./.

→[Those/DT] are/VBP not/RB [desks/NNS] ./.

③0:Cate = JJ + 0:BZ = L + 1:Cate = CC + 2:Cate = JJ → ChangeTo(O)

例:[They/PRP] are/VBP [black/JJ and/CC white/JJ] ./.

→[They/PRP] are/VBP black/JJ and/CC white/JJ ./.

上面每个规则模板的左部表示触发条件,右部表示转换动作。“+”表示并且的关系,以此分离的每一项如“No: Attrib = Value”表示对某种状态的一个测试。“No”为一个数字,当为 0 时表示当前处理节点,当为正数时,表示当前节点后“No”个节点,当为负数时,表示当前节点前|No|个节点。“Attrib”表示一个属性,即词性(Cate)或 BNP 标记(BZ);“Value”表示“Attrib”的取值;“ChangeTo(X)”表示把当前节点的 BNP 标记改为 X。

3. 基于实例的规则学习方法

Cardie 和 Pierce(1998)把标注好短语信息的语料库分为两个部分:一部分用于训练,另一部分用于剪枝。首先从训练的语料中得到一组名词短语的组成模式规则,然后把得到的这些规则应用到剪枝的语料中,对这些规则进行打分。比如,如果一个规则识别出一个正确的短语得 1 分,识别出一个错误的短语得 -1 分,这样根据每条规则的总的得分情况对规则进行删减,去掉那些得分低的规则。最后得到的一组规则能保证得到较高的正确率。应用这些规则来识别文本中的名词短语的方法很简单,就是简单的模式匹配方法,在遇到规则冲突时,采用最长匹配原则。

8.5.3　基于统计的方法

随着语料库技术的发展,许多统计方法被用在短语识别和分析方面。这些方法的理论主要来自概率统计和信息论(孙宏林 等,2000)。以下将介绍其中具有代表性的几种方法:基于 HMM 模型的方法;互信息方法;ϕ^2 统计方法。

1. 基于 HMM 模型的方法

Church(1988)把 HMM 用于识别英语中简单的非递归的名词短语,他把短语边界识别划为一个在词类标记对之间插入 NP 的左边界(“[”)和 NP 的右边界(“]”)的问题。如果不考虑空短语(即“[ ]”)和短语的嵌套(如“[[”、“]]”、“] [[”等),那么在一对词类标记之间只有四种情况:①[;②] ;③] [;④空(即无 NP 边界)。进一步可以把最后一种分为两种情况:a. 无 NP 边界但在 NP 之内(I);b. 无 NP 边界但在 NP 之外(O)。这样任意一对词类标记之间就只存在 5 种可能的状态:①[;②] ;③] [;④I;⑤O。Church 的方法是:首先,在标注词性的语料中人工或半自动标注 NP 边界,以此作为训练数据,然后统计出任意一对词类标记之间出现以上 5 种状态的概率。统计得到的概率就成为短语边界标注的根据。这实际上把短语边界的识别变成了一个与词性标注类似的问题,如图 8.29 所示。

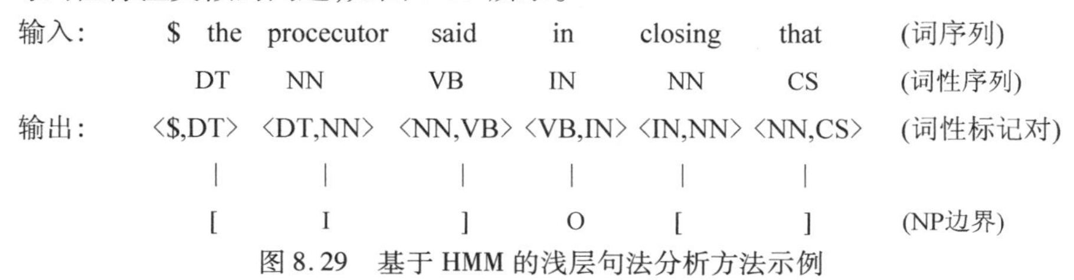

图 8.29　基于 HMM 的浅层句法分析方法示例

2. 基于互信息的方法

互信息(Mutual Information)是信息论中的一个概念(Fano,1961),它用来度量一个消息中两个信号之间的相互依赖程度。二元互信息是两个事件的概率的函数:

$$\boldsymbol{MI}(X,Y) = \log_2 \frac{p(X,Y)}{p(X) \times p(Y)} \tag{8.6}$$

我们可以把词类序列看成随机事件,这样就可以计算一对词类标记之间的互信息。如果 X 和 Y 在一起出现的机会多于它们随机出现的机会,则 $p(X,Y) \gg p(X) \times p(Y)$,即 $\boldsymbol{MI}(X,Y) \gg 0$;如果 X 和 Y 是随机分布的,则 $p(X,Y) \approx p(X) \times p(Y)$,即 $\boldsymbol{MI}(X,Y) \approx 0$;如果 X 和 Y 是互补分布的,则 $p(X,Y) \ll p(X) \times p(Y)$,即 $\boldsymbol{MI}(X,Y) \ll 0$。互信息值越高,$X$ 和 Y 组成短语的可能性越大,互信息值越低,X 和 Y 之间存在短语边界的可能性越大。

Magerman(1990)认为,为了确定句子中短语的边界,不能局限于 bigram 内部的互信息,需要看更多的上下文，即 bigram 所在的 n-gram。在下面的公式中，$\boldsymbol{MI}$ 表示二元互信息，$\boldsymbol{MI}_n$ 是一个向量，它表示 n-gram($x_1 \cdots x_n$)中任意两个部分之间的互信息，$\boldsymbol{MI}_n^k$ 表示这个向量中的第 k 个分量($1 \leqslant k < n$)，它表示 $x_1 \cdots x_k$ 和 $x_{k+1} \cdots x_n$ 之间的二元互信息。一个 n-gram($x_1 \cdots x_n$)内部有$n-1$个二分切分点，每一个切分点的二元互信息为

$$\boldsymbol{MI}_n^k(x_1 \cdots x_n) = \boldsymbol{MI}(x_1 \cdots x_k, x_{k+1} \cdots x_n) = \log \frac{p(x_1 \cdots x_n)}{p(x_1 \cdots x_k)p(x_{k+1} \cdots x_n)} \tag{8.7}$$

在式(8.7)中，对于每个 $\boldsymbol{MI}_n^k$($k=1,2,\cdots,n-1$)，分子都相同，当分母最大时，互信息值最小。基于互信息的短语边界划分的理论基础是：在 n-gram 中，局部广义互信息值最小的一对标记之间就是短语边界所在的位置。理论推导参见(Magerman et al.,1990)。

对于一个 n-gram($x_1 \cdots x_n$)，如果所有的 MI_n^k 都很接近，那么，尽管最有可能的分割位置是最小值所在之处，但是，这个切分点的可信度是较低的。相反，如果这些值分布的区间较大，最小值远远小于最大值，那么在最小值所在之处进行切分的可信度会大很多。因此，一个 n-gram 的互信息值的标准偏差被用来衡量所选切分点的可信度。

根据上述定义的互信息概念，Magerman 进一步提出了广义互信息(Generalized Mutual Information)的概念，它根据两个相邻的词类标记 xy 的上下文(在一个观察窗口内)来决定它们之间是否是一个短语边界所在。例如，假设观察窗口的宽度 $w=4$，给定的上下文为 $x_1x_2x_3x_4$，那么 x_2x_3 的广义互信息 $\boldsymbol{GMI}$ 为

$$\boldsymbol{GMI}_4(x_1x_2x_3x_4) = k_1\boldsymbol{MI}(x_2, x_3) + k_2\boldsymbol{MI}(x_2, x_3x_4) + k_3\boldsymbol{MI}(x_1x_2, x_3) + k_4\boldsymbol{MI}(x_1x_2, x_3x_4) \tag{8.8}$$

综上所述，$\boldsymbol{GMI}$ 的计算公式定义如下：

$$\boldsymbol{GMI}_{(i+j)}(x_1 \cdots x_i, y_1 \cdots y_j) = \sum_{\substack{X\text{以}x_i\text{结束} \\ Y\text{以}y_1\text{开始}}} \frac{1}{\sigma_{XY}} \boldsymbol{MI}(X, Y) \tag{8.9}$$

式中，σ_{XY}是 $MI_{|XY|}^k$ 的标准偏差。

3. ϕ^2 统计法

Gale 和 Church(1991)用 ϕ^2 统计方法来度量两个词之间的关联度。Chen 和 Lee(1995)用这种方法来确定短语的边界。

对于两个词 w_1 和 w_2，可以建立如表 8.8 所示的联立表(Contingency Table))：

表 8.8 词 w_1 和 w_2 的联立表

	w_2	! w_2	Σ
w_1	a	b	$a+b$
! w_1	c	d	$c+d$
Σ	$a+c$	$b+d$	$a+b+c+d$

在上表中，a 表示串 $w_1\,w_2$ 出现的次数，b 表示不在 $w_1\,w_2$ 中的 w_1 的出现次数，c 表示不在 $w_1\,w_2$中的 w_2 的出现次数，d 表示既不是 w_1 又不是 w_2 的词的次数。$a+b$ 是 w_1 的出现次数，$a+c$是 w_2 的出现次数，$c+d$ 是非 w_1 的总词次，$b+d$ 是非 w_2 的总词次，$N=a+b+c+d$ 表示语料库中的总词次。根据上面的联立表，ϕ^2 统计量定义如下：

$$\phi^2 = \frac{(a \times d - b \times c)^2}{(a+b) \times (a+c) \times (b+d) \times (c+d)} \tag{8.10}$$

当 $a=0$ 时，ϕ^2 近于0，即当 w_1 和 w_2 从不共现时，ϕ^2 取极小值。当 $b=c=0$ 时，$\phi^2=1$，即当 w_1 和 w_2 总是共现时，ϕ^2 取极大值。ϕ^2 值越大，说明 w_1 和 w_2 共现的机会越多，相反，ϕ^2 值越小，则说明 w_1 和 w_2 共现的机会越少。

如果把上面的两个词换成两个词类标记，则可以进行标记对之间的 ϕ^2 统计。进一步推广则可以在一个词类序列的两个子序列之间进行 ϕ^2 统计。

除了以上介绍的一些统计方法以外，近年来，许多机器学习方法也被应用到浅层句法分析中，如 T. Kudo 等人采用 SVM 识别基本名词短语（Kudo et al.，2000，2001，2003）；M. Mufioz 等人将 SNoW（Sparse Network of Winnows）用于浅层句法分析（Mufioz et al.，1999），T. Zhang 等人采用 WINNOW 方法识别英语基本名词短语（Zhang et al.，2001，2002）；还有很多学者将条件随机场（Conditional Random Fields，CRF）应用于浅层句法分析（Sha et al.，2003；Tan et al.，2005；Xu et al.，2001）。

8.6 句法分析系统评测

句法分析系统评测的主要任务是评测句法分析系统生成的树结构与手工标注的树结构之间的相似程度。通常情况下，人们比较关注句法分析器两方面性能：满意程度和效率。从目前情况来看，人们更关注句法分析器的满意程度评测。通常使用准确率和召回率两个指标来评测句法分析器的性能。其定义如下。

准确率（Precision）：

$$\text{Precision} = \frac{\text{分析得到的正确短语个数}}{\text{分析得到的短语总数}} \times 100\% \tag{8.11}$$

召回率（Recall）：

$$\text{Recall} = \frac{\text{分析得到的正确短语个数}}{\text{标准答案中的短语个数}} \times 100\% \tag{8.12}$$

为了实现句法分析系统的自动评测，分析树（包括系统的分析结果树和标准答案树）中除了词性标注符号以外的其他非终结符节点通常采用如下标记格式：XP－（起始位置：终止位置）。其中，XP 为短语名称，如名词短语 NP、动词短语 VP 等；（起始位置：终止位置）为该节点的跨越范围，起始位置指该节点所包含的子节点的起始位置，终止位置为该节点所包含的子节点的终止位置。在计算以上指标时，通常需要计算分析结果与标准分析树之间括号匹配的数目或括号交叉的数目（宗成庆，2000）。

本章小结

本章介绍了句法分析方面的知识。首先介绍了文法的表示及分类，接下来介绍了自顶向下的句法分析和自底向上的句法分析。其中，重点介绍了自底向上句法分析中的移近－归约算法、欧雷分析法、线图分析法以及 CYK 分析法等。接下来，介绍了概率上下文无关文法和浅层句法分析。浅层句法分析方法大体上可以分为两类：基于规则的方法中重点介绍了有限状态层叠法、基于转换的错误驱动学习方法以及基于实例的规则学习方法；基于统计的方法中重点介绍了基于 HMM 的方法、基于互信息的方法以及 ϕ^2 统计法。最后，介绍了句法分析系统的评测。

思考练习

1. 试从汉语的句子结构等角度分析汉语句法分析与英语句法分析相比有什么特殊的困难。

2. Ramshaw 和 Marcus 将 Brill 算法用于识别英语中的基本名词短语，Cardie 和 Pierce 采用基于实例的方法进行浅层句法分析。试比较这两种方法的相似之处。

3. 试列举浅层句法分析都有可能在哪些方面得到应用。

第9章

语义分析

从某种意义上来说,NLP 的最终目的应该是在语义理解的基础上实现相应的操作。以机器翻译为例,通常需要在语义理解的基础上生成正确的句子译文。假设有如下两个句子:

①The fish was bought by the cook.

②The fish was bought by the river.

这两个句子的结构完全一样,如果单纯靠语法来进行分析,机器就无法解决语义上的不同之处。只有告诉机器"cook"是有生命的人,而"river"是无生命的地点,才能使机器决定 by-phrase 的确切含义,最后得到两个句子各自的译文:

①鱼是厨师买的。

②鱼是从河边买的。

自然语言的语义计算问题十分困难,如何模拟人脑思维的过程建立语义计算模型,至今仍是一个未能解决的难题。大规模的自然语言语义描述是相当复杂的,目前的系统大多是面向受限领域,其词汇和句法规则的规模都比较小,一般为几千词汇及一二百条相关规则。

语义分析从分析的深度上分为浅层语义分析和深层语义推理两个层次。其中浅层语义分析包括词义消歧(Word Sense Disambiguation,WSD)和语义角色标注等方面的内容。

在绪论中我们曾经提到,歧义存在于自然语言理解的各个层面,语义层面也不例外。在进行语义分析的时候,有一个问题是不能忽视的,那就是词的多义现象。由于词是能够独立运用的最小语言单位,句子中每个词的含义及其在特定语境下的相互作用和约束构成了整个句子的含义。然而,一词多义现象在自然语言中是普遍存在的,因此,词义消歧成为语义分析中的另一个主要问题。所谓词义消歧,是指在一定上下文中确定多义词的词义。如果缺乏有效的手段来选取输入单词的正确含义,那么句子中的多义词较多时,所带来的大量候选释义将击溃任何语义分析方法。所以,词义消歧是句子和篇章语义理解的基础。

通常来说,句子中会有一些名词性成分和动词性成分,而句子的主要含义是由核心谓语动词决定的,其他成分起辅助修饰作用。语义分析的一个主要任务就是识别出句子中的核心谓语动词,并确定句子中其他各成分与该动词之间的语义关系。这些"关系"在语言学中被称之为"格"。所谓语义角色标注,就是标注句子中某些短语为给定谓词(动词、名词、形容词等)的语义角色,如施事、受事、时间和地点等。这些短语作为此谓词的框架的一部分被赋予一定的语义含义。

语义分析技术主要来自两个方面:数理逻辑和语义学。数理逻辑包括命题演算和谓词演算。语义学理论包括格语法(Case Grammar)(Fillmore,1966;1968;1971;1975;1977)、语义网络理论(Semantic Network)(Quillian,1963;1966;1967;1968;1969)、概念依存理论(Conceptual Dependency Theory)(Schank,1975;Schank et al.,1977)、优选语义学(Preference Semantics)

(Wilks,1973)、义项分析法和语义场理论(The Theory of Semantic Fields)等。

本章内容分为三个部分:9.1 节介绍词义消歧,9.2 节介绍语义角色标注,9.3 节介绍深层语义推理。

9.1 词义消歧

总地来说,词的多义现象可以分为三种类型(赵铁军 等,2000)。

(1)意义相关的多义,指一个词的多个意义彼此在意义上有一定的联系或近似。如“open”的两个意义“开着的”和“公开的”。

(2)意义无关的多义,指一个词的多个意义彼此在意义上没有相关性。如“bank”的两个意义“银行”和“河堤”。

(3)词性不同的多义,指一个词在不同词性下的不同意义。如“打”的意义“hit”和“dozen”,前者为动词,而后者为量词。一个词作为动词还是作为量词是有很大区别的,而且这两种用法也有不同的语义,所以同一词汇的不同词性的识别问题可以被看成是一个语义消歧问题。

三种多义中,第三种实际上就是词性兼类,由于目前词性标注正确率已经很高,因此容易消除(从这个意义上讲,词性标注也可以被看作是语义消歧问题)。第二种多义的区分也比较容易,也是研究得比较成熟的情况。由于两个意义区别明显,所使用的场合不同,无论使用统计方法还是搭配信息都比较容易确定词义。第一种多义很难确定,有时人也难以区分。对于大部分词汇来说,它们的语义并不是想象中餐桌上你要选择的 5 种奶酪,而更像是一盘烩菜,它们之间有一些可以清晰分辨的内容,但是大部分内容是彼此不确定的,并且是混合在一起的(Manning et al.,1999)。

前面提到,词性标注可以被看成是一个词义消歧问题,反过来,词义消歧也可以看成是一种标注问题,但是要使用语义标记而不是词性标记。在实践中,这两个概念还是有区别的,部分是问题本质的区别,部分是因为处理这些问题的方法不同。通常,邻近的结构信息大多数是用来确定词性的,但是它们一般不被用来确定语义。相反,一个相隔很远的实词对于确定语义是很有效的,但是很少使用它来确定词性。因此,大部分的词性标注模型简单地使用当前上下文,而语义消歧模型通常试图使用规模广泛一些的上下文中的实词(苑春法 等,2005)。

人在处理词的多义现象时所使用的知识可能包括词法、句法、语义、语用,甚至是直觉。计算机在处理词的多义现象时,也需要多层次的知识:词法、句法、语义以及语用等。词法和句法知识的利用比较实际,因而被广泛应用;而语义和语用知识比较难于获得,所以这些知识的应用也较少。从这些知识的来源看,可以分为三种,即来源于语言学家、来源于词典以及来源于语料库,当然也可能是它们的结合。本节将词义消歧方法分为三类:基于规则的方法、基于词典的方法和基于语料库的方法。基于语料库的方法又具体划分为基于统计的方法和基于实例的方法。

9.1.1 基于规则的词义消歧

这类方法通常是应用选择限制(Selectional Restriction)进行词义消歧。选择限制学说是由语言学家 Katz 提出的语义观点(Katz et al.,1963),认为语义关系的核心是相互关联的部分之间的相互选择或约束。选择限制学说重点讨论词与词连用时的相互限制。比如,“吃”的限制是所跟的宾语通常来说应具有“可吃”的特性,而它的主语则必须具备“动物性”特征。在词典中,动词、形容词带有这种选择限制,名词则带有各种语义特征。例如,“狗”有“动物性”特征,“骨头”除了有“硬”这个特征外,还有“可吃”特征,“啃”对主语的限制是“动物性”特征。“啃”如果以“人”为主语,还有一个解释就是“干难活”(赵铁军 等,2000)。因此,可以利用专家描述的语言学限制,选择满足规则限制条件的词义。一般来说,对歧义词修饰的成分或修饰歧义词的成分加以限制。例如,对谓语动词消歧,规则要对动词作不同词义时的主格和宾格的语义类加以限制。

利用选择限制来进行词义消歧有时也会带来以下一些问题:

(1)由于可利用的选择限制过于空泛而很难唯一地选出正确含义。例如,“What kind of dishes do you recommend?”在这个例子中,需要利用较多的上下文话语知识或一些其他的方法来解决歧义问题,即“dish”在这里是指“餐盘”还是“一道菜”。

(2)明显违反了选择限制而又是完全良构和可解释的例子。例如,“But it fell apart in 1931, perhaps because people realized you can't eat gold for lunch if you are hungry.”

(3)隐喻和换喻带来的挑战。例如,“If you want to kill the Soviet Union, get it to try to eat Afghanistan.”和“ The car is drinking gasoline.”一种减轻这种问题的方法是把选择限制看成优先选择但不是严格必需的。也就是说,放松词语之间的选择限制,视这些限制为优先选择,但同时也允许其他选择,这便是 Wilks 提出的“优选语义学”(Wilks,1973)。

在优选语义学中,动词和名词之间、形容词和名词之间、介词和名词之间都被赋予优选数值,名词的语义特征和动词(形容词/介词)的语义取向距离越远,其优选数值越小。例如,动词“跑”有以下两个词义:

(1)快速行走(S, +动物, +9)(S, -动物, +2)。

(2)行驶(S, +车辆, +9)(S, -车辆, +2)。

对于词义(1),(S, +动物, +9)是指如果在主语(Sebject)位置上是动物性名词,则得 +9 分;而(S, -动物, +2) 是指如果在主语位置上是非动物性名词,则得 +2 分。同样对词义(2)有类似的解释。

简单句中,句子的语义合理性是由各搭配词间优选数值之和来表明。复杂句的语义合理性是由各子句优选数值之和来表明。

当然这种优选是指在各种可选择的情况下的优选。如果只能导出一种结构,但这个结构又不符合优先规则,那么这个结构也将被无条件地接受。只有这样才能自然而然地处理比喻问题。例如,在处理“土堆顶上的石头都跑了”时,石头既非动物也非车辆,如果按照选择限制学说,这个句子便不合要求。对于优选语义学,这个句子则是非通常用法,是一种“拟人”修辞(赵铁军等,2000)。

9.1.2 基于统计的词义消歧

在这种方法中,有两项早期的经典工作:一项是 P. F. Brown 等人于 1991 年提出的借助于上下文特征和互信息的消歧方法(Brown et al. ,1991);另一项工作是 W. A. Gale 等人于 1992 年提出的利用贝叶斯分类器的词义消歧方法(Gale et al. ,1992)。

1. 基于贝叶斯分类器的消歧方法

W. A. Gale 等人提出了利用贝叶斯分类器的词义消歧方法(Gale et al. ,1992)。这种方法认为,多义词 w 的语义 s' 取决于该词所处的上下文语境 c,也就是所谓“观其伴,知其意”。如果多义词 w 有多个语义 $s_1, s_2, \cdots, s_n$,那么,可以通过计算 $\underset{s_i}{\operatorname{argmax}}\, p(s_i \mid c)$ 确定 w 的词义 s',即

$s' = \underset{s_i}{\operatorname{argmax}}\ p(s_i|c)$。

根据贝叶斯公式，

$$s' = \underset{s_i}{\operatorname{argmax}}\ p(s_i|c) = \underset{s_i}{\operatorname{argmax}} \frac{p(s_i,c)}{p(c)} = \underset{s_i}{\operatorname{argmax}} \frac{p(c|s_i)p(s_i)}{p(c)} = \underset{s_i}{\operatorname{argmax}}\ p(c|s_i)p(s_i) \quad (9.1)$$

式中，s_i 为词 w 的第 i 个义项；c 为词 w 在语料库中的上下文。其中

$$p(c|s_k) = p(\{v_j|v_j \text{ in } c\}|s_k) \overset{\text{朴素贝叶斯假设}}{\approx} \prod_{v_j \text{ in } c} p(v_j|s_k) \quad (9.2)$$

式中，v_j 为 c 中的上下文特征。

Gale 等人在报告中指出，采用这种算法对加拿大国会议事录（Canadian Hansards）语料库中的 6 个名词（duty、drug、land、language、position 和 sentence）的歧义消解正确率为 90%。表 9.1 给出了一些例子，它们对 Hansard 语料库中 drug 的两个语义有很好的指示作用。

表 9.1　贝叶斯分类器使用的 drug 的两个语义线索

语义	语义线索
medication	prices，prescription，patent，increase，consumer，pharmaceutical
illegal substance	Abuse，paraphernalia，illict，alcohol，cocain，traffickers

例如，prices 对于语义 medication 是一个很好的线索，这就意味着 p(prices|'medication')比较大而 p(prices|'illegal substance')比较小。并且因此，drug 的上下文（包含有 prices）对于语义 medication 会有比较高的分数，而对于语义 illegal substance 有比较低的分数。

贝叶斯消歧算法如图 9.1 所示。

```
1 comment: Training
2 for all senses s_k of w do
3     for all words v_j in the vocabulary do
4         p(v_j|s_k) = C(v_j,s_k) / C(v_j)
5     end
6 end
7 for all scnses s_k of w do
8     p (s_k) = C(s_k) / C(w)
9 end
10 comment: Disambiguation
11 for all senses s_k of w do
12     score(s_k) = log p(s_k)
13     for all words v_j in the context window c do
14         score(s_k) = score(s_k) + log p(v_j|s_k)
15     end
16 end
17 choose s′ = argmax_{s_k} score(s_k)
```

图 9.1　贝叶斯消歧算法

如果属性之间有很强的条件依赖关系，那么朴素贝叶斯假设是不合适的。虽然朴素贝叶斯模型会有缺点，但是令人惊异的是，在很多情况下，朴素贝叶斯分类器的效果很好。

2. 基于信息论的词义消歧方法

贝叶斯分类器试图使用上下文窗口中所有的词信息来帮助进行消歧决策，而且还事先做

出了一个不太真实的独立性假设。我们现在要讨论的信息论方法使用了相反的策略,试图寻找一个单一的上下文特征,它可以可靠地指示出歧义词的哪一种语义被使用。Brown 等人(Brown et al. ,1991)给出了如表 9.2 所示的一些关于法语歧义词语义指示器的例子。

表 9.2 法语歧义词语义指示器的例子

歧义词	指示器	例子:值→语义
prendre	object	mesure→to take decision→to make
vouloir	tense	present→to want conditional→to like
cent	word to the left	per→% number→c. [money]

可见,对于动词 prendre,它的宾语是判断其语义的很好的指示器。类似的,动词 vouloir 的时态和 cent 左边的词都是这两个词的语义的很好的指示器(苑春法 等,2005)。

这种方法的关键在于特征选择,为此可以采用互信息、信息增益、决策树、最大熵等方法进行特征选择。

9.1.3 基于实例的词义消歧

在基于实例的词义消歧方法中,比较成功的是新加坡国立大学 1996 年实现的 LEXAS 系统(Ng et al. ,1996)。该系统综合利用了多种知识实现词义消歧,包括上下文中的词性、歧义词的词法、同现词以及一些句法关系。

LEXAS 为每个歧义词 w 建立一个分类器。它的操作分为两个阶段:训练阶段和测试阶段。在训练阶段,LEXAS 接受一个句子集,每个句子都含有已标注词义的待消歧词 w。对每个这样的训练句子,LEXAS 提取出 w 周边词的词性、w 的形态、同现词,如果 w 是名词,作为该名词谓语的动词也被提取。这些特征值组成的序列构成了一个 w 的实例。

在测试阶段,对训练集中没有出现过的包含 w 的新句子,LEXAS 从中抽出同样的上述特征值序列以构成 w 的测试实例。将 w 的测试实例与 w 的所有训练实例相比较,w 的词义即是与测试实例最匹配的训练实例所对应的那个语义。

基于实例的学习的核心是两个实例间的相似度或称距离的度量。如果两个实例间的距离非常小,它们就相似。LEXAS 首先计算特征的两个不同值 v_1、v_2 之间的距离。任两个特征值之间的距离在训练阶段计算得到。两个实例之间的距离是这两个实例中所有特征值距离的总和。如果存在几个训练实例和输入句子的距离相同,LEXAS 从中随机选择一个训练实例作为最佳匹配的实例。

LEXAS 系统对华尔街杂志中的语料进行消歧实验,平均正确率达到 69%。

9.1.4 基于词典的词义消歧

本节简要介绍基于词典的词义消歧方法,主要包括:基于词典语义定义的方法、基于义类辞典(thesaurus)的方法和基于双语词典的方法。

1. 基于词典语义定义的方法

M. Lesk 于 1986 年首次提出了利用词典进行语义消歧的思想(Lesk,1986),认为词典中词条本身的定义就可以作为判断其语义的一个很好的依据条件。假设词典中 ash 的两个定义如下所示:

(语义 1) a tree of the olive family (岑树).

(语义 2) the solid residue left when combustible material is burned(灰烬).

如果要对下面的两个句子中的"ash"词义消歧:

(句子 1) This cigar burns slowly and creates a stiff ash.

(句子 2) The ash is one of the last trees to come into leaf.

那么,句子 1 最终选择语义 2,因为有一个上下文词 burn 和语义 2 的定义中有相同的词;句子 2 最终选择语义 1,因为有一个上下文词 tree 和语义 1 的定义中有相同的词。

Lesk 算法的具体过程如图 9.2 所示。

1 comment: Given: context c
2 for all senses s_k of w do
3 　score(s_k) = overlap(D_k, $\cup_{v_j \text{ in } c} E_{v_j}$)
4 end
5 choose s′ s.t. s′ =arg $\max_{s_k}$ score(s_k)

D_k →语义s_k的词典定义
E_{v_j} →词v_j的词典定义中出现的词集
overlap函数→统计两个集合D_k和$\cup_{v_j \text{ in } c} E_{v_j}$中同现的词的数目

图 9.2 Lesk 基于词典的消歧算法

对于从 Austen 的小说《傲慢与偏见》(*Pride and Prejudice*)和一个 AP 新闻专线的文章中选取的较短的样例,Lesk 报告的精度为 50% ~70% 。该方法的主要问题在于:目标单词的词典条目相对较短,可能并不能提供足够的资料以生成理想的分类器,因为用于上下文的单词和它们的定义必须在与正确的语义定义所包含的单词具有直接重叠时才会有用(Lesk 也注意到系统的性能似乎与词典条目的长度有关)。对这个问题的一种修正方法是:扩充分类器中所用单词的列表,把一些相关的但在单词语义定义中没有出现的单词也包括进来。这可以通过加入那些在定义中用到了目标单词的单词来得以实现。例如,根据词典 American Heritage Dictionary(Morris,1985),单词 deposit 在 bank 的定义中并没有出现,但是 bank 却出现在 deposit 的定义中。因此,bank 的分类器可以将 deposit 扩充进来作为一个恰当的特征。当然,仅仅知道 deposit 和 bank 相关并不会带来很大帮助,因为我们不知道是与 bank 的哪个语义相关。特别是,为了把 deposit 作为一个特征,不得不了解它的定义中所用的是 bank 的哪个语义。幸运的是,许多词典和辞典的条目中都包含了一个称为学科代码(Subject Code)的标签,它大致对应于主要的概念范畴。例如,在《现代英语朗文词典》(*Longman's Dictionary of Contemporary English*,LDOCE)(Procter,1978)的条目中,用学科代码 EC(Economics)表示 bank 的金融领域的语义。已知这种学科代码,就能够猜测出带有学科代码 EC 的扩充术语应该与 bank 的这个语义而不是其他语义相关(冯志伟 等,2005)。

2. 基于义类辞典的方法

D. E. Walker 于 1987 年提出了基于义类辞典的方法(Walker,1987),其基本思想是:上下文词汇的语义范畴大体上确定了这个语段的语义范畴,并且这个语段的语义范畴可以反过来确定词汇的哪一个语义被使用。

在图9.3所示的例子中，词汇 w_i 在语义词典中有3个义项，义项代码分别是003、005和009。由于在 w_i 的上下文中（$w_{i-4} \sim w_{i+4}$），语义取003的词汇有1个（w_{i+1}），语义取005的词汇有3个（$w_{i-3}, w_{i-1}, w_{i+3}$），语义取009的词汇有0个，因此，将 w_i 在这里的语义识别为005。

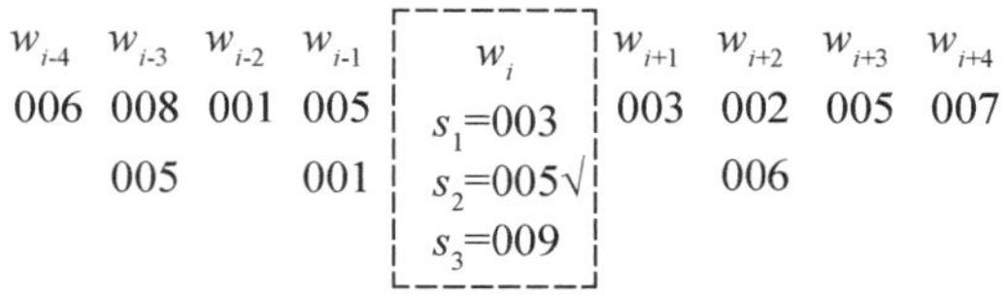

w_{i-4}	w_{i-3}	w_{i-2}	w_{i-1}	w_i	w_{i+1}	w_{i+2}	w_{i+3}	w_{i+4}
006	008	001	005	s_1=003	003	002	005	007
	005		001	s_2=005√		006		
				s_3=009				

图9.3　基于义类辞典的词义消歧方法举例

这个算法使用的基本信息是词典中给每个词指定一个或多个语义编码。设 $t(s_k)$ 为歧义词 w 的语义 s_k 的语义编码，则通过对各个 s_k 统计上下文中可以标记 $t(s_k)$ 的词的个数，来对 w 进行词义消歧处理。具体算法如图9.4所示。

```
1 comment: Given: context c
2 for all senses sk of w do
3     score(sk) = Σ_{vj in c} δ(t(sk),vj)
4 end
5 choose s′ s.t.s′ = arg max_{sk} score(sk)
```

图9.4　基于义类辞典的词义消歧算法

其中，$\delta(t(s_k), v_j)$ 的定义如下：如果 $t(s_k)$ 是 v_j 的语义编码之一，$\delta(t(s_k), v_j) = 1$；否则，$\delta(t(s_k), v_j) = 0$。

基于义类辞典的方法实际上是通过对多义词所处语境的“主题领域”的猜测来判断多义词的语义。当义类词典中的范畴和语义与主题能很好地吻合时，这种方法有很高的准确率。但是，当语义涉及几个主题时，例如，interest表示ADVANTAGE的语义可能涉及多个主题；词“self-interest”可以出现在音乐、娱乐、空间探索和金融等多种领域，在这种情况下算法的区分效果一般很差。

3. 基于双语词典的方法

I. Dagan等人（Dagan et al.，1991，1994）提出的词义消歧方法利用了双语对照词典的帮助。首先给出一个例子来说明该方法的基本思想。假设我们要对英语句子中的单词（比如说plant）进行词义消歧，根据一部英汉双语词典，我们可以得到plant有两个语义，一个翻译成“植物”，另一个翻译成“工厂”，见表9.3（我们在这里忽略了plant的其他语义）。

表9.3　双语词典中plant的两种语义

	语义1	语义2
译文	植物	工厂

为了对句子中的plant进行消歧，我们识别plant所在的短语。假设plant所在的短语为“manufacturing plant”，根据英汉双语词典，manufacturing的译文为“制造”，通过一个汉语语料库，我们发现，由于“制造”只和“工厂”同现，因此可以断定在这个短语中plant的词义为“工厂”。如果plant所在的短语为“plant life”，根据英汉双语词典，life的译文为“生命”，同样通过汉语语料库，我们发现，由于“生命”和“植物”同现的机会更多，因此可以断定在这个短语中plant的词义为“植物”（宗成庆，2008）。

通过上面的例子可以看出，在这种方法中，把需要消歧的语言称为第一语言，把双语词典中的目标语言(即需要借助的语言)称为第二语言。例如,如果要借助汉语语料库对英语的多义词进行消歧,那么,英语是第一语言,汉语是第二语言。消歧过程中需要一部英汉双语词典和一个汉语语料库。具体算法如图 9.5 所示。

1 comment: Given: a context *c* in which w occurs in relaticon R(w,v)
2 for all senses s_k of w do
3 $score(s_k) = |\{c \in S | \exists w' \in T(s_k), v' \in T(v) : R(w', v') \in c\}|$
4 end
5 choose $s' = \arg\max_{s_k} score(s_k)$

其中,

S→第二语言语料库

$T(s_k)$ →语义s_k的翻译集

T (v) →v的翻译集

图 9.5 基于双语词典的词义消歧方法

通过上述介绍我们可以看出,基于词典的词义消歧方法是一种非常重要的消歧策略。近年来人们建立的词典知识库,诸如 WordNet、HowNet、《同义词词林》等,以及半监督的机器学习技术(bootstrapping)在这种消歧方法中发挥了重要作用。

9.2 语义角色标注

在早期的研究中,通常以格语法(Case Grammar)为基础进行语义角色标注(Fillmore, 1966)。目前主流的语义角色标注研究集中于使用各种统计机器学习技术,利用多种语言学特征,进行语义角色的识别和分类。

9.2.1 格语法

格语法(Case Grammar)是 1966 年由美国语言学家菲尔摩(C. Fillmore)提出的一种语言学理论,是语法体系深层结构中的语义概念(Fillmore, 1966)。在传统语言学中,"格"是指某些曲折语中用于表示词间语法关系的名词和代词的形态变化,如"主格"、"宾格"等。这些"格"只是"表层格",其形式标志是词尾变化或词干音变。格语法中的"格"是"深层格",它是指句子中体词(名词和代词)和谓词(动词和形容词)之间的及物性关系。

为了反映客观世界存在的语义关系,Fillmore 最初提出了 8 种格:施事格(Agent)、受事格(Object)、结果格(Result)、工具格(Instrument)、来源格(Source)、目标格(Goal)、经验格(Experience)和反施事格(Counter-Agent)。后来,菲尔摩本人以及其他的语言学家都对这样的分类进行了改进,提出了新的分类方法。由于不同的语言学家对格的选择标准和看法不一定相同,因而,他们对格的分类也不完全相同。

作为句子中心的每一个具体的动词,并不一定具有所有的格。例如,在句子"In the room, he broke a window with a hammer"中,中心动词"broke"具有 4 个格,分别是施事格(he)、受事格(a window)、处所格(in the room)和工具格(a hammer)。其中,受事格(a window)是不可缺少的,没有这个受事格,就形成不了完整的句子。但是,施事格(he)、处所格(in the room)和工具格(a hammer)则是可有可无的,没有它们,整个句子的基本含义并不会受影响。这样,动词必须具有的格叫作必备格,可有可无的格叫作选用格。对于选用格来说,有之,可以提供出更多的信息;无之,也不会破坏句子的完整性。另外,对于某一个具体的动词来说,有些格是绝对不能使用的,称为禁用格。

应用格语法进行句子的语义分析,分析结果可用“格框架(Case Frame)”表示。例如,上面的英语句子“In the room, he broke a window with a hammer”用简化了的格框架可以表示如下:

```
[ break
  [ case-frame
      agent:he
      object:a window
      locative:in the room
      instrument:a hammer
  ]
  [ modals
      time: past
      voice: active
  ]
]
```

显而易见,这样的格框架明确地表示了句子的语义内容。要构造格框架,需要在系统中准备一部经过严密组织的词典。对于动词,要规定它们各自所需要的必备格、选用格或禁用格,还要规定所填充名词的语义条件。对于名词,要指出有关的语义信息。

格的中心是动词,动词可以通过格关系的基本式和扩展式来描述。基本式是必用格组成的框架及其所变换的句式。扩展式是可选格及其格位的描述(林杏光,1993)。例如,对动词“打”的描写如图9.6所示。该框架表示,当“打”用来表示“用手或器具撞击物体”这一含义时,它的必备格有两个,一个是施事格,一个是受事格。其中,施事者必须是一个表示“人物”的名词性成分,受事者必须是一个表示“物体”的名词性成分。“打”及它的两个必备格可以按照图中基本式所示的方式排列。

“打”(用手或器具撞击物体)

格框架=施事(人物) + 受事(物体)

— 基本式
- 施事 + “打” + 受事　　“父亲打了一些野果”
- 施事 + “把” + 受事 + “打”　　“工人把枣都打下来了”
- 受事 + “被” + 施事 + “打”　　“野果都让他们打下来了”
- 受事 + “打”　　“山楂打下来了”

— 扩展式
- [与事]我来<替你>打鼓
- [结果]小伙子打鼓打了<一身汗>
- [工具]孩子<用弹弓>把玻璃打了
- [处所]<鼓面上>打了一个大窟窿

图9.6　格关系的基本式和扩展式描述举例

下面再给出几个句子模型的例子:

施事 + v + 同事(如动词"联合""配合"等);

施事 + v + 原因(如动词"庆祝"原因"等);

施事 + v + 与事 + 受事(如动词"告诉"颁发"等)。

述语动词和其前后的名词相互之间具有语义限制,这些名词亦需要进行语义分类,最后形成动词和名词之间的语义搭配关系。正是在搭配研究的基础上,在动态框架中去归纳、统计语义类,建立动态的语义分类体系,从而能更好地实现满足自然语言处理要求的语义分类(赵铁军 等,2000)。

9.2.2 基于统计机器学习技术的语义角色标注

通常的语义角色标注分为 4 个步骤:剪枝(Pruning)、识别(Identification)、分类(Classification)和后处理(Post-processing)。其中,剪枝指的是根据启发式规则,删除大部分不可能成为语义角色的标注单元(Xue et al.,2004),这样可以大幅减少待识别实例的个数,提高系统的效率。识别过程一般是对一个标注单元是否是语义角色加以判别,并保留识别成语义角色的标注单元,待下一步进一步分类究竟属于哪个语义角色类,这样也可以减少进入分类判别的实例的个数,加快处理速度。最后根据语义角色之间的一些固有约束进行后处理(Punyakanok et al.,2004)。这些约束通常包括一个谓语动词不能有重复的核心语义角色并且语义角色不存在相互重叠或嵌套等。

语义角色的识别和分类步骤尤为重要,它们可以看作是分类问题。也就是说,人们可以逐一判断一个标注单元是否是某一动词的语义角色,更进一步地,可以预测其属于何种具体的语义角色。最初人们使用基于规则的方法来解决分类问题,但是,此方法需要专家构筑大规模的知识库,这不但需要有专业技能的专家,也需要付出大量劳动。同时,随着知识库的增加,矛盾和冲突的规则也随之产生。为了克服知识库方法的缺点,人们后来使用机器学习的方法来解决此问题。例如,Pradhan 等人使用支持向量机获得了较好的语义角色标注效果(Pradhan et al.,2005)。Carreras 等人使用感知器方法进行语义角色标注,获得了与支持向量机差别不大的性能,而且训练速度要较支持向量机快很多(Carreras et al.,2004)。Koomen 等将 SNoW(Sparse Network of Winnows)方法成功地应用于语义角色标注(Koomen et al.,2005)。M′arquez 等人(M′arquez et al.,2005)以及 Surdeanu 等人(Surdeanu et al.,2005)使用 AdaBoost 算法进行语义角色标注,效果也很好。另外最大熵模型(Liu et al.,2005;Carreras et al.,2005;Fleischman et al.,2003;Kwon et al.,2004)、决策树模型(Chen et al.,2003;Ponzetto et al.;2005)和随机森林算法(Nielsen et al.,2004)等都被先后应用于语义角色标注。

近年的研究表明,影响语义角色标注系统性能的首要因素并非机器学习模型,而是使用的特征。因此,若想提高系统的性能,细致的特征工程工作是必不可少的(车万翔,2008)。目前,由 Gildea 等人(Gildea et al.,2002)在其语义角色标注系统中使用的语言学特征往往被当作各个系统的基本特征所使用,列举如下:

1. 句法成分相关特征

(1)短语类型。

(2)句法成分核心词:Collins 在其博士论文(Collins,1999)附录中描述了一些识别一个句法成分核心词的规则。

(3)句法成分核心词的词性。

2. 谓词相关特征

(1)谓语动词原形。

(2)语态。

(3)子类框架:谓语动词所在VP的子类框架。

(4)谓语动词的词性。

3.谓语动词-句法成分关系特征

(1)路径:句法树中,从句法成分到谓语动词之间的句法路径。

(2)位置:句法成分和谓语动词之间的位置关系。

在此基础之上,人们又开发出了各种新的、有效的特征,如Xue等人增加了句法框架(Syntactic frame)(Xue et al.,2004)、动词类别(Xue et al.,2005)等特征。另外,对这些特征进行组合形成新的特征也是有效提高系统性能的一种途径。例如我们一般有这样的直觉,即一般Arg0角色位于谓语动词前且谓语动词是主动语态或者位于谓语动词后且谓语动词是被动语态。于是位置特征与语态特征的组合形成的新特征就是一个有效的特征。

然而,随着越来越多特征的加入,特征之间的相互影响越来越严重,使得系统性能增长的趋势逐渐趋缓,并达到一个上限。为此必须寻找新的方法以解决这一问题。基于核的方法通过对已有特征进行组合或者分解,将低维特征空间映射到高维特征空间,从而将在低维空间不容易区分的问题在高维空间加以解决,是一种可行的解决方案。车万翔(2008)正是利用核方法这一优点,将其应用于语义角色标注这一问题中。除了使用已有的核方法外,还提出了多种新的核方法。

9.3 深层语义推理

格语法提供了一种用于分析特定句子含义的方法。事实上,除了分析句子的句面含义以外,语义分析还涵盖语义推理方面的研究。这也是NLP同人工智能联系最紧密的方面。在这方面研究中,比较著名的是由耶鲁大学人工智能实验室开发的阅读理解系统SAM(Script Applier Mechanism)。例如,对于下面这篇段故事:

John went to New York by bus. On the bus he talked to an old lady. When he left the bus, he thanked the driver. He took the subway to Leone's. On the subway his pocket was picked. He got off the train and entered Leone's. He had some lasagne. When the check came, he discovered he couldn't pay. The management told him he would have to wash dishes. When he left, he caught a bus to New Haven.

根据该故事向SAM系统提问,以下是问答的过程记录:

Q:Why did John go to New York?

A:Because John wanted to go to Leone's.

Q:How did John get to Leone's?

A:John took a bus to New York and then he took the subway to Leone's.

Q:Did anything unusual happen on the bus?

A:I don't remember anything.

Q:Did anything unusual happen on the subway?

A:A thief picked John's pocket.

Q:What did John order?

A:John ordered lasagne.

Q:Did anything unusual happen at the restaurant?

A:John discovered that he couldn't pay the check and so he has to wash dishes.

Q:Why couldn't John pay the check?

A:Because John did not have any money.

Q:Why didn't John have any money?

A:Because a thief picked John's pocket.

Q:How did John get back to New Haven?

A:John went from Leone's by subway and then he went to New Haven by bus.

Q:How was John able to take the bus to New Haven?

A:Probably John had a ticket.

可以看出,SAM 给出的回答有很多都是通过推理得到的。基于推理的语义分析方法主要是用来分析实体之间的因果等关系。常用的方法包括谓词逻辑、语义网络和概念依存理论等。

9.3.1 命题逻辑和谓词逻辑

本节主要介绍命题逻辑和谓词逻辑的基本概念及其对自然语言句子的表示,使读者对此能有初步认识。对此感兴趣的读者可以参考人工智能方面的专著进一步研究,因为逻辑特别是谓词逻辑是人工智能中一个重要的知识表示方法。

1. 命题逻辑

命题(Proposition)是指具有真假意义的陈述句。例如,“太阳从东边出来”是一个真命题,“太阳从西边出来”则是一个假命题。

在命题逻辑中,知识以公式的形式表示。例如,“$A \to B$”是最常用的一种形式,表示“如果 A,则 B”,称之为蕴含关系。例如,给定公式:“If it is raining, you will get wet.”,如果“It is raining.”是一个事实,那么可以推断:You will get wet。

抽象成模式:

给定:$A \to B$

　　A

可以推断:B

类似的推理,如

给定:It is sunny or it is cloudy.

　　It is not sunny.

可以推断:It is cloudy.

抽象成模式:

给定:$A \vee B$

　　$\sim A$

可以推断:B

其中,“$\vee$”表示“或”,称为析取关系,“$\sim$”表示“非”,称为否定关系,还可以有符号“$\wedge$”,表示“与”,称为合取关系。在命题逻辑中,“$A \to B$”“$A \vee B$”“$A \wedge B$”和“$\sim A$”都称为公式(Formular)。命题逻辑中公式的定义如下。

①命题是一个公式。

②若 A 和 B 都是公式,则 $\sim A$、$A \wedge B$、$A \vee B$、$A \to B$ 也都是公式。

③由②经有限次组合生成的都是公式。

2. 谓词逻辑

谓词逻辑(Predicate Logic)是一种更强的逻辑形式。在谓词逻辑中,命题是用谓词来表示的。一个谓词可分为谓词名和客体两个部分。其中,客体是命题中的主语,用来表示某个独立存在的事物或者某个抽象的概念;谓词名是命题中的谓语,用来表示客体的性质、状态或客体之间的关系等。例如,对于命题"王宏是学生"可用谓词表示为 STUDENT(Wanghong)。其中,Wanghong 是客体,代表王宏;STUDENT 是谓词名,说明王宏是学生的这一特征。通常,谓词名用大写英文字母表示,客体用小写英文字母表示。可见,谓词逻辑进一步划分了命题中的知识单元。

设 D 是由所讨论的全部客体构成的非空集合,$P:D^n \to \{T,F\}$ 是一个映射,其中,$D^n = \{(x_1,x_2,\cdots,x_n) \mid x_1,x_2,\cdots,x_n \in D\}$,则称 P 是一个 n 元谓词($n=1,2,\cdots$),记为 $P(x_1,x_2,\cdots,x_n)$,其中,$x_1,x_2,\cdots,x_n$ 为客体变量。

在谓词中,客体可以是常量、变量或函数。例如,"$x>6$"可用谓词表示为 GREATER(x, 6),其中,x 是变量。再如,"王宏的父亲是教师" 可用谓词表示为 TEACHER(father(Wanghong)),其中,father(Wanghong)是一个函数。

谓词和函数从形式上看很相似,但是,它们是两个完全不同的概念。谓词的取值是"真"和"假",而函数无真值可言,其值是客体域中的某个客体。在谓词逻辑中,函数本身不能单独使用,它必须嵌入到谓词之中。

在谓词 $P(x_1,x_2,\cdots,x_n)$ 中,如果所有 x_i($i=1,2,\cdots,n$)都是客体常量、变量或函数,称它为一阶谓词。如果某个 x_i 本身又是一个一阶谓词,则称它为二阶谓词。

另外引入两个概念:全称量词和存在量词。全称量词"∀"表示"全部"的概念,存在量词"∃"表示"存在"的概念。这样,"Every person has a mother"就可以表示成 $(\forall y)$PERSON(y) $\to (\exists x)$IS_MOTHER_OF(x,y)。其中,PERSON(y)表示 y 是人,IS_MOTHER_OF(x,y)表示 x 是 y 的母亲。

在一阶谓词演算中,合法的表达式称为合式公式(Well Formed Formula, WFF),即谓词公式。对合式公式的定义将涉及"项"的概念,下面分别给出它们的定义。

(1)项的定义。

项满足如下规则:

①单独一个客体词是项;

②若 $t_1,t_2,\cdots,t_n$ 是项,f 是 n 元函数,则 $f(t_1,t_2,\cdots,t_n)$ 是项;

③由①、②生成的表达式是项。

可见,项是把客体常量、客体变量和函数统一起来的概念。

(2)原子谓词公式的定义。

若 $t_1,t_2,\cdots,t_n$ 是项,P 是谓词符号,则称 $P(t_1,t_2,\cdots,t_n)$ 是原子谓词公式。

(3)合式公式。

①单个原子谓词公式是合式公式。

②若 A 和 B 都是合式公式,则 $\sim A$、$A \wedge B$、$A \vee B$、$A \to B$ 也都是合式公式。

③若 A 是合式公式,x 是项,则 $(\forall x)A$ 和 $(\exists x)A$ 也都是合式公式。

在合式公式中,连接词之间的优先级别是 ~、∧、∨、→。

9.3.2 语义网络

语义网络是奎廉(R. Quillian)1968 年在研究人类联想记忆时提出的一种心理学模型

(Quillian,1968)。他认为记忆是由概念间的联系实现的。随后,奎廉又把它用作知识表示。1972年,西蒙(Simmons)正式提出语义网络的概念,讨论了它和一阶谓词的关系,并将语义网络应用到了自然语言理解的研究中。

语义网络是一种用实体及其语义关系来表达知识的有向图。其中结点代表实体(表示事物、概念、情况、属性、状态、事件、动作等),弧代表它所连接的两个实体之间的语义关系。语义关系主要由ISA、PART-OF、IS等谓词来表示。

谓词ISA表示"具体－抽象"关系,是一种隶属关系,具体层结点可继承抽象层结点的属性。例如,"马是一种动物"这一命题可表示为图9.7的形式。

马 —ISA→ 动物

图9.7 "具体－抽象"关系举例

谓词PART-OF表示"整体－部分"关系,是一种包含关系,属性继承原则不适用。例如"手是身体的一部分" 这一命题可表示为图9.8的形式。

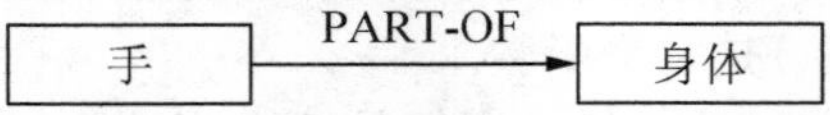

手 —PART-OF→ 身体

图9.8 "整体－部分"关系举例

谓词IS用于表示一个结点是另一个结点的属性。例如"北京是中国的首都" 这一命题可表示为图9.9的形式。

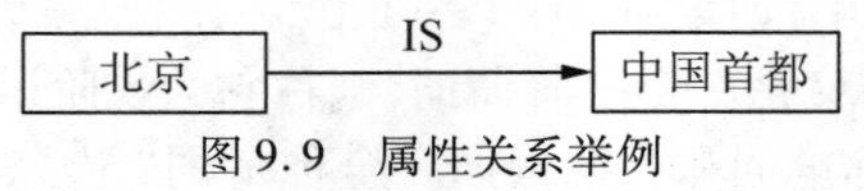

图9.9 属性关系举例

对于自然语言处理来说,光有这3种关系是远远不够的。语义网络中的结点与结点之间的关系还可以有施事(AGENT)、受事(OBJECT)、位置(LOCATION)、时间(TIME)等。例如,"张忠(老师)上午在教室里辅导王林(学生)"这一事件可以表示为图9.10的形式。

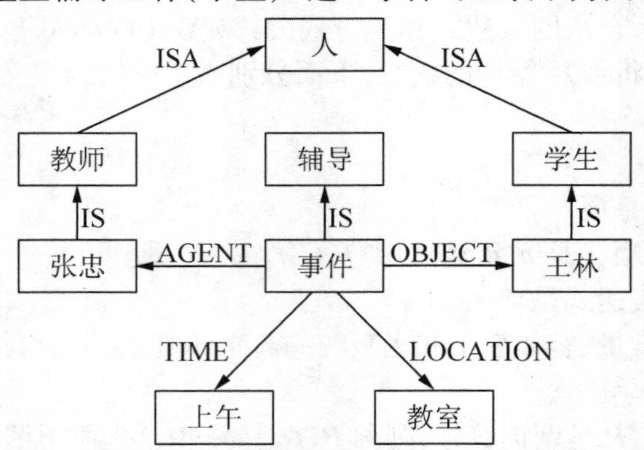

图9.10 "张忠(老师)上午在教室里辅导王林(学生)"这一事件的语义网络

在这里,结点表现为自然语言的词和短语的概念,语义关系是句子中的动词和它们的主语、宾语、介词短语等之间的关系,再加上词的类别语态和修饰关系等。作为述语的汉语动词与其周围的名词或名词性成分的关系应当是语义网络的核心内容。

基于语义网络的问题求解系统主要由两大部分组成:一部分是由语义网络构成的知识库,另一部分是用于问题求解的推理机构。语义网络的推理过程主要有两种:一种是继承,另一种是匹配。

1. 继承

所谓继承是指把对事物的描述从抽象结点传递到具体结点。通过继承可以得到所需结点的一些属性值，它通常是沿着 Is-a、A-Kind-of 等继承弧进行的。继承的一般过程为：

(1) 建立一个结点表，用来存放待求结点和所有以 Is-a、A-Kind-of 等继承弧与此结点相连的那些结点。初始情况下，表中只有待求结点。

(2) 检查表中的第一个结点是否有继承弧，如果有，就把该弧所指的所有结点放入结点表的末尾，记录这些结点的所有属性，并从结点表中删除第一个结点。如果没有，仅从结点表中删除第一个结点。

(3) 重复(2)，直到结点表为空。此时，记录下来的所有属性都是待求结点继承来的属性。

例如，在图 9.11 所示的语义网络中，通过继承关系可以得到“鸟”具有“会吃”、“能运动”的属性。

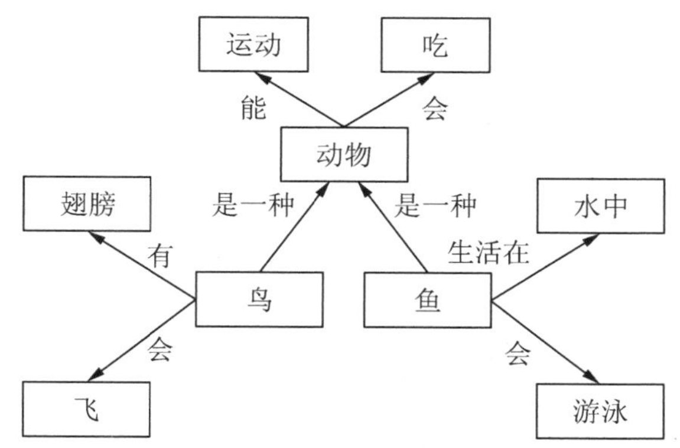

图 9.11 动物分类的语义网络

2. 匹配

语义网络的问题求解一般是通过匹配来实现的。所谓匹配就是在知识库的语义网络中寻找与待求解问题相符的语义网络模式。其主要过程为：

(1) 根据待求解的问题构造一个网络片断，该网络片断中有些结点或弧的标识是空的，称为询问处，它反映的是待求解的问题。

(2) 根据该语义片断到知识库中去寻找需要的信息。

(3) 当待求解问题的网络片断与知识库中的某语义网络片断相匹配时，则与询问处相匹配的事实就是该问题的解。

例如，假设在知识库中存放着如图 9.12 所示的语义网络，问职员王强在哪个公司工作。

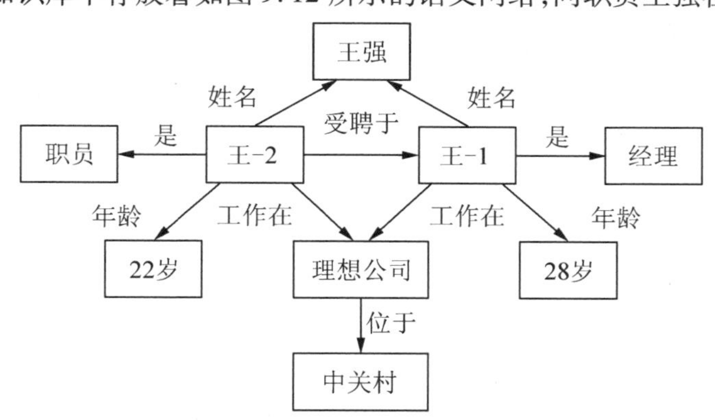

图 9.12 含有两个王强的语义网络

根据这个问题的要求，可构造如图 9.13 所示的语义网络片断。当用该语义片断与图 9.12 所示的语义网络进行匹配时,由“工作在”弧所指的结点可知,职员王强工作在“理想公司”,这就得到的问题的答案。如果还想知道职员王强的其他情况,可以通过在语义片断中增加相应的空结点来实现。

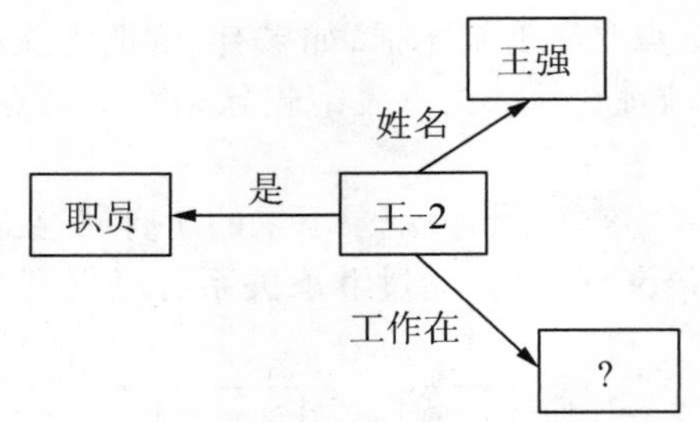

图 9.13 求解王强所在公司的语义网络片断

9.3.3 概念依存理论

概念依存理论是由耶鲁大学 R. Schank 教授于 1975 年提出的(Schank,1975)。该理论主要研究怎样赋予计算机判断和推理能力,使它能够理解输入的语言信息并做出相应的反应。在日常语言处理(如写文章)中,人们往往不会把他们所做的每一步都毫无遗漏地陈述下来。常常地,一些众所周知的细节会被省略,从而达到文章或对话的简明。对于计算机来说,他们并没有那些常识,因此,它也就经常不能正确地解读文章中句子的意义,不能恰当地把句子间各人物、地点等各种指代、联系正确地找出来,从而也就不能进行正确地推理。概念依存这套理论,正是希望对常识进行系统而又具体地描写,并利用那些基本动作来便利推理,从而达到对语言的自动理解。总地来说,这套理论只对范围有限的应用领域是有用的。

本章小结

本章介绍了语义分析方面的内容。语义分析从分析的深度上分为浅层语义分析和深层语义推理两个层次。其中浅层语义分析包括词义消歧和语义角色标注等方面的内容。本章首先介绍了词义消歧方法,包括基于规则的方法、基于统计的方法、基于实例的方法和基于词典的方法。接下来介绍了语义角色标注方法:在早期的研究中,通常以格语法为基础进行语义角色标注;目前主流的语义角色标注研究集中于使用各种统计机器学习技术,利用多种语言学特征,进行语义角色的识别和分类。最后,介绍了深层语义推理方法,包括命题逻辑、谓词逻辑、语义网络和概念依存理论等。

思考练习

1. 上下文信息是词义消歧不可或缺的信息,讨论其应用方法。
2. “谓词”与“命题”之间的关系是什么?
3. 简述优选语义学进行语义分析的过程。
4. 试用谓词逻辑表示以下句子:

(1)金子是闪光的,闪光的并非都是金子。

(2)没有人能让所有人在所有时候喜欢他。

参考文献

[1] ABENY S. Parsing by chunks [M]//BERWICK R, ABNEY S P, TENNY C L. Principle-based parsing. Boston:Kluwer Academy Publishers, 1991.

[2] AHO A V, SETHI R, ULLMAN D J. Compilers: principles, techniques and tools [M]. MA: Addison-Wesley, 1986.

[3] AHO A V, ULLMAN D J. The theory of parsing, translation, and compiling. Vol. 1[M]. Englewood Cliffs, NJ:PrenticeHall,1972.

[4] ALLEN J. Natural language understanding [M]. Massachusetts: The Benjamin/Cummings Publishing Company, 1995.

[5] BAHL L R, JELINEK F, MERCER R L. A maximum likelihood approach to continuous speech recognition [J]. Pattern Analysis and Machine Intelligence, 1983, 5(2): 179-190.

[6] BAKER J K. Stochastic modeling for automatic speech understanding [M]//REDDY D R. Speech recognition: invited papers presented at the 1974 IEEE symposium. New York: Academic Press, 1975: 521-541.

[7] BAUM L E, EAGON J A. An inequality with application to statistical estimation for probabilistic functions of Markov processes and to a model for ecology [J]. Bulletin of the American Mathematical Society, 1967, 73(3): 360-363.

[8] BAUM L E, PETRIE T, SOULES G, et al. A maxmization technique occuring in the statistical analysis of probabilistic functions of Markov chains [J]. Annals of Mathematical Statistics, 1970, 41: 164-171.

[9] BAUM L E, PETRIE T. Statistical inference for probabilistic functions of finite-state Markov chains [J]. Annals of Mathematical Statistics, 1966, 37(6): 1554-1563.

[10] BAUM L E. An inequality and associated maximization technique in statistical estimation of probabilistic functions of Markov processes [C]//SHISHA O. Inequalities III: Proceeding of the Third Symposium on Inequalities. California: Academic Press, 1972: 1-8.

[11] BERGER A, BROWN P, DELLA PIETRA S A, et al. The candide system for machine translation [C]// Proceedings of DARPA Conference on Human Language Technology (HLT), 1994: 157-162.

[12] BERGER A L, DELLA PIETRA S A, DELLA PIETRA V J. A maximum entropy approach to natural language processing [J]. Computational Linguistics, 1996, 22(1):39-71.

[13] BREIMAN L. RANDOM forests [J]. Machine Learning, 2001, 45(1):5-32.

[14] BRILL E. A simple rule-based part-of-speech tagger [C]//Proceeding of the Third Conference on Applied Natural Language Processing, ACL, Trento, Italy, 1992.

[15] BRILL E. Transformation-based error-driven learning and natural language processing: a case study in part-of-speech tagging [J]. Computational Linguistics, Cambridge, MA, USA: MIT Press, 1995, 21(4): 543-565.

[16] BROWN P F, COCKE J, DELLA PIETRA S A, et al. A statistical approach to machine translation [J]. Computational Linguistics, 1990, 16(2): 79-85.

[17] BROWN P F, DELLA PIETRA S A, DELLA PIETRA V J, et al. An estimation of an upper bound for the entropy of English [J]. Computational Linguistics, 1992, 18(1): 31-40.

[18] BROWN P F, DELLA PIETRA S A, DELLA PIETRA V J, et al. The mathematics of statistical machine translation: parameter estimation [J]. Computational Linguistics, 1993, 19(2): 263-309.

[19] BROWN P F, DELLA PIETRA S A, DELLA PIETRA V J, et al. Word-sense disambiguation using statistical methods [C]//Proceeding of the 29th ACL, 1991: 264-270.

[20] BURGES C J C. A tutorial on support vector machines for pattern recognition [J]. Data Mining and Knowledge Discovery, 1998, 2 (2):1-47.

[21] CARRERAS X, M'ARQUEZ L. Introduction to the CoNLL - 2005 shared task: semantic role labeling[C]//Proceedings of CoNLL - 2005. Ann Arbor, Michigan, 2005:152-164.

[22] CARRERAS X, M'ARQUEZ L, CHRUPALA G. Hierarchical recognition of propositional arguments with perceptrons [C]//HLTNAACL 2004 Workshop: Eighth Conference on Computational Natural Language Learning (CoNLL - 2004). Boston, 2004:106 - 109.

[23] CESTNIK G, KONENENK I, BRATKO I. ASSISTANT - 86: A knowledge - elicitation tool for Sophisticated Users [M]//Bratko I, Lavrac N. Progress in machine learning. Bled, Yugoslavia: Sigma Press, 1987.

[24] CHANDIOUX J. MéTéO: Un Système Operationnel pour la Traduction Automatique des Bulletins Météreologiques Destinés au Grand Public[J]. Meta, 1976, 21: 127-133.

[25] CHEN H, LEE Y. Development of a partially bracketed corpus with part-of-speech information only [C]//Proceedings of the 3rd workshop on Very large Corpora, 1995: 162-172.

[26] CHEN J, RAMBOW O. Use of deep linguistic features for the recognition and labeling of semantic arguments[C]//Proceedings of EMNLP - 2003. Sapporo, 2003:41-48.

[27] CHOMSKY N. Three models for the description of language [J]. Institute of Radio Engineers Transactions on Information Theory, 1956, 2(3):113-124.

[28] CHOMSKY N. Syntactic Structures [M]. The Hague: Mouton, 1957.

[29] CHURCH K W, GALE W A. A comparison of the enhanced Good-Turing and deleted estimation methods for estimating probabilities of English bigrams [J]. Computer Speech and

Language, 1991, 5: 19-54.

[30] CHURCH K W, MERCER R L. Introduction to the special issue on computational linguistics using large corpora [J]. Computational Linguistics, 1993, 19(1): 1-24.

[31] CHURCH K. A stochastic parts program and noun phrase parser for unrestricted text [C]//Proceeding of the 2nd Conference on Applied Natural Language Processing, 1988: 136-143.

[32] CLAIRE C, PIERCE D. Error-driven pruning of Treebank grammars for base noun phrase identification [C]//Proceedings of COLING-ACL'98, 1998: 67-73.

[33] COLLINS M. Head - driven statistical models for natural language parsing[D]. Philadelphia: Pennsylvania University, 1999

[34] DAGAN I, ITAI A, SHAUL M. Two languages are more informative than one [C]//The 29th Annual Meeting of Association for Computational Linguistics, Berkeley, CA, 1991: 130-137.

[35] DAGAN I, ITAI A. Word-sense disambiguation using a second language monolingual corpus [J]. Computational Linguistics, 1994, 20(4): 563-596.

[36] DEMPSTER A P, LAIRD N M, RUBIN D B. Maximum likelihood from incomplete data via the EM algorithm [J]. Journal of the Royal Statistical Society, Series B, 1977, 39(1): 1-38.

[37] EARLEY J. An efficient context-free parsing algorithm [J]. Communications of the ACM, 1970, 13(2): 94-102.

[38] FANO R M. Transmission of information: a statistical theory of communication [M]. Cambridge:MIT Press,1961.

[39] FELLBAUM C. WordNet: an electronic lexical database[M]. Cambridge:The MIT Press, 1998.

[40] FILLMORE C. J. Towards a modem theory of case[M]//PEIBEL D,SIIANE S. Modem studies in English. Englewood Cliffs,N. J. :Prentice Hall, 1966:361-375.

[41] FILLMORE C J. Some problems for case grammar [C]//The 22nd Annual Round Table of Georgetown University on Languages and Linguistics. Washington, D. C. :Georgetown University Press, 1971: 35-56.

[42] FILLMORE C J. The case for case [M]//BACH E, HARMS R. Universals in linguistics theory. New York: Holt, Rinehart and Wiston, 1968: 1-88.

[43] FILLMORE C J. Principles for case grammar:the structure of language and meaning[M]. Tokyo:Sansedo Publishing Co,1975.

[44] FILLMORE C J. The case for case repopend [M]//COLE. P. SADOCK J. Syntax and semantics. New York:Academic Press,1997:5-81.

[45] FLEISCHMAN M. , KWON N, HOVY E. Maximum entropy models for FrameNet classifica-

tion[C]//Proceedings of the 2003 Conference on Empirical Methods in Natural Language Processing. Sapporo, 2003:49 - 56.

[46] FRANCIS W N, KUCERA H. Frequency analysis of English usage: lexicon and grammar [M]. Boston, MA: Houghton Mifflin, 1982.

[47] FREUND Y, SCHIPARE R E. A decision - theoretic generalization of on - line learning and an application to boosting [C]//Computational Learning Theory: Second European Conference, 1995: 23-37.

[48] FREUND Y, SCHAPIRE R E. Large margin classification using the perceptron algorithm [C]//Proceedings of the Eleventh Annual Conference on Computational Learning Theory. Madison, Wisconsin, USA,1998:209-217.

[49] GALE W A, CHURCH K W, YAROWSKY D. A method for disambiguating word sense in a large corpus [J]. Computers and the Humanities, 1992, 26(5-6): 415-439.

[50] GALE W A, CHURCH K W. Identifying word correspondences in parallel texts [C]//Proceedings of DARPA Speech and Natural Language Workshop. 1991: 152-157.

[51] GILDEA D, JURAFSKY D. Automatic labeling of semantic roles[J]. Computational Linguistics, 2002, 28(3):245-288.

[52] GOOD I J. The population frequencies of species and the estimation of population parameters [J]. Biometrika, 1953, 40(3-4): 237-264.

[53] HAFER M, Weiss S. Word segmentation by letter successor variety [J]. Information Storage and Retrieval, 1974, (10): 371-385.

[54] JELINEK F, BAHL L R, MERCER R L. Design of a linguistic statistical decoder for the recognition of continuous speech [J]. IEEE Transactions on Information Theory, 1975, 21: 250-256.

[55] JELINEK F, MERCER R. Probability distribution estimation from sparse data [J]. IBM Technical Disclosure Bulletin, 1985, 28: 2591-2594.

[56] JELINEK F, MERCER R. L. Interpolated estimation of Markov source parameters from sparse data [C]//Proceedings of the Workshop on Pattern Recognition in Practice, North Holland, Amsterrdam, 1980: 381-397.

[57] JELINEK F. Continuous speech recognition by statistical methods [J]. IEEE, 1976, 64: 532-556.

[58] JOACHIMS T. Text categorization with support vector machines: Learning with many relevant features [C]//Nedellec C, Rouveirol C. Proceedings of ECML - 98, 10th European Conference on Machine Learning. Chemnitz, DE, 1998:137-142.

[59] JURAFSKY D, MARTIN J H. Speech and language processing: an introduction to natural language processing [M]. Englewood Cliffs,NJ:Prentice Hall Press, 2000.

[60] KASAMI T. An efficient recognition and syntax algorithm for context-free languages [R]. Scientific Report AFCRL-65-758, Air Force Cambridge Research Lab, Bedford, MA. 1965.

[61] KATZ J J, FODOR J A. The structure of a semantic theory [J]. Language, 1963, 39: 170-210.

[62] KATZ S M. Estimation of probabilities from sparse data for the language model component of a speech recognizer [J]. IEEE Trans. On Acoustics, Speech and Signal Processing, 1987, 35(3): 400-401.

[63] KAY M. Algorithm schemata and data structure in syntactic processing [M]//GROSZ B J, Jones K S, Webber B L. Readings in natural language processing, Los Altos: Morgan Kaufman, 1986: 35-70.

[64] KLAVANS J L, TZOUKERMANN E. Combining lexical information from bilingual corpora and machine-readable dictionaries [C]//Proceedings of the 13th International Conference on Computational Linguistics: COLING, Helsinki, Finland, 1990.

[65] KLEIN D. The unsupervised learning of natural language structure[D]. Stanford University, Stanford, CA, 2005.

[66] KONONENKO I, BRATKO I, ROSKAR E. Experiments in automatic learning of medical diagnostic rules[R]. Ljubljana:Jozef Stefan Institute, 1984.

[67] KOOMEN P, PUNYAKANOK V, ROTH D, et al. Generalized inference with multiple semantic role labeling systems[C]//Proceedings of CoNLL – 2005. Ann Arbor, Michigan, 2005:181-184.

[68] KUDO T, MATSUMOTO Y. Chunking with support vector machines [C]//Proceedings of the 2nd Meeting of the North American Chapter of the Association for Computational Linguistics (NAACL – 2001), Pittsburgh, PA, USA, 2001:192-199.

[69] KUDO T, MATSUMOTO Y. Fast methods for kernel – based text analysis [C]//Proceedings of ACL 2003. Sapporo, Japan, 2003:24-31.

[70] KUDO T, MATSUMOTO Y. Use of support vector learning for chunk identification [C]//Proceedings of the 4th Conference on CoNLL – 2000 and LLL – 2000 , Lisbon, Portugal: 142-144.

[71] KUPIEC J. Robust part-of-speech tagging using a hidden Markov model [J]. Computer Speech and Language, 1992, 6: 225-242.

[72] KWON N, FLEISCHMAN M, HOVY E. Senseval automatic labeling of semantic roles using maximum entropy models[C]//Senseval – 3: Third International Workshop on the Evaluation of Systems for the Semantic Analysis of Text. Barcelona, Spain, 2004:129-132.

[73] LAI B Y, SUN M S, TSOU B K, et al. Chinese word segmentation and part-of-speech tag-

ging in one step [C]//Proceedings of International Conference: Research on Computational Linguistics, Taipei, 1997: 229-236.

[74] LANDAUER T K, LAHAM D, REHDER B, et al. How well can passage meaning be derived without using word order: a comparison of latent semantic analysis and humans [C]// COGSCI-97, Stanford, CA, Lawrence Erlbaum, 1997: 412-417.

[75] LAPLACE P S. Essai philosophique sur les probabilités [M]. Paris: Mme. Ve. Courcier, 1814.

[76] LAPLACE P S. Philosophical essay on probabilities [M]. New York : Springer-Verlag, 1995.

[77] LESK M. Automatic sense disambiguation: how to tell a pine cone from an ice cream cone [C]//Proceedings of the 1986 SIGDOC Conference, New York, 1986: 24-26.

[78] LIU T, CHE W, LI S, et al. Semantic role labeling system using maximum entropy classifier[C]//Proceedings of CoNLL-2005. Ann Arbor, Michigan, 2005:189-192.

[79] MAGERMAN D, MARCUS M. Parsing a natural language using mutual information statistics [C]//Proceedings of AAAI'90, 1990: 984-989.

[80] MANNING C D, SCHUTZE H. Foundations of statistical natural language processing [M]. Cambridge: MIT Press, 1999.

[81] MARKOV A A. An example of statistical investigation in the text of Eugene Onyegin' illustrating coupling of 'tests' in chains [C]//Proceedings of the Academy of Science, St. Petersburg, 1913, 5(7): 153-162.

[82] MARSHALL I. Choice of grammatical wordclass without global syntactic analysis: tagging words in the LOB Corpus [J]. Computers in the Humanities, 1983, 17:139-150.

[83] MARTIN W A, CHURCH K W, PATIL R S. Preliminary analysis of a bredth-first parsing algorithm: theoretical and experimental results [M]// BOLC L. Natural language parsing systems. Berlin: Springer Verlag, 1987.

[84] M'ARQUEZ L, COMAS P, GIM'ENEZ J. et al. Semantic role labeling as sequential tagging [C]//Proceedings of CoNLL-2005. Ann Arbor, Michigan, 2005:193-196.

[85] MCCOY K F, PENNINGTON C A, BADMAN A L. Compansion: from research prototype to practical integration [J]. Natural Language Engineering, 1998, 4(1): 73-95.

[86] MERIALDO B. Tagging English text with a probabilistic model [J]. Computational Linguistic, 1994, 20(2):155-171.

[87] MEYERS A, REEVES R, MACLEOD C, et al. The Nombank project: an interim report [C]//HLT-NAACL 2004 Workshop: Frontiers in Corpus Annotation. Boston, Massachusetts, USA, 2004:24-31.

[88] MORRIS W. American Heritage dictionary (2nd College edition) [M]. Boston: Houghton

Mifflin,1985.

[89] MOSTOW J, AIST G. Reading and pronunciation tutor. U. S. Patent 5,920,838 [P]. 1999.

[90] MUFIOZ M, PUNYAKANOK V, BOTH D, et al. A learning approach to shallow parsing [C]//Proceedings of EMNLP - WVLC99. 1999:168-178.

[91] NAGAO M. A framework of mechanical translation between Japanese and English by analogy principle [M]//ELITHORN A, et al. Artificial and human intelligence. NATO Publication, 1984: 173-180.

[92] NEWELL A,LANGER S,HICKEY M. The role of natural language processing in alternative and augmentative communication [J]. Natural Language Engineering, 1998, 4(1): 1-16.

[93] NEY H, ESSEN U, KNESER R. On structuring probabilistic dependences in stochastic language modeling [J]. Computer Speech and Language, 1994, 8: 1-38.

[94] NG T H, LEE H B. Integrating multiple knowledge sources to disambiguate word sense: an exemplar-based approach [C]//Proceedings of the 34th Annual Meeting of the Association for Computational Linguistics. 1996: 40-47.

[95] NIELSEN R D, PRADHAN S. Mixing weak learners in semantic parsing[C]//Proceedings of EMNLP - 2004. 2004:80-87.

[96] PONZETTO S, STRUBE M. Semantic role labeling using lexical statistical information[C]//Proceedings of CoNLL - 2005. Ann Arbor, Michigan, 2005:213-216.

[97] PORTER M F. An algorithm for suffix stripping program [J]. Emerald Group Publishing Limited, 1980,14(3):130-137.

[98] PRADHAN S, HACIOGLU K, KRUGLER V, et al. Support vector learning for semantic argument classification [J]. Machine Learning Journal. 2005, 60(1):11-39.

[99] PROCTER P. Longman Dictionary of Contemporary English [M]. Essex, England: Longman Group, 1978.

[100] PUNYAKANOK V, ROTH D, YIH W, et al. Semantic role labeling via integer linear programming inference [C]//Proceedings of Coling - 2004. Geneva, Switzerland. 2004: 1346-1352.

[101] QUILLIAN M R. Word concepts: a theory and simulation of some basic semantic capabilities [J]. Behavioral Science, 1967, 12(5): 410-430.

[102] QUILLIAN M R. Semantic memory [M]//MINSKYM. Semantic information processing. Cambridge,MA:MIT Press, 1968: 227-270.

[103] QUILLIAN M R. The teachable language comprehender: a simulation program and theory of language [J]. Communications of the ACM, 1969, 12(8): 459-476.

[104] QUILLIAN R. A notation for representing conceptual information: an application to seman-

tics and mechanical English paraphrasing. SP-1395[M]. Santa Monica: System Development Corporation, 1963.

[105] QUILLIAN R. Semantic memory. Unpublished doctoral dissertation[D]. Pittsburgh, USA: Carnegie Institute of Technology, 1966.

[106] QUINLAN J R. Induction of decision trees[J]. Machine Learning, 1986, 1(1): 81-106.

[107] QUINLAN J R. C4.5: programs for machine learning [M]. San Mateo, CA: Morgan Kaufmann, 1993.

[108] RAMSHAW L, MARCUS M. Text chunking using transformation-based learning [C]//Cambridge, MA: Proceeding of the Third Workshop on Very Large Corpora, 1995.

[109] ROSENBLATT F. Principle of neurodynamics: perceptrons and the theory of brain mechanisms[M]. Washington, D. C.: Spartan Books, 1962.

[110] SAMUELSSON C, WIREN M. Parsing techniques [M]. New York: Marcel Dekker, 2000: 115-411.

[111] SATO S, NAGAO M. Towards memory-based translation [C]//Proceedings of COLING' 1990. Cornell, New York: 1990.

[112] SCHANK R C. Conceptual Information Processing [M]. Amsterdam: North-Holland, 1975.

[113] SCHANK R C, ABELSON R. Scripts, Plans, Goal, and Understanding [M]. NJ: Lawrence Erbaum, 1977.

[114] SCHAPIRE R E. The strength of weak learnability[J]. Machine Learning, 1990, 5(2): 197-227.

[115] SHA F, PEREIRA F. Shallow parsing with conditional random fields [C]//Proceedings of the 2003 Conference of the North American Chapter of the Association for Computational Linguistics on Human Language Technology. Edmonton, Canada, 2003: 134-141.

[116] SHANNON C E. A mathematical theory of communication [J]. Bell System Technical Journal, 1948, 27(3): 379-423.

[117] SHANNON C E. Prediction and entropy of printed English [J]. Bell System Technical Journal, 1951, 30: 50-64.

[118] SPROAT R, EMERSON T. The first international Chinese word segmentation bakeoff [C]//Proceeding of the Second SIGHAN Workshop on Chinese Language Processing. Sapporo Japan. 2003: 133-143.

[119] SURDEANU M, TURMO J. Semantic role labeling using complete syntactic analysis[C]//Proceedings of CoNLL-2005. Ann Arbor, Michigan, 2005: 221-224.

[120] TAN Y M, YAO T S, CHEN Q, et al. Applying conditional random fields to Chinese shallow parsing [C]//Proceedings of CICLing-2005. Mexico city, Mexico, 2005: 167-176.

[121] TOMITA M. Efficient parsing for natural language [M]. Boston: Kluwer Academy Publishers, 1985.

[122] TURING A M. Computing machinery and intelligence [J]. Mind, 1950, 59: 433-427.

[123] VAPNIK V N. The nature of statistical learning theory[M]. Springer - Verlag, Berlin, 1995.

[124] VITERBI A J. Error bounds for convolutional codes and an asymptotically optimum decoding algorithm [J]. IEEE Transaction on Information Theory, IT, 1967, 13:260-269.

[125] WAHLSTER W. One word says more than a thousand pictures. On the automatic verbalization of the results of image sequence analysis systems [J]. Computers and Artificial Intelligence, 1989, 8: 479-492.

[126] WALKER D E. Knowledge resource tools for accessing large text files [M] // NIRENBURG S: Machine translation: theoretical and methodological issues. Cambridge, MA: Cambridge University Press, 1987: 247-261.

[127] WEIZENBAUM J. ELIZA-a computer program for the study of natural language communication between man and machine [J]. Communications of the Association for Computing Machinery, 1966, 9(1): 36-45.

[128] WILKS Y. The Stanford machine translation and understanding project [M]//RUSTIN R. Natural language processing. New York: Algorithmics Press, 1973.

[129] WITTEN I H, BELL T C. The zero-frequency problem: estimating the probabilities of novel events in adaptive text compression [J]. IEEE Transactions on Information Theory, 1991, 37(4):1085-1094.

[130] XU F, ZONG C Q. A hybrid approach Chinese base NP chunking[C]//Proceedings of the 5th SIGHAN Workshop on Chinese Language Processing. Sydney, Australia, 2006:22-23.

[131] XUE N, PALMER M. Automatic semantic role labeling for Chinese verbs[C]//Proceedings of the 19th International Joint Conference on Artificial Intelligence, Edinburgh, Scotland, 2005:1160-1165.

[132] XUE N, PALMER M. Calibrating features for semantic role labeling [C]//Proceedings of EMNLP 2004. Barcelona, Spain, 2004.

[133] XUE N W, CONVERSE S. Combining classifier for Chinese word segmentation [C]//Proceeding of the 1st SIGHAN Workshop on Chinese Language Processing, in conjunction with COLING'02. Taiwan, 2002.

[134] YOUNGER D H. Recognition and parsing of context-free languages in time n3 [J]. Information and Control, 1967, 10(2): 189-208.

[135] ZHANG T, DAMERAU F, JOHNSON D. Text chunking based on a generalization of winnow [J]. Machine Learning Research, 2002, 2:615-637.

[136] ZHANG T, DAMERAT F, JOHNSON D. Text chunking using regularized winnow [C]// proceeding of the 39th Annual Meeting of the Association for Computational Linguistic, Toulouse, France. . 2001:539-546.

[137] ZUE V, GLASS J, GOODINE D, et al. Integration of speech recognition and natural language processing in the MIT VOYAGER system [C]// IEEE ICASSP - 91. 1991: 713-716.

[138] 白拴虎. 汉语词切分及词性标注一体化方法[M]//陈力为,袁琦. 计算语言学进展与应用. 北京:清华大学出版社,1995:56-61.

[139] 车万翔. 基于核方法的语义角色标注研究[D]. 哈尔滨:哈尔滨工业大学,2008.

[140] 陈小荷. 现代汉语自动分析[M]. 北京:北京语言文化大学出版社,2000.

[141] 陈小荷. 自动分词中未登录词问题的一揽子解决方案[J]. 语言文字应用,1999,(3): 103-109.

[142] 董强,董振东. 基于知网的相关概念场的构建[C]//全国第七届计算语言学联合学术会议论文集. 北京:清华大学出版社,2003:364-370.

[143] 董振东,董强. 知网和汉语研究[J]. 当代语言学,2001(1):33-44.

[144] 丁信善. 语料库语言学的发展及研究现状[J]. 当代语言学,1998,(1):1-12.

[145] 冯志伟. 自然语言的计算机处理[M]. 上海:上海外语教育出版社,1996.

[146] 冯志伟,孙乐. 自然语言处理综论[M]. 北京:电子工业出版社,2005.

[147] 郝长伶,董强. 知网知识库描述语言 [C]//全国第七届计算语言学联合学术会议论文集. 北京:清华大学出版社,2003:371-377.

[148] 洪家荣. 归纳学习[M]. 北京:科学出版社,1997.

[149] 黄昌宁,高剑锋,李沐. 对自动分词的反思[C]//孙茂松,陈群秀. 语言计算与基于内容的文本处理:全国第七届计算语言联合学术会议论文集. 北京:清华大学出版社,2003:26-38.

[150] 黄昌宁,赵海. 由字构词——中文分词新方法[C]//曹佑琦,孙茂松. 中文信息处理前沿进展:中国中文信息处理学会二十五周年学术会议论文集,北京:清华大学出版社,2006:53-63.

[151] 李东,张湘辉. 中文软件汉语分词研究与应用[J]. 中国计算机用户,2000,(14): 35-36.

[152] 梁南元. 书面汉语自动分词系统——CDWS[J]. 中文信息学报,1987(2):44-52.

[153] 林杏光. 进一步深入研究现代汉语格关系[C]//陈力为. 计算语言学研究与应用: JSCL - 93 论文集. 北京:北京语言学院出版社,1993:41-46.

[154] 刘开瑛. 中文文本自动分词和标注[M]. 北京:商务印书馆,2000.

[155] 刘挺. 中文信息处理纵览[OL]. [2010-04-26]. http://ir. hit. edu. cn/.

[156] 刘源,谭强,沈旭昆. 信息处理用现代汉语分词规范及自动分词方法[M]. 北京:清华

大学出版社;南宁:广西科学技术出版社,1994.
[157] 宋柔,朱宏. 基于语料库和规则库的人名识别法[M]//计算语言学研究与应用. 北京:北京语言学院出版社,1993:150-154.
[158] 孙宏林,俞士汶. 浅层句法分析方法概述[J]. 当代语言学,2000,2(2):74-83.
[159] 孙茂松. 中文姓名的自动辨识[J]. 中文信息学报,1995,9(2):16-27.
[160] 孙茂松,左正平. 汉语真实文本中的交集型切分歧义[M]//汉语计量与计算研究. 香港:香港城市大学出版社,1998:323-338.
[161] 王挺,麦范金,刘忠. 自然语言处理及其应用前景的研究[J]. 桂林航天工业高等专科学校学报,2006(4):19-21.
[162] 吴蔚天. 汉语计算语义学[M]. 北京:电子工业出版社,1999.
[163] 吴友政. 汉语问答系统关键技术研究[D]. 北京. 中国科学院自动化研究所,2006.
[164] 杨超. 基于最大匹配的书面汉语自动分词研究. [D]. 长沙:湖南大学,2004.
[165] 苑春法,李庆中,王昀,等. 统计自然语言处理基础[M]. 北京:电子工业出版社,2005.
[166] 增华军,张银奎. 机器学习[M]. 北京:机械工业出版社,2003.
[167] 詹卫东. Wordnet 简介[OL]. [2007-04-20]. http://wenkv. baidu. coml view/5856421efc4ffe473368ab37. html.
[168] 詹卫东. 句法分析[OL]. [2012-02-01]. http://ccl. pku. edu. cn/doubtfire/Course/Computational%20Linguistics/cl. htm.
[169] 赵军,黄昌宁. 基于转换的汉语基本名词短语识别模型[J]. 中文信息学报,1999,13(2):1-7.
[170] 赵铁军. 机器翻译原理[M]. 哈尔滨:哈尔滨工业大学出版社,2000.
[171] 郑家恒,刘开瑛. 自动分词系统中姓氏人名处理策略探讨[M]//陈力为,袁琦. 计算语言学研究与应用. 北京:北京语言学院出版社,1993.
[172] 宗成庆. 统计自然语言处理[M]. 北京:清华大学出版社,2008.
[173] 宗成庆. 句法分析[OL]. [2012-02-01]. http://www. nlpr. ia. ac. cn/cip/ZongReportandLecture/ReportandLectureIndex. htm.
[174] 邹嘉彦,黎邦洋. 汉语共时语料库与信息开发[M]//中文信息处理若干重要问题. 北京:科学出版社,2003:147-165.